SPRINGER
LABORMANUAL

Werner A. Eckert   Jürgen Kartenbeck

Proteine: Standardmethoden der Molekular- und Zellbiologie

Präparation, Gelelektrophorese, Membrantransfer und Immundetektion

Mit 53 Abbildungen

 Springer

Professor Dr. Werner A. Eckert
Labor Dr. Riegel & Partner
Abt. Molekulargenetische Diagnostik
Kreuzberger Ring 60
D-65205 Wiesbaden

PD Dr. Jürgen Kartenbeck
Deutsches Krebsforschungszentrum
Abteilung für Zellbiologie
Im Neuenheimer Feld 280
D-69120 Heidelberg

Die Deutsche Bibliothek - CIP-Einheitsaufnahme

Eckert, Werner A.:
Proteine : Standardmethoden der Molekular- und Zellbiologie : Präparation,
Gelelektrophorese, Membrantransfer und Immundetektion / Werner A. Eckert ;
Jürgen Kartenbeck - Berlin ; Heidelberg ; New York ; Barcelona ; Budapest ;
Hongkong ; London ; Mailand ; Paris ; Santa Clara ; Singapur ; Tokio ;
Springer, 1997
   ISBN 978-3-642-47759-1   ISBN 978-3-642-59227-0 (eBook)
   DOI 10.1007/ 978-3-642-59227-0
NE: Kartenbeck, Jürgen

Die Wiedergabe von Gebrauchsnamen, Handelsnamen, Warenbezeichnungen usw. in diesem Werk berechtigt auch ohne besondere Kennzeichnung nicht zu der Annahme, daß solche Namen im Sinne der Warenzeichen- und Markenschutz-Gesetzgebung als frei zu betrachten wären und daher von jedermann benutzt werden dürften.

Produkthaftung: Für Angaben über Dosierungsanweisungen und Applikationsformen kann vom Verlag keine Gewähr übernommen werden. Derartige Angaben müssen vom jeweiligen Anwender im Einzelfall anhand anderer Literaturstellen auf ihre Richtigkeit überprüft werden.

Satz: perform K+S Textdesign GmbH, Heidelberg
Einbandgestaltung: design & production GmbH, Heidelberg
SPIN 10041888   39/3137- 5 4 3 2 1 0 - Gedruckt auf säurefreiem Papier

GELEITWORT

Das vorliegende Methodenbuch für den Praktiker ist eine Antwort auf
die im Laboralltag häufig gestellte Frage: Wo kann man denn das mal
genau nachlesen – und möglichst auf deutsch? Für das biochemische,
zellbiologische und molekularbiologische Arbeiten mit Proteinen liegt
nun endlich eine praktische Arbeitsanleitung vor – dank der so akribi-
schen wie kritischen Arbeit der Autoren, die nicht nur die einzelnen Ar-
beitsschritte in der übersichtlichen Form eines „Kochbuches" zusam-
mengestellt haben, sondern die Reproduzierbarkeit selbst noch einmal
experimentell überprüft haben. Dem Buch ist zu wünschen, daß es eine
weite Verbreitung findet und damit möglichst vielen jungen Wissen-
schaftlern hilft, bei ihren experimentellen Arbeiten optimale Ergebnisse
zu erzielen.

Heidelberg,   Werner W. Franke
September 1996

VORWORT

Der Plan, gängige Methoden der Präparation, der elektrophoretischen Auftrennung und der anschließenden immunchemischen Identifizierung von Proteinen zusammenzufassen, entstand ursprünglich während eines wissenschaftlichen Gastaufenthaltes einer der Autoren (W.A.E.) am Institut für Zellbiologie im Deutschen Krebsforschungszentrum (DKFZ) Heidelberg. Angesichts der Vielzahl verschiedener spezieller Techniken, um Proteine aus Zellen und Geweben zu isolieren und zu charakterisieren, die überdies in unzähligen Modifikationen und Laborvarianten vorkommen und in der Fachliteratur verstreut sind, erschien es sinnvoll, ja geradezu notwendig, die grundlegenden Methoden, die in der Zell- und Molekularbiologie, in der Tumorforschung und medizinischen Diagnostik seit Jahren erfolgreich eingesetzt werden, in einem deutschsprachigen Methodenbuch zusammenzufassen. Die einzelnen Methoden sollten dabei so ausführlich dargestellt werden, daß sie auch ohne spezielle Vorkenntnisse durchgeführt werden können. Dieses ursprüngliche Konzept „aus der Praxis für die Praxis" ist von den Autoren beibehalten worden, trotz der zwischenzeitlichen technischen Weiterentwicklung und der damit verbundenen beträchtlichen Ausweitung der zu beschreibenden Einzelmethoden. So wendet sich das Buch sowohl an Mediziner, die neben ihrer Klinikarbeit diese Methoden in der Forschung einsetzen möchten, als auch an Doktoranden, wissenschaftliche und technische Mitarbeiter und Studenten in biomedizinischen Forschungsbereichen, die noch wenig Erfahrung in der biochemischen Laborarbeit haben.

Zum Aufbau und Gebrauch des Buches ist folgendes zu bemerken: Der gesamte Stoff ist in 4 Hauptteile gegliedert, die dem Untertitel des Buches entsprechen: Präparation, Auftrennung durch Gelelektrophorese, Transfer aus Polyacrylamidgelen auf Trägermembranen und Nachweis von Proteinen auf Blot-Membranen mit verschiedenen immunchemischen Methoden. Die einzelnen Methoden bzw. Versuchseinheiten sind in Unterkapiteln (zwei- oder dreistellige Hierarchie) beschrieben, wobei diese nach dem Konzept der Springer Labormanuale in

Abschnitte gegliedert sind, die den jeweiligen Arbeitsabläufen entsprechen.

Jeder Methode oder Methodengruppe vorangestellt ist eine *Einleitung*, die einen Überblick über den theoretischen Hintergrund, die Anwendungsmöglichkeiten und die Empfindlichkeit der jeweiligen Technik sowie Literaturhinweise gibt. Über das theoretische Verständnis hinaus soll der Benutzer auch in die Lage versetzt werden, die beschriebenen Methoden für seine speziellen Bedürfnisse und wissenschaftlichen Problemstellungen zu modifizieren und die Ergebnisse methodenkritisch zu interpretieren. Bei komplexen Methoden oder Arbeitsabläufen folgt der Einleitung eine *Verlaufsübersicht* als Flußdiagramm. Bei den *Materialien* sind sämtlich Chemikalien, Reagentien und Gerätschaften aufgelistet, die zur Durchführung der jeweiligen Methode notwendig sind. Zum Teil sind Bezugsquellen angegeben, die sich aus der Erfahrung der Autoren ergaben. Dies schließt jedoch nicht aus, daß auch ähnliche Produkte anderer Firmen mit vergleichbarem Erfolg verwendet werden können. Ein umfangreiches Bezugsquellenverzeichnis für die im Buch häufig erwähnten Materialien befindet sich im Anhang.

Die *Durchführung* der einzelnen Methoden ist in detaillierten Schritt-für-Schritt-Protokollen dargestellt, so daß auch für Erstanwender mit wenig praktischer Laborerfahrung ein problemloses Nacharbeiten möglich ist. Alle Methoden sind von den Autoren bzw. von Kollegen in benachbarten Labors praktisch erprobt worden. Ratschläge und Erklärungen zu den einzelnen Arbeitsschritten sind im Text kursiv gehalten. *Hinweise* zu Lagerbedingungen, zu toxischen und anderen gefährlichen Eigenschaften von Substanzen, auf mögliche Modifikationen der beschriebenen Methoden und gegebenen auf weiterführende Spezialmethoden sind in einem gesonderten Abschnitt bei den jeweiligen Kapiteln aufgeführt. Eine *Fehlersuche* am Ende einiger Kapitel soll es dem Anwender ermöglichen, Fehlerquellen bei der Durchführung von komplexen Methoden aufzufinden und zu beseitigen.

Wir möchten allen Kollegen danken, die durch Anregungen, Überlassung von Originalabbildungen sowie konstruktive Kritik nach Durchsehen des Manuskriptes maßgeblich zur endgültigen Form des vorliegenden Methodenbuches beigetragen haben. Unser spezieller Dank gilt Prof. Dr. W. W. Franke, PD Dr. J. Kleinschmidt, Dr. M. Demlehner, S. Winter (Deutsches Krebsforschungszentrum, Heidelberg), Prof. Dr. Dr. A. Völkl (Institut für Anatomie, Universität Heidelberg) sowie Dr. L. Konrad (Institut für Anatomie und Zellbiologie, Universität Marburg).

Nicht zuletzt ganz herzlich bedanken möchten wir uns bei Frau E. Ouis für das Schreiben des Textes sowie bei Frau Dr. J. Lindenborn vom Springer-Verlag für Ihre Vorschläge zur Gestaltung und Gliederung des Stoffes und Ihre Geduld bis zur Fertigstellung des Manuskriptes.

Heidelberg,
September 1996

Werner A. Eckert
Jürgen Kartenbeck

Inhaltsverzeichnis

Teil 1

Präparation von Proteinen für die Gelelektrophorese

1.1
Allgemeine Einleitung und Überblick

Proteine sind als direkte Produkte der Genexpression strukturell und funktionell die vielseitigsten und zugleich mengenmäßig häufigsten Makromoleküle (über 50 % des Trockengewichts) der Zelle. Eine typische Säugetierzelle (Hepatocyt) enthält ca. 10^{10} Proteinmoleküle, die sich auf etwa 10^4 verschiedene Molekülspezies verteilen. Die verschiedenen Proteine bestimmen einmal Form und Struktur (*Strukturproteine*) und sind weiterhin entscheidend an Ablauf und Regulation des Stoffwechsels (*Enzyme*) und aller anderen fundamentalen und spezialisierten Funktionen (wie z. B. Bewegungsvorgänge, intra- und interzellulärer Stofftransport, Signaltransfer innerhalb und zwischen den Zellen, molekulare Erkennungsvorgänge und gewebsspezifische Adhäsion etc.) von Zellen und Geweben eines Organismus beteiligt. Jeder ausdifferenzierte Zelltyp eines vielzelligen Organismus hat daher neben einer Grundausstattung („*Haushaltsproteine*") seinen charakteristischen Proteinanteil (*zell- bzw. gewebespezifische Proteine*).

Der unterschiedlichen Funktion der Proteine entspricht ihre unterschiedliche intrazelluläre bzw. extrazelluläre Lokalisation sowie ihre Assoziation mit anderen Molekülen bzw. supramolekularen Strukturen. Gemäß der Organisation und Kompartimentierung der höheren Eukaryontenzelle liegen die Proteine im wesentlichen vor

(a) in relativ frei beweglicher und gelöster Form im Cytosol und Karyosol (*„lösliche Proteine"*),

(b) angelagert oder als integrale Bestandteile der Cytomembranen (*Membranproteine*),

(c) als *fibrilläre Aggregate* in den Komponenten des Cytoskeletts, der Kernlamina sowie der extrazellulären Matrix,

(d) als Bestandteile der membranumschlossenen cytoplasmatischen Organellen (Mitochondrien, ER, Golgi-Apparat, Lysosomen, Endosomen und Peroxisomen) und Vesikeln sowie

(e) assoziiert mit Nucleinsäuren im Chromatin des Zellkerns, den Messenger-Ribonucleinpartikeln (mRNPs), den Ribosomen und ihren Kernvorläuferpartikeln sowie den kleinen RNPs des Kernes und Cytoplasmas.

Aufgrund der vielfältigen Eigenschaften, unterschiedlichen intra- und extrazellulären Lokalisation und strukturellen Assoziationen der Proteine sowie abhängig vom Ziel der jeweiligen Untersuchung, gibt es eine Vielzahl von Methoden, Proteine aus Zellen und Geweben zu extrahieren und weiter zu präparieren. Dem Schwerpunkt des vorliegenden Buches entsprechend werden in diesem Kapitel einige grundlegende Methoden beschrieben, um aus Säugetierkulturzellen oder geeigneten Geweben *Gesamtprotein* (Kap. 1.5) oder mehr oder weniger *komplexe Proteinfraktionen* zu extrahieren (Kap. 1.3) und *Komponenten des Cytoskeletts* im unlöslichen Rückstand anzureichern (Kap. 1.4). Diese Fraktionen werden dann für die gelelektrophoretische Auftrennung im analytischen Maßstab weiter präpariert. Falls Zellsubfraktionen als Ausgangsmaterial verwendet werden sollen, so finden sich ausführliche Methoden zur Isolierung von Zellkernen, den verschiedenen cytoplasmatischen Organellen, Vesikeln und Membranfraktionen in einigen neueren Methodenbüchern und Übersichtsartikeln (Evans 1987; Findley 1989; Harris und Angal 1990; Ozols 1990; Storrie und Madden 1990; Celis 1994 (s. Anhang K) Castle 1995).

Eine andere Methode, Proteine unabhängig vom zellulären Ausgangsmaterial zu gewinnen, ist die in vitro *Translation von mRNA* (Kap. 1.6). Bei dieser Methode, wie auch häufig bei der Analyse von selteneren Proteinen aus Zellen, ist es für den späteren Nachweis in Gelen notwendig, die Proteine schon während der *in vivo* (Kap. 1.2) bzw. *in vitro* (Kap. 1.6) *Biosynthese* radioaktiv zu markieren. Bei unmarkierten Proben ist es für die gelelektrophoretische Auftrennung und Analyse von Vorteil, wenn die Proteine relativ konzentriert, jedoch frei von Nucleinsäuren, Lipiden und Polysacchariden sowie von nicht-ionischen Detergentien und hohen Salzkonzentrationen sind. Dies bedeutet, daß verdünnte Extrakte u. U. durch *Dialyse* und *Ultrafiltrationsmethoden* (Kap. 1.9) oder durch *Fällung mit organischen Lösungsmitteln* (Kap. 1.8) gereinigt und konzentriert werden müssen.

Falls spezifische Antikörper vorhanden sind, können einzelne Proteine aus *in vitro* Translationsansätzen oder Zellextrakten auch selektiv durch *Immunpräzipitation* (Kap. 1.7) angereichert werden. Der letzte

Schritt vor der Gelelektrophorese ist die *quantitative Bestimmung* der zu trennenden Proteinprobe (Kap. 1.10).

Literatur

Castle JD (1995) Overview of cell fractionation. In: Coligan JE, Dunn BM, Ploegh HL, Speicher DW, Wingfield PT (eds) Current protocols in protein science. John Wiley and Sons, Inc., New York, pp 4.1.1–4.1.9

Evans WH (1987) Organelles and membranes of animal cells. In: Findlay JBC, Evans WH (eds) Biological membranes, a practical approach. IRL, Oxford New York Tokyo, pp 1–35

Findlay JBC (1990) Purification of membrane proteins. In: Harris ELV, Angal S (eds) Protein purification methods, a practical approach. IRL, Oxford New York Tokyo, pp 59–82

Harris ELV, Angal S (eds) (1990) Protein purification methods, a practical approach. IRL, Oxford New York Tokyo

Ozols J (1990) Preparation of membrane fractions. Meth Enzymol 182:225–235

Storrie B, Madden EA (1990) Isolation of subcellular organelles. Meth Enzymol 182:203–225

1.2
Radioaktive Markierung von Proteinen in wachsenden Kulturzellen

Eine radioaktive Markierung von Proteinen *in vivo* unter Benutzung der biosynthetischen Aktivität der Zelle bietet sich an, wenn man die extrahierten Proteine anschließend mit hoher Empfindlichkeit in Gelen nachweisen will. Dies empfiehlt sich besonders bei weniger häufigen Zellproteinen, die aus verdünnten Extrakten durch Immunpräzipitation (Kap. 1.7) angereichert und dann gelelektrophoretisch charakterisiert werden sollen.

Am häufigsten wird zu diesem Zweck [^{35}S]-markiertes Methionin verwendet. Methionin hat den Vorteil, daß nur ein sehr kleiner endogener Pool in der Zelle vorhanden ist und exogen zugesetztes markiertes Methionin daher sehr schnell und effektiv in neu-synthetisierte Proteine eingebaut wird. [^{35}S]-markiertes Methionin ist außerdem in relativ hoher spezifischer Aktivität ($\geq$ 1000 mCi/mmol = 3,7 x 10^{13} Bq/mmol) kommerziell erhältlich, das Isotop ^{35}S besitzt eine genügend lange Halbwertszeit (~88 Tage) und ist durch Fluorographie oder Autoradiographie (Kap. 4.8) sehr leicht und effektiv nachzuweisen. Ein Nachteil bei der Markierung mit [^{35}S]Methionin kann u. U. der geringe Anteil von Methionin in manchen Proteinen sein. Hier bietet sich als Alternative eine Markierung mit [^{35}S]Cystein oder eine Doppelmarkierung mit [^{35}S]Methionin und [^{35}S]Cystein an.

Die Markierungsdauer ist abhängig von der Turn-over-Rate der zu markierenden Proteine bzw. vom speziellen Ziel der Experimente. Für Untersuchungen der Biosynthese, Prozessierung und Modifizierung von Proteinen sowie der Genexpression in vorübergehend transfizierten Zellen werden Kurzzeitmarkierungen (ca. 30 min – 4 Std.) bzw. Puls-chase-Markierungen verwendet. Um Proteine mit langsamem Turn-over (z. B. Cytoskelettproteine) effektiv zu markieren bzw. eine Steady-state-Markierung aller Proteine zu erreichen, ist eine Langzeitmarkierung (12 – 24 Std.) notwendig.

Da Kulturmedien eine hohe Konzentration an Methionin (bzw. Cystein) enthalten, muß für eine effektive Markierung bei Kurzzeitexperimenten ein Medium ohne Methionin (Cystein) und bei Langzeitmarkierungen mit reduziertem Methionin- (Cystein-)Gehalt (5 – 20 % der normalen Konzentration) verwendet werden. Für einen effektiven Einbau ist es außerdem notwendig, daß sich die Zellen noch in der logarithmischen Wachstumsphase befinden (50 – 75 % konfluent bei Monolayer-Kulturen).

Materialien

- Medium für Langzeit- (Kurzzeit-)Markierung, z. B. Eagle's „minimum essential medium" (MEM), ohne Methionin oder Cystein (z. B. Life Technologies, Select-Amine Kit)

- Säugetierkulturzellen gewachsen als Monolayer in Kulturschalen oder als Suspension in Flaschen bei 37° C in einem CO_2-Begasungsbrutschrank

- $[^{35}S]$-L-Methionin $\geq$ 1000 Ci/mmol (= 3,7 x 10^{13} Bq/mmol), in vivo cell labeling grade (Amersham)

- und/oder alternativ $[^{35}S]$-L-Cystein > 600 Ci/mmol (= 2,2 x 10^{13} Bq/mmol) (Amersham)

- PBS (<u>p</u>hosphate <u>b</u>uffered <u>s</u>aline; Phosphat-gepufferte physiologische Salzlösung, Bestandteile und Herstellung s. Anhang B)

- Laborzentrifuge, Zentrifugengläser (z. B. Minifuge, Heraeus Christ)

- Foetales Kälberserum

Vorbereitungen

Für Langzeitmarkierungen wird dem MEM-Medium ohne Methionin (Cystein), 10 % fötales Kälberserum und 5 – 20 % nicht-radioaktives Methionin (Cystein) zugesetzt (s. o.). $[^{35}S]$Methionin (Cystein) wird je nach Versuchsbedingungen zu einer Endkonzentration von 20 – 50 µCi/ml (= 0,74 – 1,85 x 10^6 Bq/mmol) bei Langzeitmarkierungen und ca. 140 – 170 µCi/ml (= 5,2 – 6,3 x 10^6 Bq/ml) bei Kurzzeitmarkierungen zugegeben (Sicherheitsvorkehrungen s. Hinweise am Ende des Kapitels und Anhang F).

Monolayer-Kulturen

Durchführung

1. Kulturen im Brutschrank bis zu 50 – 70 % (für Langzeitmarkierung) oder 70 – 90 % (Kurzzeitmarkierung) Konfluenz wachsen lassen.

2. Medium steril durch Absaugen entfernen und Zellen mit 6 ml sterilem, vorgewärmtem Methionin- (bzw. Cystein-)freiem MEM-Medium waschen.

3. Zellen in 6 ml (pro 90 – 100 mm Platte) frischem Medium mit [^{35}S]Methionin (Cystein) kurzzeitig bzw. über Nacht bis zu 24 Std. im Brutschrank bei 37° C inkubieren.

4. Radioaktives Medium entfernen (*entsorgen!*) und Zellen auf der Platte zweimal mit je 10 ml PBS waschen (*radioaktiver Abfall!*) und einfrieren (–80° C) oder sofort weiterverarbeiten (s. Kap. 1.3).

Suspensionskulturen

1. Kulturen bei RT in der exponentiellen Wachstumsphase durch Zentrifugation bei 300 x g, 5 min, ernten und den Überstand vorsichtig abgießen.

2. Das Zellsediment in 10 ml Methionin- bzw. Cystein-freiem Medium suspendieren und nochmals sedimentieren.

3. Die Zellen in einer Dichte von ca. 5 x 10^6 –10^7 pro ml in Kurzzeit- bzw. Langzeitmarkierungsmedium aufnehmen und für die Inkubationsdauer wieder in Kulturflaschen im Brutschrank bei 37° C halten.

4. Nach der Inkubation Zellen in entsprechenden Zentrifugenröhrchen, wie oben angegeben, sedimentieren, Überstand entfernen (radioaktiver Abfall!) und Zellen in 10 ml kaltem PBS suspendieren.

5. Zellen in der Kälte sedimentieren, einfrieren (–70° bis –80° C) oder sofort weiterverarbeiten (Kap. 1.3).

Hinweise

• Das Arbeiten mit radioaktiven Substanzen bedarf grundsätzlich einer Genehmigung durch eine Aufsichtsbehörde (meist das Gewerbeaufsichtsamt). Kontrolle und Aufsicht in einem Labor untersteht dabei einem Strahlenschutzbeauftragten, der von der Aufsichtsbehörde bestätigt sein muß. Allgemeine Hinweise auf Sicherheitsvorschriften für den Umgang mit radioaktiven Stoffen sind in Anhang F aufgeführt.

- In Lösungen, die [^{35}S]Cystein oder -Methionin enthalten, bilden sich flüchtige [^{35}S]-enthaltende Substanzen (Meisenfelder und Hunter 1988). Deshalb müssen neben den üblichen Sicherheitsvorschriften beim Umgang mit radioaktiven Isotopen besondere Vorsichtmaßnahmen eingehalten werden. Das Öffnen der Originalgefäße und die Entnahme der [^{35}S]-markierten Substanzen sollte immer unter einem Abzug mit Aktivkohlefilter (in einem separaten Isotopenlabor) erfolgen. Die Kulturen sollten in einem speziell dafür vorgesehenen Brutschrank ausgestattet mit einer flachen Schale mit Aktivkohle inkubiert werden. Es empfiehlt sich, von Zeit zu Zeit die Wände mit einem entsprechenden Strahlenmonitor oder einem Wischtest auf niedergeschlagene Radioaktivität zu überprüfen.

Literatur

Meisenfelder J, Hunter T (1988) Radioactive protein labelling techniques. Nature 335:120

1.3
Zell-Lyse und differentielle Extraktion von Proteinen

Da Proteine in der Zelle entweder in relativ gelöster Form vorliegen oder in unterschiedlicher Weise mit anderen Molekülen und Zellstrukturen assoziiert sind (Kap. 1.1), lassen sich durch differentielle Extraktion aus Zellen und Geweben spezifische Proteinfraktionen gewinnen, z. B.

(a) die sog. löslichen Proteine, welche bei niedrigen Salzkonzentrationen („low salt", Ionenstärke 0,15 – 0,2 M) extrahierbar sind,

(b) die Detergens-löslichen Proteine, welche durch nicht-ionische Detergentien solubilisiert und extrahiert werden können,

(c) Proteine, die erst mit Puffern höherer Salzkonzentration („high salt", 0,5 – 1,5 M) in Lösung gehen, und

(d) Proteine, die in den üblichen Extraktionspuffern mit nicht-ionischen Detergentien und hohen Salzkonzentrationen unlöslich sind und im Rückstand verbleiben.

Zu (a) gehören die Masse der Proteine des Cytosols und des Karyosols. Durch nicht-ionische Detergentien (b), wie z. B. Triton X-100 oder Nonidet P-40, werden die meisten Membranproteine aus der hydrophoben Wechselwirkung mit den Membranlipiden gelöst und in Form komplexer Detergensmizellen in Lösung gebracht. Die Gruppen (a) und (b) werden bei den meisten Standardextraktionen zusammen eluiert. Bei den salzlöslichen Proteinen (c) handelt es sich um Proteine, die über ionische bzw. polare Wechselwirkungen mit anderen Molekülen in der Zelle assoziiert sind. Durch höhere Salzkonzentrationen werden diese elektrostatischen Interaktionen gestört, und die Proteine gehen in Lösung („salting in"). Zu dieser Gruppe gehören z. B. die meisten Proteine, die mit Nucleinsäuren assoziiert sind. Im Rückstand verbleiben hauptsächlich Elemente des Cytoskeletts (d) und dabei besonders die Proteine der Intermediärfilamente und der Kernlamina, welche durch ausgedehnte laterale Aggregation über hydrophobe Wechselwirkungen der Einwirkung von relativ schwachen Detergentien und hohen Ionenkonzentrationen widerstehen (s. Kap. 1.1 und 1.4).

Voraussetzung für die Herstellung der Extrakte ist die Lyse der Zellen und Herstellung eines Homogenats, d. h. die gleichmäßige Suspension der freigesetzten Zellkomponenten im Extraktionspuffer. Bei den in diesem Kapitel vorgestellten Standardmethoden unter Benutzung von Säugetierkulturzellen benötigt man dazu einen Glashomogenisator vom Typ Dounce oder Potter-Elvehjem mit Glas- bzw. Teflonpistill (Abb. 1).

Bei der mechanischen Zerkleinerung der Zellen und unter der Einwirkung von Detergentien werden intrazelluläre Proteasen freigesetzt, welche die zu untersuchenden Proteine partiell spalten können. Um diese Gefahr auszuschalten oder zu minimieren, werden den Extraktionspuffern Protease-Inhibitoren zugesetzt. In den meisten Puffern sind zumindest Phenylmethylsulfonylfluorid (PMSF), als Inhibitor von Serinproteasen, und EDTA, welches als Chelatbildner Metalloproteasen hemmt, enthalten. Je nach Empfindlichkeit der zu untersuchenden Proteine und Art des Extraktes können weitere Inhibitoren mit engerem Wirkungsspektrum wie z. B. Pepstatin A (gegen Pepsin und Cathepsin D), Leupeptin (gegen Plasmin, Trypsin, Cathepsin B) und Aprotinin (gegen Kallikrein, Trypsin, Chymotrypsin und Plasmin) eingesetzt werden. Einen Überblick über die Spezifität der gängigen Protease-Inhibitoren findet man bei Patel (1994) und in der Broschüre „Protease Inhibitors Technical Guide" von Boehringer Mannheim. Weiterhin empfiehlt es sich, den Extraktionspuffern Dithiotreitol (DTT) oder β-Mercaptoethanol zuzusetzen, um eine artifizielle Aggregation von Proteinen durch Oxidation von Thiolgruppen (-SH; Bildung von S-S-Brücken) durch den direkten Kontakt der Extrakte mit dem Luftsauerstoff zu verhindern.

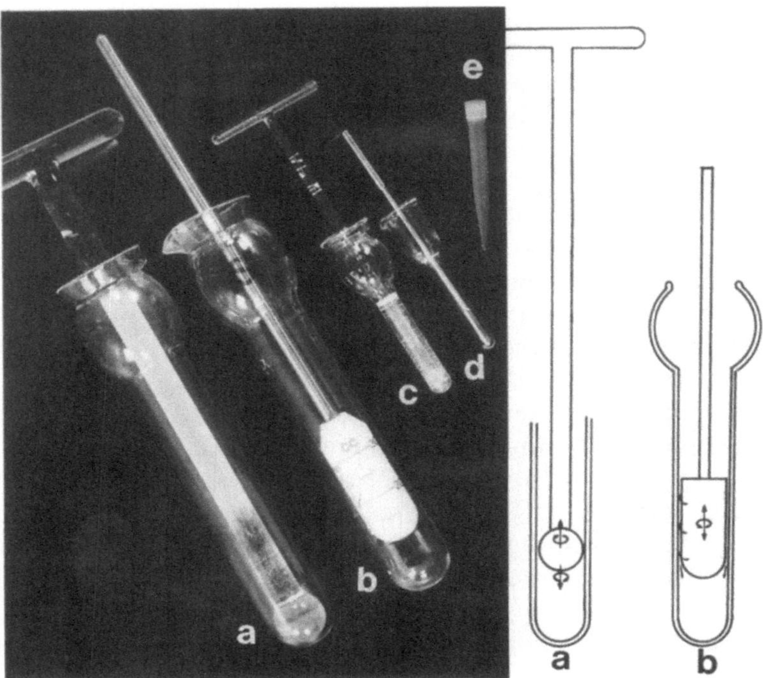

Abb. 1. Homogenisatoren unterschiedlicher Größe (**a** – **d**). Bei Homogenisatoren mit Glasstempeln (sog. Dounce-Homogenisatoren; **a**, **c**) wird das Material durch vorsichtige Auf- und Abbewegungen des Glasstempels, der dabei gleichzeitig nach rechts und links bewegt wird, zerkleinert. Der Stahlstab des Glas-Teflon-Homogenisators (sog. Potter-Elvehjem-Homogenisator; **b**) wird meist durch einen regelbaren Motor schnell gedreht und dabei gleichzeitig in dem fixierten Glasgefäß auf und ab bewegt. Für sehr kleine Probenmengen eignet sich der Glas-Stahl-Homogenisator (**d**), dessen Stempel zwischen den Fingerspitzen bewegt werden kann. Zum Größenvergleich ist eine 1000-µl-Pipettenspitze (**e**) mit abgebildet

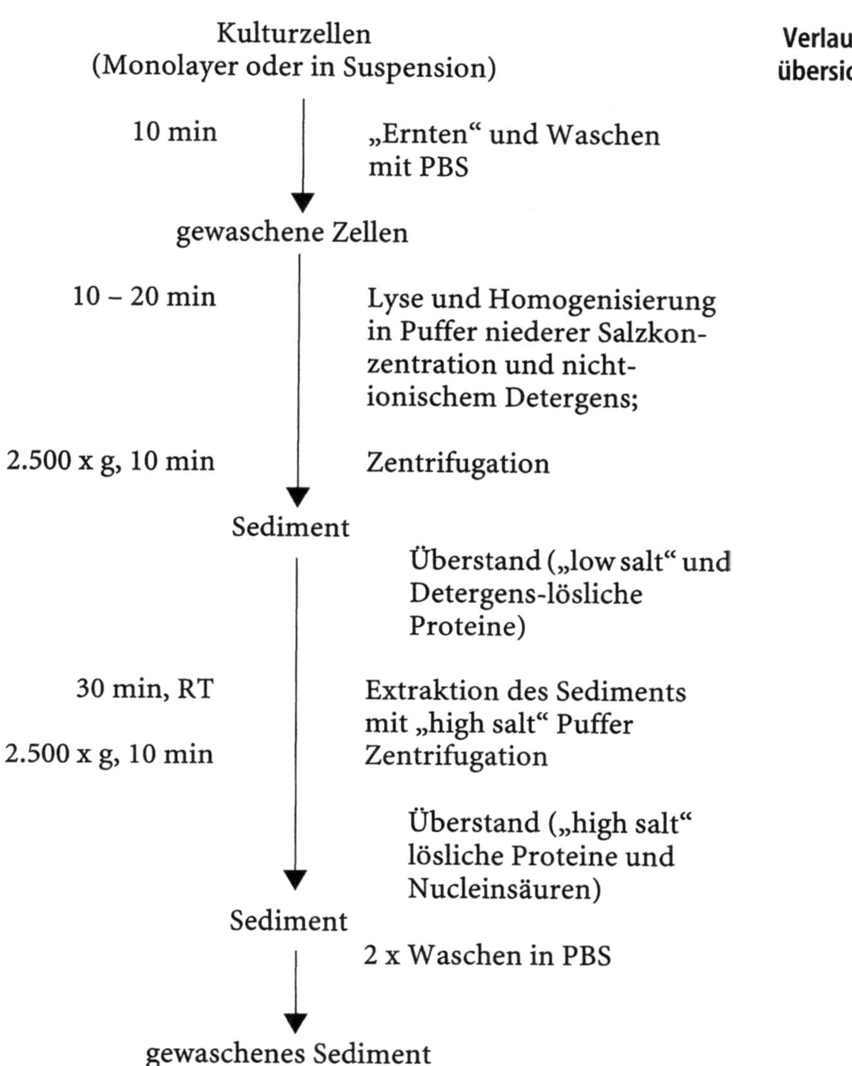

Verlaufs-übersicht

- Homogenisator, Typ Potter-Elvehjem oder Dounce mit Stempel „L" (Braun Biotech)
- Gummiwischer („rubber policeman", z. B. von Roth oder von Costar unter der Bezeichnung „cell lifters")
- Laborkühlzentrifuge (z. B. Heraeus-Christ Minifuge)

Materialien

- Zentrifugengläser (z. B. Corex, 15 ml)
- Mikroliterzentrifuge (Bezugsquellen, s. Anhang L)
- Mikrolitergefäße (1,5 ml Eppendorf-Typ)
- Vortex-Mixer
- Phenylmethlysulfonylfluorid (PMSF), alternativ
- Pefabloc SC (Boehringer Mannheim)
- Pepstatin A (Boehringer Mannheim)
- Leupeptin (Boehringer Mannheim)
- EDTA Dinatriumsalz, Dihydrat
- Dithiothreitol (DTT)
- Tris (Tris-(hydroxymethyl)-aminomethan)
- NaCl
- KCl
- Triton-X-100
- Komponenten für PBS (s. Anhang B)

Vorbereitungen   Folgende Stammlösungen (SL) werden benötigt (Chemikalien und Herstellung siehe Anhang B):

- PBS
- 1 M Tris, pH 7,5
- 0,5 M EDTA
- 100 mM PMSF, alternativ 200 mM Pefabloc SC
- 1 M DTT

- Extraktionspuffer A mit niedriger Salzkonzentration und Detergens (low salt buffer)

Endkonzentration	Ansatz
10 mM Tris, pH 7,5	1 ml (aus 1 M SL)
140 mM NaCl	820 mg
5 mM EDTA	1 ml (aus 0,5 M SL)
1 % Triton X–100	1 ml
1 mM PMSF	1 ml (aus 100 mM SL)
1 mM DTT	100 µl (aus 1 M SL)

auf 100 ml mit ddH$_2$O auffüllen

PMSF ist in wässriger Lösung extrem instabil und sollte deshalb erst umittelbar vor Versuchsbeginn zugesetzt werden.

DTT ist dem β-Mercaptoethanol vorzuziehen, da es keine gemischten Disulfide mit Proteinen bildet sowie stabiler und weniger geruchsbelästigend ist.

- Extraktionspuffer B mit hoher Salzkonzentration (high salt buffer); wie Extraktionspuffer A, aber zusätzlich 1,5 M KCl (11,1 g pro 100 ml)

- Zusätzlich kann den Puffern bei empfindlichen Proteinen noch 1 µg/ml Pepstatin A und Leupeptin bzw. ein Proteasen-Inhibitoren-Cocktail („Complete", Boehringer Mannheim) in Tablettenform zugesetzt werden.

Monolayer-Kulturen

Durchführung

1. Zellrasen (ca. 90 % konfluent auf 55 mm Kulturschale) nach Abgießen des Kulturmediums mit 5 ml eiskaltem PBS spülen.

2. Pro Schale 5 ml Extraktionspuffer A (mit niedriger Salzkonzentration) pipettieren und 10 min auf Eis unter gelegentlicher Bewegung inkubieren.

   Falls es sich um radioaktiv markierte Zellen handelt und aus dem Extrakt anschließend Protein durch Immunpräzipitation ausgefällt werden soll, kann das Volumen bis auf 1 ml reduziert werden.

3. Zellrasen mit einem Gummiwischer abschaben und die lysierte Zellsuspension bei 5.000 x g (4° C, 10 min) in einer Laborkühlzentri-

fuge (bzw. bei 1 ml Volumina bei 10.000 x g in einer Mikroliterzentrifuge) zentrifugieren.

Der Überstand enthält hauptsächlich die Proteine des Cytosols und der Cytomembranen und wird, falls nicht unmittelbar weiterverarbeitet, bei –70° C aufbewahrt. Er sollte unter Umständen vor dem Einfrieren bei 100.000 x g 1 – 2 Std. in einer Ultrazentrifuge zentrifugiert werden, um Aggregate, Mitochondrien und Ribosomen vollständig zu entfernen.

4. Das Sediment, welches hauptsächlich die Zellkerne und Cytoskelettmaterial enthält, in 5 ml Extraktionspuffer B (mit hoher Salzkonzentration) suspendieren und in einem Dounce-Homogenisator durch 10 – 15 Auf- und Abbewegungen des Pistills homogenisieren und anschließend bei 2.500 x g (4° C, 30 min) zentrifugieren.

Der Überstand enthält die Masse der bei hoher Ionenstärke solubilisierten Proteine und ist besonders durch die aus den lysierten Kernen freigesetzte DNA sehr viskos. Die DNA kann teilweise durch Zentrifugation des „high salt" Extraktes bei 100.000 x g 1 Std. in einer Ultrazentrifuge (UZ) sedimentiert oder durch DNAse (s. Kap. 1.4.3) verdaut werden. Am besten ist jedoch die Trennung von Protein und Nucleinsäuren über einen CsCl-Gradienten (s. Kap. 1.5).

5. Das Sediment (angereicherte Proteine der Intermediärfilamente und Elemente des Kernskeletts) nochmals in 5 ml Extraktionspuffer B suspendieren und extrahieren. Danach zweimal mit je 5 ml PBS waschen und unmittelbar weiterverarbeiten oder bei –20° C einfrieren.

Suspensionskulturen

1. Zellen (50 – 100 ml mit ca. 10^6 Zellen pro ml) durch Zentrifugation bei 500 x g (4° C, 5 min) sedimentieren, Medium abgießen und das Sediment einmal mit 30 ml PBS waschen.

2. Gewaschenes Zellsediment in 5 ml (bzw. 1 ml) Extraktionspuffer A suspendieren, 20 min bei 4° C unter gelegentlichem Schütteln lysieren lassen, bei 5.000 x g (4° C, 10 min) zentrifugieren und wie oben ab Punkt 4. beschrieben weiterbehandeln.

Literatur

Patel D (1994) Gel electrophoresis, essential data. John Wiley & Sons, Chichester New York Brisbane Toronto Singapore

1.4
Isolierung von Intermediärfilament-Proteinen aus Zellkulturen und verschiedenen Geweben

1.4.1
Allgemeine Einleitung und Überblick

Intermediärfilamente (IF) bilden zusammen mit anderen zellulären Gerüststrukturen das sog. Cytoskelett. Die wesentlichen Komponenten dieses Cytoskeletts bilden die Aktin-Mikrofilamente (Ø 5 – 7 nm), die Mikrotubuli (Ø 22 – 25 nm), und die aus vielen verschiedenen Proteinen aufgebauten IF (Ø 8 – 12 nm, Abb. 2). Während die Mikrofilamente und Mikrotubuli in allen eukaryontischen Zelltypen relativ einheitlich zusammengesetzt vorkommen, werden die IF in den verschiedenen Zelltypen aus unterschiedlichen Komponenten aufgebaut. Man unterscheidet dabei 5 Hauptproteinklassen von IF, deren Expression im wesentlichen eine Zell- und Gewebespezifität aufweist (siehe Übersicht in Tabelle 1).

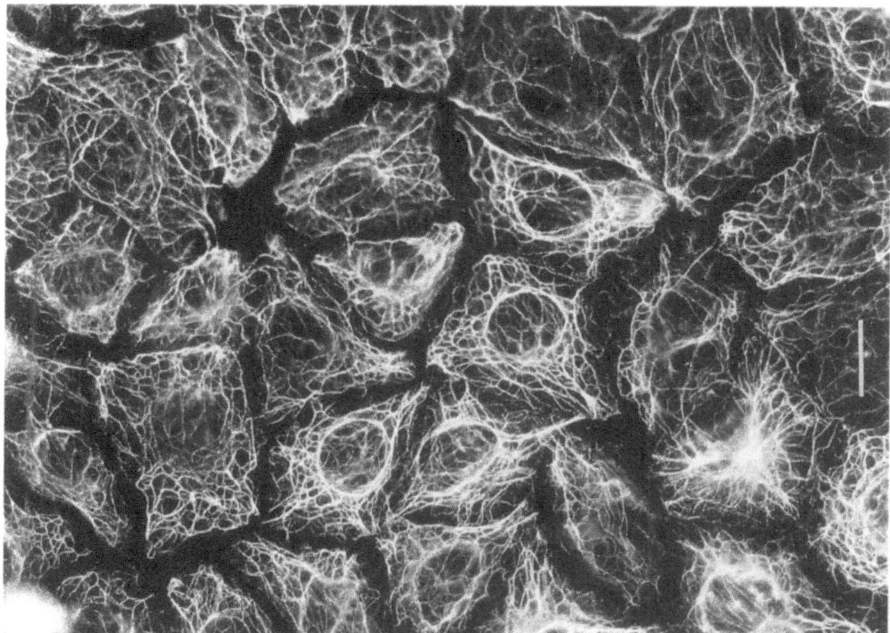

Abb. 2. Immunfluoreszenzmikroskopische Darstellung von Intermediärfilamenten vom Cytokeratintyp in Kulturzellen (*Markierung* entspricht 0,45 µm)

Tabelle 1. Hauptklassen der Intermediärfilament-(IF)-Proteine und ihr zelltypspezifisches Vorkommen[a]

IF-Typ	Zahl der unterschiedlichen Polypeptide	kDa[b]	Beispiele für Zell- und Gewebespezifität (Hauptvorkommen)
Cytokeratine	≥ 30	40 – 68	Epithelzellen[c]
Vimentin	1	~57	Mesenchymzellen (Fibroblasten, Endothelzellen)
Desmin	1	~55	Muskelzellen (glatter Muskel, Skelett-, Herz-Muskel)
Gliafilament-Protein (GFP)	1	~51	Gliazellen (Astrocyten)
Neurofilament-Proteine (NF)	3	~68, ~160, ~210	Neuronen des zentralen und peripheren Nervensystems
Peripherin	1	~58	verschiedene (periphere) neuronale Zellen

[a] Diese Tabelle listet die prototypische Expression in Hauptzelltypen auf und berücksichtigt nicht mögliche Co-Expressionen von verschiedenen IF-Typen in bestimmten Zelltypen. Da Kernlamine keine zelltypische Expression zeigen, sind sie in der Tabelle nicht aufgeführt.
[b] relatives Molekulargewicht in Kilo-Dalton (kDa).
[c] einschließlich der verschiedenen stratifizierten, pseudostratifizierten und einfachen Epithelien und einschließlich der Haar- und Nägel-formenden Zellen.

Gegenüber Extraktionen mit Puffern niedriger oder hoher Salzkonzentrationen oder nicht-ionischer Detergentien zeigen die verschiedenen Komponenten des Cytoskeletts ein unterschiedliches Ausmaß an Resistenz. Auffallend ist dabei die außerordentlich hohe Widerstandsfähigkeit der IF gegenüber diesen Extraktionsmitteln und der in bestimmten Zelltypen mit den IF assoziierten Zell-Zell- oder Zell-Substratum-Verbindungsstrukturen (wie z. B. Desmosomen/maculae adhaerentes und Hemidesmosomen). Diese Eigenschaft ermöglicht es, diese Elemente des Cytoskeletts bzw. deren Proteine, durch rigide Extraktion mit relativ einfachen Präparationsmethoden im Rückstand in hoher Reinheit anzureichern. Die so gewonnenen IF-Isolate aus unterschiedlichen Zellen und Geweben bilden dann ideale Ausgangspräparationen für die Isolierung reiner IF-Fraktionen und IF-assoziierter Proteine. Die Bedeutung dieser Proteinklasse, die sich u. a. zur Charakterisierung von Zell-/Gewebetypen, als Differenzierungsmarker und für klinisch/pathologisch orientierte Gewebe- und Tumordiagnostik anbietet, hat in den letzten Jahren zu einer großen Zahl von Publikationen geführt, von denen hier nur einige weiterführende Übersichtsartikel aufgeführt werden können (Moll et al. 1982; Osborn und Weber 1983, 1986; Altmannsberger 1988; Albers und Fuchs 1992; Franke 1993; Moll 1993; Fuchs und Weber 1994; Leube und Kartenbeck 1995). In den folgenden Kapiteln sind exemplarisch Isolationsmethoden für einige Zelltypen bzw. Gewebe aufgeführt, die sich in ähnlicher Form auch auf andere Zellen und Gewebe anwenden lassen.

Nach Möglichkeit sollten alle Präparationen mit frischen Geweben durchgeführt werden. Falls kleinere Gewebeproben erst gesammelt werden müssen, läßt sich die Präparation aus kleingeschnittenen schock-tiefgefrorenen (Flüssigstickstoff) Gewebeproben herstellen. Das so gesammelte Material kann in dichtschließenden Kunststoffbehältern bei –70° C mehrere Wochen gelagert werden. Alle Präparationsschritte sollten auf Eis bzw. mit eiskalten Pufferlösungen, die ausreichende Mengen von Proteaseinhibitoren enthalten, durchgeführt werden.

Bei Untersuchungen von ein- und mehrschichtigen (unverhornten) Epithelien muß das gewünschte Material nach Benetzung mit PBS vorsichtig mit einem Spatel oder Skalpell abgeschabt werden. Bei verhornten Epithelien muß zuerst eine Entfernung der Hornschicht (Skalpell) vorgenommen werden. In beiden Fällen muß eine Kontamination durch tieferliegendes Bindegewebe vermieden werden.

Literatur

Albers K, Fuchs E (1992) The molecular biology of intermediate filaments. Int Rev Cytol 134:243–279

Altmannsberger M (1988) Intermediärfilamentproteine als Marker in der Tumordiagnostik (Veröffentlichungen aus der Pathologie, Bd 127). Gustav Fischer, Stuttgart New York

Franke WW (1993) The intermediate filaments and associated proteins. In: Kreis T, Vale R (eds) Guidebook to the cytoskeletal and motor proteins. Oxford University, Oxford New York Tokyo, pp 137–143

Fuchs E, Weber K (1994) Intermediate filaments: structure, dynamics, function and disease. Annu Rev Biochem 63:345–382

Leube R, Kartenbeck J (1995) Molekulare Komponenten der Intermediärfilamente und ihre Verankerungsstrukturen in Epithelzellen: Differenzierungsmarker in der Gewebe- und Tumordiagnostik. In: Zeller WJ, zur Hausen H (eds) Onkologie. II-1, Ecomed, München Landsberg, pp 1–32

Moll R (1993) Cytokeratine als Differenzierungsmarker: Expressionsprofile von Epithelien und epithelialen Tumoren (Veröffentlichungen aus der Pathologie, Bd 142). Gustav Fischer, Stuttgart Jena New York

Moll R, Franke WW, Schiller DL, Geiger B, Krepler R (1982) The catalog of human cytokeratins: Patterns of expression in normal epithelia, tumors and cultures cells. Cell 31:11–24

Osborn M, Weber K (1983) Tumor diagnosis by intermediate filament typing. A novel tool for surgical pathology. Lab Invest 48:372–394

Osborn M, Weber K (1986) Intermediate filament proteins: a multigene family distinguishing major cell lineages. TIBS 11:469–472

1.4.2
Isolierung von Intermediärfilamenten aus Kulturzellen durch Extraktion mit Puffern hoher Salzkonzentration

Bei dieser Methode wird der Hauptanteil der zellulären Proteine durch Extraktion mit Detergentien-haltigen Puffern und mit Puffern hoher Salzkonzentration in Lösung gebracht und verworfen. Die Proteine der Intermediärfilamente (IF) und der auch unter diesen Bedingungen stabilen Proteine der Zell-Zell-Verbindungen verbleiben als unlösliche Proteine im Sediment und können mit wenigen Extraktionsschritten relativ rein angereichert werden (Achtstätter et al. 1986). Im wesentlichen verläuft die Isolierung der IF dabei nach der in Kap. 1.3 angegebenen Verlaufsübersicht, jedoch werden größere Volumina an Extraktionspuffer benötigt als dort angegeben.

Materialien

- Die benötigten Materialien und Stammlösungen sind die gleichen wie die in Kap. 1.3 beschriebenen.

Vorbereitungen

- PBS (s. Anhang B)

- 1 M Tris-Stammlösung, pH 7,5 (s. Anhang B)

- 0,5 M EDTA (SL)

- 100 mM PMSF, alternativ 200 mM Pefabloc SC

- 1 M DTT (SL)

- Extraktionspuffer B mit hoher Salzkonzentration (high salt buffer)

Endkonzentration	Ansatz
10 mM Tris, pH 7,5	1 ml (aus 1 M SL)
140 mM NaCl	820 mg
5 mM EDTA	1 ml (aus 0,5 M SL)
1 % Triton X–100	1 ml
1 mM PMSF	1 ml (aus 100 mM SL)
1 mM DTT	100 µl (aus 1 M SL)
1,5 M KCl	11,1 g

auf 100 ml mit ddH_2O auffüllen

1. Monolayer-Zellen mit PBS waschen; Suspensionskulturen abzentrifugieren (800 x g, 5 min).

2. Monolayer-Zellen mit wenigen ml Extraktionspuffer B versetzen und mit einem Gummiwischer sorgfältig abschaben. Das 800-x-g-Sediment der Suspensionskultur in wenigen ml eiskaltem Extraktionspuffer B aufnehmen.

3. Abgeschabte Monolayer-Zellen bzw. resuspendiertes 800-x-g-Sediment in einen Potter-Elvehjem Homogenisator überführen, mit Extraktionspuffer B auffüllen und mit mehreren Stempelbewegungen homogenisieren.

4. Homogenisierte Zellen in ein Becherglas überführen, mit Extraktionspuffer B auffüllen (pro 1 x 10^6 Zellen ca. 30 – 50 ml Puffer) und 15 – 30 min in der Kälte rühren.

5. Zellextrakt in einer Laborkühlzentrifuge zentrifugieren (20 min, 5.000 x g, 4° C). Falls das anfallende Sediment noch fädig oder gallertig sein sollte, vorherigen Schritt wiederholen.
   Eine gut angereicherte IF-Präparation ist ein feines weißliches (flockiges) Sediment, das sich auch an der Wandung des Zentrifugengefäßes absetzen kann (Achtung bei Winkelrotoren).

6. Sedimente sorgfältig mit etwas Puffer und einer Pasteurpipette lösen oder mit einem Spatel abschaben und durch zweimaliges Waschen in PBS (Zentrifugationen wie oben) von hoher Salzkonzentration befreien.

7. Sediment direkt weiterverarbeiten oder bei –20° C einfrieren.

Durchführung

1.4.3
Isolierung von Intermediärfilamenten aus Kulturzellen
unter Benutzung von DNAse

Besonders störend bei der Präparation von Intermediärfilamenten (IF) aus Kulturzellen ist der hohe Gehalt an DNA, der in der zuvor beschriebenen Methode durch ausgiebige Extraktion mit Puffer hoher Ionenstärke beseitigt wird. Alternativ kann die Entfernung von DNA durch Verdauung mit DNAse erreicht werden. Der Vorteil dieser Methode liegt in einer rascheren Aufarbeitung der Zellen in geringeren Volumina unter weniger stringenten Bedingungen. Diese alternative Methode führt allerdings zu einer etwas weniger reinen IF-Präparation. Durch das Weglassen von KCl im Puffer mit DNAse ist jedoch eine direkte Weiterverarbeitung der Proben für die SDS-Gelelektrophorese (Teil 2) möglich.

Materialien   Die benötigten Materialien sind die gleichen wie unter Kap. 1.3 beschrieben. Zusätzlich bzw. alternativ werden benötigt:

- $MgCl_2$

- MOPS (2-(N-Morpholino)propansulfonsäure, z. B. von Sigma)

- DNase I (Desoxyribonuclease I aus Rinderpankreas, Reinheitsgrad II, z. B. von Boehringer Mannheim)

- alternativ: Benzonase (Benzon Nuclease, Merck)

- NaOH (Plätzchen)

Vorbereitungen
- 1 N NaOH (s. Anhang B)

- 1 M MOPS (20,9 g in 100 ml ddH_2O lösen; jeweils frisch ansetzen!)

- 50 mg/ml DNAse (100 mg in 2 ml ddH_2O lösen; als Stammlösung aliquotieren und bei $-20°$ C einfrieren)

- Extraktionspuffer I aus folgenden Stammlösungen ansetzen:

Stammlösung	Ansatz
10 x PBS (s. Anhang B)	5,0 ml
1 M MOPS	2,5 ml
1 M $MgCl_2 \cdot 6H_2O$ (s. Anhang B)	0,5 ml
10 % Triton–X-100	1,0 ml

ca. 30 ml H_2O dazugeben, mit 1 N NaOH auf pH 6,8 einstellen, auf 50 ml mit ddH_2O auffüllen und unter Rühren 375 µl PMSF-Stammlösung (s. Anhang B) dazupipettieren

- Extraktionspuffer II
aus den gleichen Stammlösungen wie bei Extraktionspuffer I:

Stammlösung	Ansatz
10 x PBS (s. Anhang B)	5,0 ml
1 M MOPS	2,5 ml
1 M $MgCl_2 \cdot 6H_2O$ (s. Anhang B)	0,5 ml
10 % Triton–X-100	5,0 ml

ca. 30 ml H_2O dazugeben, mit 1 N NaOH auf pH 6,8 einstellen, auf 50 ml mit ddH_2O auffüllen und unter Rühren 375 µl PMSF-Stammlösung (s. Anhang B) und 100 µl DNAse (bzw. 100 µl Benzonase) dazugeben

Zur Durchführung werden außerdem noch folgende Lösungen benötigt:

- 5 M NaCl (29,2 g in 100 ml ddH$_2$O lösen)

- 100 mM Tris-HCl, pH 7,0 aus 1 M Stammlösung, 1:10 verdünnt (s. Anhang B)

(Beispiel Kulturschale Ø 5,5 cm) **Durchführung**

1. Medium mit Pipette abnehmen und Zellen 1 x mit PBS waschen.

2. 1 ml Extraktionspuffer I pro Kulturschale einpipettieren und 2 min bei RT inkubieren.

3. Überstand vorsichtig abnehmen, Kulturschale auf Eis stellen und 1 ml Extraktionslösung II einpipettieren; 3 min inkubieren, dabei auf gleichmäßige Benetzung der Zellen achten.

4. 100 µl 5 M NaCl hinzufügen, vorsichtig mischen und 3 min inkubieren.

5. Zellreste mit Gummiwischer lösen und mit Pasteurpipette in Zentrifugenröhrchen überführen.

6. Zentrifugation bei 13.000 rpm (Mikroliterzentrifuge) oder bei 6.000 rpm (Laborkühlzentrifuge), 15 min, 4° C.

7. Überstand abnehmen.

8. Sediment in 100 mM Tris-HCl resuspendieren und erneut, wie bei Punkt 6, zentrifugieren.

9. Sediment direkt weiterverarbeiten oder bei –20° C einfrieren.

1.4.4
Isolierung von Intermediärfilament-Proteinen aus verschiedenen Geweben

Gewisse Kenntnisse der anatomisch-histologischen Verhältnisse sollten als Voraussetzung für eine erfolgreiche Isolierung von IF-Proteinen aus Geweben vorhanden sein. Unter Berücksichtigung der Zellheterogenität der speziellen Gewebe ist wichtig, daß die gewünschte Gewebsentnahme möglichst „rein" vorgenommen wird. Vor allem ist eine Verunreinigung durch Bindegewebe (Kollagen) zu vermeiden.

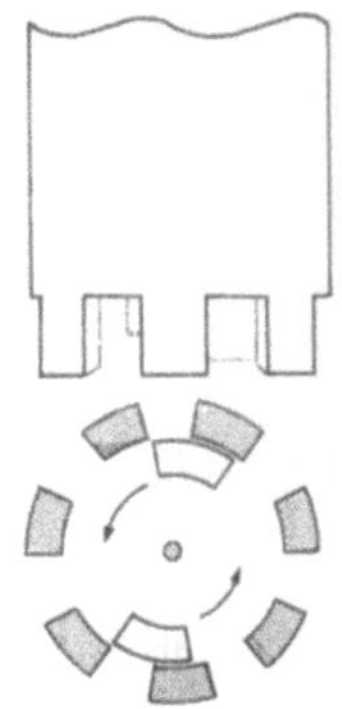
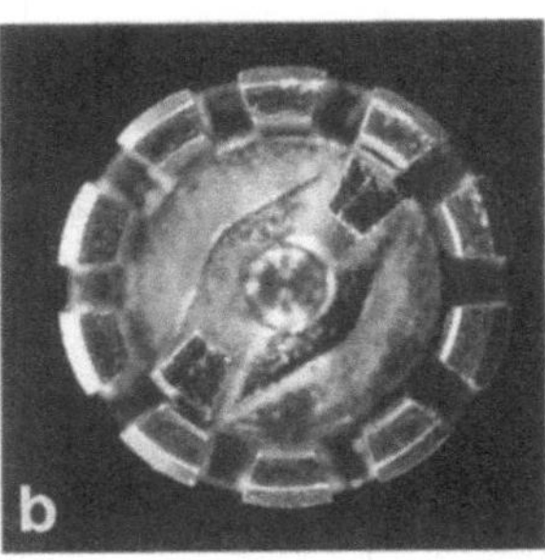

Abb. 3 a, b. Schematische (a) und photographische (b) Darstellung des Schneidestabes eines Polytron-Homogenisators. In der Aufsicht (b) erkennt man die außenliegenden Scherstreben und das schnell rotierende innere "Messer". Das zu homogenisierende Material wird durch die Rotation zentral angesaugt, zwischen den Kanten der Scherstreben und des Messers zerkleinert und nach außen geschleudert. Das Material muß dazu zuvor in kleine Stückchen geschnitten und in ein Becherglas mit geeignetem Puffer gefüllt werden

Materialien

Die benötigten Materialien sind im wesentlichen die gleichen wie in Kap. 1.3 beschrieben, zusätzlich werden benötigt:

- Anatomisches Besteck (Skalpell, Schere, Pinzetten, Präpariernadeln)

- Korkplatte

- Spatel

- Polytron-Homogenisator (Kinematica) oder Ultra Turrax (IKA Janke und Kunkel; s. dazu Abb. 3)

- Gaze (z. B. Mullbinden)

Vorbereitungen

- PBS (s. Anhang B)

- Extraktionspuffer A mit niedriger Salzkonzentration und Detergens (s. Kap. 1.3)

- Extraktionspuffer B mit hoher Salzkonzentration und Detergens (s. Kap. 1.3)

Durchführung

1a. *Homogene Gewebe*, wie z. B. Leber, in kleine Stückchen schneiden und in Extraktionspuffer „A" (10 – 30 ml pro 1 g Gewebe) mit einem Polytron-Homogenisator (mittlere Tourenzahl) ca. 10 bis 20 sec homogenisieren. Homogenat durch 3 – 5 Lagen Gaze filtrieren.

1b. Bei *Oberflächengeweben*, wie z. B. Epithelien von Ösophagus oder Harnblase, die entsprechenden Organe mit einer Schere aufschneiden, mit der Epithelseite nach oben auf einer Korkplatte mit Präpariernadeln aufspannen und mit PBS abspülen. Gewebe mit PBS benetzen und mit einem Skalpell oder Spatel die Epithelzellschicht vorsichtig abschaben, in Extraktionspuffer „A" aufnehmen und mit einem Dounce-Homogenisator (Stempel „L") homogenisieren.

2. Die Homogenate aus (1a) oder (1b) in einer Laborkühlzentrifuge zentrifugieren (5.000 x g, 30 min, 4° C) und die Überstände verwerfen.

3. Sedimente in Extraktionspuffer „B" rehomogenisieren (Dounce- oder Potter-Elvehjem-Homogenisator) und in der Kälte unter Rühren 30 min extrahieren.

4. Homogenate nochmals bei 5.000 x g für 30 min zentrifugieren.

5. Diesen Schritt so oft wiederholen, bis die Proteinkonzentration im Überstand deutlich abnimmt. *Je nach Ausgangsmenge der Gewebe und eingesetzter Volumina sind dazu 3 bis 5 Extraktionsschritte in Extraktionspuffer B notwendig.*

6. IF-Sedimente durch zweimaliges Waschen in PBS und Zentrifugation von hoher Salzkonzentration befreien.

7. Letztes Sediment direkt weiterverarbeiten oder bei –20° C einfrieren.

1.4.5
Isolierung von Intermediärfilament-Proteinen vom Cytokeratintyp und Desmosomen aus mehrschichtigem verhorntem Epithel

Aus mehrschichtigen verhornten Epithelien, die besonders reich an Cytokeratinfilamenten und Zell-Zell-Verbindungen vom Desmosomen-Typ (puncta adhaerentia) sind, können nach einer modifizierten Methode von Skerrow und Matoltsy (1974) sowohl sehr reine Intermediärfilamente (IF) vom Cytokeratintyp als auch eine sehr reine Desmosomenpräparation in einem parallelen Arbeitsgang gewonnen werden. Bei dieser Methode werden die IF durch eine saure Extraktion mit Zitronensäure in Lösung gebracht und durch Anhebung des pH-Wertes Cytokeratinpolypeptide ausgefällt. Die bei saurem pH unlöslichen Sedimente bestehen vor allem aus dem Proteinkomplex der Desmosomen und Cytokeratinresten.

Die benötigten Materialien sind im wesentlichen die gleichen wie in Kap. 1.3 und 1.4 beschrieben. Zusätzliche bzw. alternative Materialien sind:

Materialien
- Citronensäure (Monohydrat)
- NaOH
- Ultraschallgerät (z. B. Sonifier von Branson)
- Gewebe (z. B. Rinderschnauzen aus dem Schlachthof)

Vorbereitungen
- PBS (s. Anhang B)
- 5 N NaOH (s. Anhang B)
- Citratpuffer I

Endkonzentration	Ansatz
100 mM Citronensäure $\cdot$ H$_2$O	21,0 g
0,05 % Triton-X-100	0,5 g
1 mM DTT	1,0 ml (aus 1 M Stammlösung, s. Anhang B)

in ca. 500 ml lösen, mit 5 N NaOH auf pH 2,5 einstellen, auf 1000 ml mit ddH$_2$O auffüllen und unter Rühren die folgenden Inhibitoren zugeben:

1 μg/ml Leupeptin	1 mg
1 μg/ml Pepstatin	1 mg
1 mM PMSF	1 ml (aus 100 M Stammlösung, s. Anhang B)

- Citratpuffer II wie Citratpuffer I, jedoch mit geringerer Detergenskonzentration (0,01 % Triton-X-100 bzw. 0,1 g auf 1000 ml)
  Citratpuffer vor Gebrauch gut kühlen!

Durchführung

Zur Isolierung einer Desmosomenpräparation werden ca. 10 – 15 Rinderschnauzen benötigt, die frisch aus dem Schlachthaus sein sollten.

1. Vor der Aufarbeitung des Gewebes das Stratum corneum der Rinderschnauze mit einem Skalpell entfernen.

2. Dann flache Gewebestückchen des Stratum spinosum mit einem Skalpell abhobeln und in Citratpuffer I sammeln.
   Eine saubere Präparation ist nur möglich ohne Bindegewebskontamination (Achtung Stratum papillare). Portionsweise sollten nicht mehr als 15 g Gewebe in 500 ml Citratpuffer I aufgearbeitet werden.

3. Nacheinander ca. 1,5 g Gewebe in 50 ml Puffer mit dem Polytron-Homogenisator zerkleinern (5 – 10 sec bei realtiv niedriger Tourenzahl). *Eine zu starke Homogenisierung führt zu schlechter Ausbeute von Desmosomen.*

4. Homogenat 3 Std. bei 4° C unter starkem Rühren extrahieren.

5. Anschließend durch 4 Lagen Gaze filtrieren und zentrifugieren (10.000 x g, 30 min).

Zur Gewinnung von Cytokeratinen

6a. Überstand durch Zugabe von 1 N NaOH auf einen pH von 4,5 bis 5 einstellen. Ausgefallene Cytokeratinpolypeptide abzentrifugieren (3.500 x g, 10 min).

7a. Noch zweimal mit PBS waschen, Zentrifugation wie zuvor.

Zur Gewinnung von Desmosomen

6b. 10.000 x g Sedimente in 80 – 100 ml Citratpuffer II aufnehmen, mit einem Glas-Teflon-Homogenisator homogenisieren, ca. 7 Auf- und Abbewegungen.

7b. Homogenat 6 x 10 sec mit Ultraschall behandeln, auf 300 ml mit Citratpuffer II auffüllen und zentrifugieren (10.000 x g, 30 min).

8. Oberste weiße Schicht des Sediments mit einem Spatel entfernen, in ca. 200 ml Citratpuffer II aufnehmen, mit Glas-Teflon-Homogenisator wie oben (6b, 7b) homogenisieren und zentrifugieren.

9. Oberste weiße Schicht des Sediments wie zuvor behandeln und abzentrifugieren.

10. Weißliches Sediment anschließend 2 x mit PBS waschen und wie oben zentrifugieren.
Das so erhaltene Sediment enthält neben stark angereicherten Hauptproteinen der Desmosomen noch einige Cytokeratinreste.

11. Sediment einfrieren (–20° C) oder direkt weiterverarbeiten.

Literatur

Achtstätter T, Hatzfeld M, Quinlan RA, Parmelee DC, Franke WW (1986) Separation of cytokeratin polypeptides by gel electrophoretic and chromatographic techniques and their identification by immunoblotting. Meth Enzymol 134:355-371
Skerrow CJ, Matoltsy AG (1974) Chemical characterization of isolated epidermal desmosomes. J Cell Biol 63:524-531

1.5
Isolierung von Gesamtprotein und RNA aus Kulturzellen und Geweben

1.5.1
GTC-CsCl-Ultrazentrifugationsmethode

Die hier beschriebene Standardmethode wurde ursprünglich entwikkelt, um intakte RNA aus RNase-reichen Geweben (z. B. Pankreas) zu isolieren (Chirgwin et al. 1979). Sie beruht hauptsächlich auf der Wirkung von Guanidinthiocyanat (GTC), welches als sogenannte chaotrope Verbindung auch stärkste hydrophobe Wechselwirkungen zu stören und dadurch auch extrem stabile Proteine, wie z. B. RNasen, schnell zu denaturieren und damit zu inaktivieren vermag. (Chaotrope Verbindungen oder Ionen, z. B. Perchlorat, Trifluoracetat, Thioyanat, Harnstoff, stören hydrophobe Wechselwirkungen indirekt durch Auflösung der Wasserstruktur.) Außerdem wird der GTC-Solubilisierungslösung β-Mercaptoethanol oder Dithiothreitol (DTT) zur Spaltung von Disulfitbrücken und Sarcosyl NL als ionisches Detergens zugesetzt. Bei einer Variante der ursprünglichen Methode wird die RNA nach Solubilisierung der Zellen durch isopyknische Dichtegradientenzentrifugation von anderen Makromolekülen der Zelle getrennt. Dies ist möglich, da RNA z. B. in CsCl eine deutlich höhere Dichte (>1,8 g/ml) als die anderen Makromoleküle (DNA, Proteine, Polysaccharide und Lipide) der Zelle besitzt. RNA kann daher unter geeigneten Bedingungen durch dichte CsCl-Lösungen (5,7 M = 1,7 g/ml) sedimentiert werden, während die anderen Komponenten im Überstand bzw. in dem sich im Schwerefeld ausbildenden Dichtegradienten (wie z. B. die DNA) verbleiben. Cooms und Mitarbeiter (1990) haben diese Methode dahingehend erweitert, daß sie neben der sedimentierten RNA (und der DNA im oberen Teil des Gradienten) aus dem Überstand das gesamte Protein isoliert haben. Die so gewonnenen Proteine renaturieren nach Entfernung des GTC durch Dialyse so weit, daß ihre antigenen und enzymatischen Eigenschaften zum Großteil wiederhergestellt werden (Coombs et al. 1990). Die Methode bietet u. a. die Möglichkeit, das Gesamtproteinmuster von Zellen und Geweben mit dem in vitro-Translationsmuster der gleichzeitig isolierten mRNA zu vergleichen.

Materialien

- Präparative Ultrazentrifuge (z. B. Beckman L oder Optima L/XL Modelle, bzw. Kontron Centrikon T-1100, T-2100 Serie)

- Beckman SW41 (13.2 ml) bzw. SW 50.1 (5 ml) Rotoren oder Kontron TST 41 (41.14) bzw. TST 56 (55.5) und entsprechende Polyallomer-UZ-Röhrchen (o. ä.), autoklaviert

- Laborkühlzentrifuge (z. B. SORVALL RC-Modelle mit HB-4 Rotor, Beckman J2-21 Modelle mit JA 20 Rotor oder Kontron Centrikon-Modelle mit AS 4.13-1 Rotor und entsprechenden Zentrifugenröhrchen)

- Mikroliterzentrifuge (Bezugsquellen s. Anhang L)

- Mikrolitergefäße (Eppendorf-Typ)

- Potter-Elvehjem-Homogenisator mit Motorantrieb (15 bzw. 30 ml Gefäße mit entsprechendem Teflonkolben; Typ Potter S, Braun Biotech)

- Vortex-Mixer

- Membranfilter 0,45 µm (einschl. Vakuumflasche, Filteraufsatz, Wasserstrahlpumpe)

- Pasteurpipetten

- Skalpell

- Mikroliterpipetten und Spitzen (autoklaviert)

- Gummiwischer (z. B. von Roth oder „cell lifter", Costar; nur bei Monolayer-Kulturen)

- GTC (Guanidinthiocyanat; Guanidin-rhodanid, Fluka)

- EDTA (Ethylendiamintetraessigsäure Dinatriumsalz Dihydrat)

- Natriumacetat (wasserfrei)

- Cäsiumchlorid, DNase, RNase und Protease-frei (z. B. von Sigma)

- DEPC (Diethylpyrocarbonat)

- Ethanol (reinst)

- Chloroform

- Eisessig

- DTT (Dithiothreitol)

- NaOH (Plätzchen)

- n-Butanol

- N-Lauroylsarcosin (Sarkosyl NL, 30 % wässrige Lösung; Fluka)

- Antifoam A Emulsion (Sigma)

- Ammoniumbicarbonat

Vorbereitungen   • **Ribonuclease-freie Lösungen und Geräte**
Für die Gewinnung intakter RNA ist es unbedingt notwendig, daß alle Gefäße und Lösungen, die im Verlauf der Isolierung eingesetzt werden, absolut RNase-frei sind. Wie in der Einleitung erwähnt, sind RNasen (besonders RNase A) außerordentlich stabile Proteine, die nur in Gegenwart von stark denaturierenden Agentien (wie z. B. Guanosinthiocyanat) durch Behandlung mit Diethylpyrocarbonat (DEPC) oder durch relativ hohe Temperaturen zerstört werden können.

- *Geräte aus Glas oder Metall* (z. B. Laborzentrifugenröhrchen, Pasteurpipetten, Spatel, Rührstäbchen etc.) werden bei 250° C mindestens 4 Std. oder bei 180° C ü. N. erhitzt.
- *Plastikmaterial* (Pipettenspitzen, Mikrolitergefäße, UZ-Zentrifugenröhrchen (Polyallomer!), etc.) ist relativ RNase-frei, sollte aber vor Benutzung autoklaviert werden.
- *RNase-freies Wasser* (ddH$_2$O) wird durch Zugabe von 0,1 % DEPC (zum Umgang mit DEPC siehe Hinweise) und 12 Std. Inkubation bei 37° C hergestellt. Anschließend muß das DEPC durch Autoklavieren, Erhitzen auf 100° C für 30 min oder bei 60° C ü. N. abgebaut werden. Dies ist unbedingt notwendig, da DEPC die RNA durch Carboxylierung von Purinbasen modifiziert, was besonders die *in vitro* Translationseffizienz von mRNA stark reduziert.
- *Lösungen* mit RNase-freien Komponenten können mit DEPC-behandeltem ddH$_2$O angesetzt werden. Andernfalls muß man die Lösungen wie das Wasser mit DEPC behandeln. Dies ist nicht möglich bei Tris-Puffern, da DEPC durch Tris inaktiviert wird.

Stammlösungen (SL; Herstellung s. Anhang B):

• PBS

• 10 % SDS

• 1 M Tris (pH 7,5)

• 0,5 M EDTA

• 3 M Natriumacetat (pH 5,2)

- GTC-Lösung (4 M)

Endkonzentration	Ansatz
4 M GTC (Guanidinthiocyanat)	50,0 g
0,5 % N-Lauroylsarcosin/ Sarkosyl	1,67 ml (30 %)
20 mM Natrium-Acetat	0,67 ml (aus 1 M SL, pH 5,2)
10 mM DTT (Dithiothreitol)	1,0 ml (aus 1 M SL)

GTC in ca. 80 ml ddH$_2$O lösen (evtl. kurz auf 65° C erhitzen), Sarkosyl-, Na-Acetat- und DTT-Lösungen dazugeben, pH-Wert überprüfen und evtl. mit Essigsäure auf 5,2 einstellen. Mit ddH$_2$O auf 100 ml auffüllen, durch einen 0,45 µm Filter filtrieren und bei RT aufbewahren.

- 5,7 M CsCl-Lösung

Endkonzentration	Ansatz
5,7 M Cäsiumchlorid	96 g
25 mM Natrium-Acetat	830 µl (aus 3 M SL, pH 5,2)
10 mM EDTA	2 ml (aus 0,5 M SL, pH 8,0)

Komponenten auf 100 ml mit DEPC-behandeltem ddH$_2$O (s. oben) auffüllen und unter Rühren und Erwärmen lösen. Durch einen 0,45 µm Filter filtrieren, 100 µl DEPC zugeben (nicht bei RNase-freiem CsCl), 1 Std. stehen lassen und dann autoklavieren.

- TES-Lösung

Endkonzentration	Ansatz
10 mM Tris-Cl	1 ml (aus 1 M SL, pH 7,5)
5 mM EDTA	1 ml (aus 0,5 M SL)
0,1 % SDS	1 ml (aus 10 % SL)

auf 100 ml mit RNase-freiem ddH$_2$O auffüllen.

- Silikonisierung von UZ-Röhrchen (s. Anhang C)

Durchführung   **Lyse und Homogenisierung**

A *Monolayer-Kulturen*

1. Zellen (90 % konfluent) nach Abgießen des Mediums auf der Kulturschale zweimal mit je 5 ml PBS bei RT waschen.

2. Je Schale (ca. 50 – 90 mm) 1 ml GTC-Lösung verwenden, bei RT kurz lysieren lassen und Zellen dann mit einem Gummiwischer abkratzen.

3. Lysierte Zellen mehrmals durch eine dünne Kanüle einer Spritze ziehen (Zerkleinerung der viskosen hochmolekularen DNA!). Alternativ kann, wie unten beschrieben, ein Potter-Elvehjem-Homogenisator (5 ml Gefäß) benutzt werden.

B *Suspensionskulturen*

1. Zellen (50 – 100 ml mit ca. 1×10^6 Zellen/ml) bei 500 x g (5 min) durch Zentrifugation sedimentieren und einmal mit der Hälfte des ursprünglichen Volumens PBS versetzen und zentrifugieren.

2. Zu den gewaschenen Zellsedimenten schnell 7,5 ml GTC-Lösung geben (reicht für bis zu 1 g Zellmasse, d. h. ca. $0,5 – 1 \times 10^8$ Zellen), kurz lysieren lassen und in einem Potter-Elvehjem-Homogenisator bei hoher Tourenzahl homogenisieren (s. unten).

C *Gewebe (z. B. Mausleber, Tumorgewebe etc.)*

1. Gewebe und Organe unmittelbar nach Entnahme in kleine Stücke schneiden und in flüssigem Stickstoff einfrieren.

2. Je 1 g gefrorenes Material direkt in ein Homogenisatorgefäß (15 – 30 ml) geben, dabei mit 7,5 ml GTC-Lösung versetzen. Unter Rühren kurz auftauen und einwirken lassen und danach sofort mit der Homogenisierung bei hoher Tourenzahl beginnen.
Dies ist wichtig, damit das GTC alle Gewebebereiche erreicht, bevor die zellulären RNasen wirksam werden können!

3. Homogenisierung mit kurzen Unterbrechungen so lange durchführen, bis die DNA so weit zerkleinert ist, daß die Lösung leicht aus einer Pasteurpipette heraustropft.
Dies ist notwendig, damit die RNA später effektiv durch die DNA im Gradienten sedimentieren kann.

Gradientenzentrifugation

1. Homogenate von A), B) oder C) 10 min bei 10.000 x g bei 10° C zentrifugieren.

2. Überstand von B) oder C) vorsichtig auf je 5 ml 5,7 M CsCl Lösung in silikonisierte SW 41 oder vergleichbare UZ-Röhrchen schichten. Bei C) können 3 Überstände (ca. 2,8 ml) auf ein 2 ml CsCl-Kissen in einem SW 50,1 Polyallomerröhrchen geschichtet werden. Überstände dabei langsam mit einer Pasteurpipette am Rand der Röhrchen einfließen lassen, damit keine Durchmischung mit der CsCl-Lösung eintritt (Röhrchen austarieren!).

3. Zentrifugation im Beckman SW 41 Rotor bei 30.000 rpm 24 Std. bei 20° C; im Beckman SW 50,1 Rotor: 42.000 rpm, 12 Std. bei 20° C. *Nach der Zentrifugation befindet sich die RNA als glasiges Sediment am Boden der Röhrchen, die DNA bandiert dicht unterhalb der Phasengrenze (GTC/CsCl) im CsCl-Gradienten als viskose, z. T. milchige Bande.*

4. Den Überstand bis zur Phasengrenze mit einer Pasteurpipette abheben und in eine Kollodiumhülse füllen und, wie unter 1.9.4 beschrieben, unter viermaligem Wechsel gegen 100 mM Ammoniumbicarbonat bei 4° C für 24 Std. unter Vakuum dialysieren, mit organischem Lösungsmittel ausfällen (s. Kap. 1.8), trocknen und die Proteine ein- oder zweidimensional elektrophoretisch analysieren (Teil 2).

5. Den übrigen CsCl-Gradienten mit der DNA ausgießen bzw. über eine Wasserstrahlpumpe absaugen, das Röhrchen auf eine hitzefeste Unterlage legen und den unteren Teil mit dem RNA-Sediment (ca. 1 cm über dem Boden) mit einem abgeflammten heißen Skalpell abschneiden (Verhinderung der Kontamination des RNA-Sediments mit DNA und Protein von der oberen Röhrchenwandung!) und wie folgt weiterverarbeiten.

Fällen und Reinigen der RNA

1. Das feste RNA-Sediment mehrmals vorsichtig mit 70 % Ethanol zur Entfernung der Hauptmasse des CsCl abspülen und dann unter Vakuum in einem Exsikkator oder in einem Trockenschrank kurz antrocknen.
Es ist wichtig, daß die RNA nicht vollständig trocknet, da sonst die Löslichkeit stark reduziert wird.

2. Das angetrocknete Sediment von den Monolayer-Kulturen mit 360 µl TES-Lösung, von den unter B) und C) beschriebenen Zellen und Geweben evtl. mit dem 2- bis 3fachen Vol. versetzen und die RNA durch mehrmaliges Auf- und Abbewegen in der Spitze einer Mikroliterpipette oder silikonisierten Pasteurpipette (5 – 10 min) möglichst vollständig in Lösung bringen; danach in ein (oder mehrere) Mikrolitergefäße überführen.

3. Die gelöste RNA (360 µl) mit 40 µl 3 M Na Acetat, pH 5,2 versetzen und mit 1 ml Ethanol ausfällen (mindestens 2 Std. bei –20° C).

4. Das Präzipitat bei 12.000 x g 15 min bei 4° C sedimentieren.

5. Das Sediment nochmals kurz antrocknen, in 360 µl RNase-freiem Wasser lösen (evtl. mit Hilfe eines Vortex-Mixers) und durch Zugabe von 40 µl 3 M Na Acetat und 1 ml Ethanol in der Kälte ausfällen.

6. RNA abzentrifugieren und in 400 µl RNase-freiem Wasser lösen.

7. 10 µl entnehmen und auf 1000 µl mit H_2O verdünnen und im Photometer die Absorption bei 260 und 280 nm bestimmen (1 OD_{260} = 40 µg/ml RNA).
   Das Verhältnis A_{260}/A_{280} sollte zwischen 1,7 und 2,0 liegen, dann ist die RNA relativ proteinfrei.

Modifikation Falls der Quotient unter 1,7 liegt, sollte die RNA nochmals in folgender Weise gereinigt werden:

1. Restliche Lösung (390 µl) mit 40 µl 3 M Na Acetat versetzen und RNA wieder mit 1 ml Ethanol ausfällen und sedimentieren (s.o. Schritt 3).

2. RNA wieder in 360 ml TES lösen, 1 : 1 mit Chloroform-Butanol (4 : 1) mischen und kräftig schütteln (Vortex-Mixer).

3. Phasen durch Zentrifugation bei 10.000 x g (5 min) trennen und obere (wässrige) Phase vorsichtig mit einer Mikroliterpipette abheben und aufbewahren.

4. Untere (organische) Phase nochmals mit 360 µl TES versetzen, mischen, Phasen trennen und Überstand abheben.

5. Überstände mischen, auf 2 Mikrolitergefäße verteilen, mit je 40 µl 3 M Na Acetat versetzen und mit 1 ml Ethanol ausfällen.
   Die gefällte RNA kann entweder direkt für die in vitro-Translation verwendet werden, oder es kann vorher die Poly-A$^+$ RNA (mRNA) daraus angereichert werden (s. Anhang D).

- DEPC ist ein potentielles Carcinogen. Flasche nur unter dem Abzug öffnen. Vorsicht beim Umgang!   **Hinweise**

- Bei der Präparation von RNA immer Handschuhe tragen; RNase-Kontamination der Hände!

- Für längere Zeit (> 1 Monat) wird RNA am besten in Ethanol bei –70° C aufbewahrt.

- RNA (z. B. aus Leber) kann durch Fällung mit 3 Vol. 3 M Na Acetat, pH 5,2 (0° C, ü. N.) und Sedimentation bei 8.000 x g, 15 min (4° C) von Glycogen gereinigt werden.

Literatur

Chirgwin JM, Przbyla AE, MacDonald RJ, Rutter WJ (1979) Isolation of biologically active ribonucleic acid from sources enriched in ribonuclease. Biochemistry 18:5294-5299

Coombs LM, Pigott D, Proctor A, Eydmann M, Denner J, Knowles MA (1990) Simultaneous isolation of DNA, RNA, and antigenic protein exhibiting kinase activity from small tumor samples using guanidin isothiocyanate. Anal Biochem 188:338-343

1.5.2
Schnellmethode nach Chomczynski

Diese alternative sog. „single step" Methode ist besonders geeignet für kleinere Ausgangsmengen und größere Probenanzahlen. Sie basiert auf der Eigenschaft der RNA, in einem Zweiphasensystem aus Phenol/Chloroform und Guanidinthiocyanat (pH 4) in der wässrigen Phase zu verbleiben, während DNA und Proteine in die organische Phase gehen oder sich an der Interphase anreichern. In einer Weiterentwicklung der ursprünglichen RNA-Schnellisolationsmethode (Chomczynski und Sacchi 1987) hat Chomczynski die Methode dahingehend modifiziert, daß über sequenzielle Präzipitation gleichzeitig RNA, DNA und Proteine aus Zellen und Geweben isoliert werden können (Chomczynski 1993). Diese modifizierte Methode ist in ihren Details patentiert und nur als fertiges System kommerziell unter dem Namen „TRIzol™ Reagent" oder TRI Reagent™" erhältlich.

- Potter-Elvehjem-Homogenisator mit Teflon-Stempel (evtl. bei zähem Gewebe auch Polytron-Homogenisator)   **Materialien**

- Laborzentrifuge mit Kühlung

- Vortex-Mixer

- Polypropylenröhrchen (z. B. Falcon)

- Mikrolitergefäße (Eppendorf-Typ)
- Pasteurpipetten
- Gummiwischer („cell lifter", Costar) bei Monolayer-Kulturen
- TRIzol Reagent (z. B. von Life Technologies)
- Chloroform
- Isopropanol
- Ethanol abs.
- Diethylpyrocarbonat (DEPC)
- Guanidinhydrochlorid (für die Molekularbiologie, z. B. von Merck oder. Roth)

Vorbereitungen

- PBS (s. Anhang B)
- RNase-freies ddH$_2$O (DEPC-behandelt, s. S. 26)
- 75 % Ethanol (in DEPC-behandeltem ddH$_2$O)
- 3 M Guanidinhydrochlorid-Lösung (28,66 g in 95 % Ethanol)

Durchführung

Lyse und Homogenisierung

A   Gewebe

1a. Gewebe und Organe nach Entnahme schnell mit einem Skalpell in kleine Stücke schneiden und in flüssigem Stickstoff einfrieren (evtl. dann bei –70 bis –80° C lagern).

2a. Vor der Extraktion Gewebestücke wiegen und 50 – 200 mg in ein 5 ml Homogenisatorgefäß geben.

3a. Pro 50 – 100 mg Gewebe 1 ml TRIzol Reagens zugeben, sofort homogenisieren und dann noch mindestens 5 min bei RT lysieren lassen.

B   Monolayer-Kulturen

1b. Zellen nach Abgießen des Mediums auf der Kulturschale 1 x mit 5 ml PBS abspülen.

2b. Je Schale (50 – 90 mm) 2 ml TRIzol Reagens zugeben, 5 min bei RT lysieren lassen. Zellen dann mit einem Gummiwischer abkratzen und in ein Polypropylen-Röhrchen überführen.

3b. Lysierte Zellen mehrmals (8 – 10 x) durch eine Spritze oder Pasteur-pipette ziehen (Zerkleinerung der viskosen hochmolekularen DNA!).
Alternativ kann zu diesem Zweck, wie oben beschrieben, ein Glasho-mogenisator benutzt werden.

C *Suspensionskulturen*

1c. Zellen durch Zentrifugation bei 500 x g, 5 min bei RT sedimentie-ren.

2c. Pro 5 – 10 x 10^6 Zellen 1 ml TRIzol Reagens zugeben und 5 min ly-sieren lassen.

3c. Lysierte Zellen mehrmals durch eine Spritze oder Pasteurpipette ziehen oder alternativ DNA mit einem Glashomogenisator zerklei-nern (s. o.).

Isolierung der RNA

4. Zu den nach A), B) oder C) vorbehandelten Proben 0,2 ml Chloro-form pro ml zugesetztem TRIzol Reagens geben, kräftig durch-schütteln (10 – 20 sec) und 2 – 3 min bei RT stehenlassen.

5. Phasen durch Zentrifugation bei 12.000 x g 15 min in der Kälte (2 – 8° C) trennen.

6. Obere wässrige Phase (farblos, enthält die RNA!) mit einer Pipette vorsichtig abheben und in ein neues Gefäß überführen (untere Pha-se und Interphase aufheben!).

7. Pro ml ursprünglich zugesetztem TRIzol Reagens 0,5 ml Isopro-panol zugeben und 10 min bei RT stehenlassen.

8. 10 min bei 12.000 x g (2 – 8° C) zentrifugieren.

9. Das glasige RNA-Sediment in 75 % Ethanol resuspendieren (1 ml pro ml ursprünglich verwendetem TRIzol Reagens) und nochmals bei 7.500 x g, 5 min in der Kälte sedimentieren.

10. Überstand abgießen und Restflüssigkeit in einem Exsikkator oder Trockenschrank (nicht in Vakuum-Konzentrations-Zentrifuge, Kontaminationsgefahr mit RNase!) zum Großteil verdunsten.
Es ist jedoch wichtig, daß die RNA nicht vollständig austrocknet, da sonst die Löslichkeit stark reduziert ist.

11. RNA durch mehrmaliges Pipettieren in einem kleinen Volumen (50 – 100 µl) RNase-freiem ddH$_2$O lösen und Konzentration photometrisch bestimmen (s. S. 30).

12. Die Gesamt-RNA kann entweder weiter zur Isolierung von polyA$^+$-RNA verwendet werden (s. Anhang D) oder direkt für die *in vitro* Translation eingesetzt werden (Kap. 1.6).

Isolierung der Proteine

Zur Isolierung der Proteine aus der unteren organischen Phase muß zunächst die DNA ausgefällt werden:

1. Evtl. noch vorhandene Reste der wässrigen Phase über der Inter- und organischen Phase vollkommen entfernen. Pro ml ursprünglich verwendetem TRIzol Reagens 0,3 ml Ethanol zugeben, mischen und 2 –3 min bei RT stehenlassen.

2. DNA in der Kälte (2 – 8° C) bei 2.000 x g, 5 min sedimentieren. *Falls eine Verwendung der DNA vorgesehen ist, kann diese nach dem Protokoll im Beipackzettel des TRIzol Reagens gereinigt werden.*

3. Zur *Isolierung der Proteine* den Überstand der DNA-Präzipitation mit 1,5 ml Isopropanol pro ml ursprünglich eingesetztem TRIzol Reagens mischen und 10 min bei RT stehenlassen.

4. Protein in der Kälte (2 – 8° C) bei 12.000 x g für 10 min sedimentieren.

5. Überstand verwerfen und Sediment 3 x in 0,3 M Guanidinhydrochloridlösung waschen: Dazu je 2 ml Lösung pro ursprünglich eingesetztem TRIzol Reagens zugeben, kurz gut mischen (Vortex Mixer) und jeweils 20 min bei RT stehenlassen. Dann bei 7.500 x g für 5 min zentrifugieren.

6. Gewaschenes Sediment im Vakuum trocknen (Exsikkator oder Vakuum-Konzentrations-Zentrifuge). *Zur Mengenbestimmung der Proteine s. Kap. 1.10.*

Literatur

Chomczynski P, Sacchi N (1987) Single-step method of RNA isolation by acid guanidiniumthiocyanate-phenol-chloroform extraction. Anal Biochem 161:156-159.
Chomczynski P (1993) A reagent for the single-step simultaneous isolation of RNA, DNA and proteins from cell and tissue samples. BioTechniques 15:532-535.

1.6
Synthese und radioaktive Markierung von Proteinen durch in vitro Translation von messenger RNA

Die Biosynthese von Proteinen in eukaryontischen zellfreien Systemen ist für viele Bereiche und Fragestellungen der Zell- und Molekularbiologie von zentraler Bedeutung. Dies gilt primär für die Untersuchung der detaillierten Mechanismen und Regulationsvorgänge der Translation (Hames und Higgins 1984; Spedding 1990) sowie zur Analyse der co- und post-translationellen Prozessierung und Modifikation von neu-synthetisierten Proteinen, wie z. B. durch Supplementierung des *in vitro* Systems mit ER-Membranen (Jackson und Blobel 1977; Übersichten bei Walter und Blobel 1983; Scheele 1983). In der Gentechnik ist die *in vitro* Translation ein wertvolles Hilfsmittel, um einerseits mRNA-Fraktionen vor der Durchführung einer cDNA-Synthese und Klonierung zu testen sowie andererseits, um klonierte Gene zu identifizieren. Dazu werden üblicherweise zunächst die komplementären RNAs in einem *in vitro* Transkriptionssystem über Phagenpromotoren synthetisiert (Krieg und Melton 1984; Sambrook et al. 1989) und anschließend im *in vitro* System translatiert.

In der Zell- und Entwicklungsbiologie ist die *in vitro* Translation darüber hinaus eine Technik zur Analyse der Codierungspotenz von mRNA-Populationen aus verschiedenen Zellen und Geweben sowie zur Bestimmung der Veränderung der Konzentrationen spezifischer mRNAs im Verlauf von Differenzierungsvorgängen. Die *in vitro* Translation ermöglicht zusätzlich eine hochspezifische radioaktive Markierung der neu-synthetisierten Proteine, was für die weiteren präparativen Schritte (z. B. Immunpräzipitation, Kap. 1.7) oder die Charakterisierung der Proteine mittels Gelelektrophorese (Teil 2) und Immunoblotting (Teil 3 und 4) von Vorteil ist.

Es werden standardmäßig im wesentlichen zwei zellfreie *in vitro* Translationssysteme aus Eukaryonten benutzt: das Weizenkeimsystem (Roberts und Paterson 1973; Andersen et al. 1983) und das Lysat aus Retikulocyten von Kaninchen (Pelham und Jackson 1976; Merrick 1983; Jackson und Hunt 1983; Clemens 1984). Ein außerdem häufig benutztes intaktes *in vivo* System ist die Translation exogener mRNA nach Injektion in Amphibienoocyten (Coleman 1984; Melton 1987). Das Retikulocytensystem wird meist bevorzugt, wenn langkettige mRNAs translatiert werden sollen und wenn in Kombination mit mikrosomalen Membranen aus Hundepankreas die post-translationelle Prozessierung der synthetisierten Proteine untersucht werden soll (Scheele 1983). Das Lysat wird durch osmotischen Schock (in H_2O ohne Detergens!) aus Retikulocyten (unreife Erythrocyten, welche durch Vorbehandlung der Kaninchen mit Acetylphenylhydrazin im peripheren Blut angereichert sind) und anschließender Zentrifugation bei ca. 20.000 x g für 20 min gewonnen. Diese Methode ist detailliert beschrieben bei Merrick 1983; Jackson und Hunt 1983; Clemens 1984; Sambrook et al. 1989. Der Überstand enthält alle zellulären Komponenten (Ribosomen, Translationsfaktoren, tRNAs, Aminosäuren und Enzyme), die für die Translation notwendig sind. Die ebenfalls vorhandene endogene mRNA (codiert hauptsächlich für Globine) wird durch eine Ca-aktivierte Nuclease (meist Micrococcus Nuclease) zerstört, und das Enzym anschließend durch EGTA inaktiviert (Pelham und Jackson 1976).

Für eine länger andauernde und effektive Translation muß dem Lysat ein energielieferndes System, bestehend aus Creatinphosphat und Creatinphosphokinase sowie Hämin als Suppressor eines Inhibitors des Initiationsfaktors EIF_{2a} zugesetzt werden (Jackson und Hunt 1983). Außerdem sind die meisten käuflichen Systeme mit K^+- und Mg^{2+}-Ionen in optimalen Konzentrationen und einer Mischung von zusätzlichen tRNAs supplementiert, um eine effektive Translation der unterschiedlichsten mRNAs zu gewährleisten. Unter optimalen Bedingungen können im *in vitro* System bei 30° C einzelne kleinere mRNAs bis über 50mal innerhalb von 90 min translatiert werden, bei einer Elongationsrate an den einzelnen Ribosomen von etwa einer Aminosäure pro Sekunde (Clemens 1984).

Als Template kann die gesamte RNA aus Zellen (s. 1.5) eingesetzt werden. In den meisten Fällen empfiehlt sich jedoch die Anreicherung von poly(A)$^+$ RNA, um eine effektivere Translation mit weniger Hintergrund zu erreichen (s. Anhang D).

Materialien   Retikulocytenlysate können auch selbst aus Blut von Acetylphenylhydrazin-vorbehandelten Kaninchen hergestellt werden. Bei nur gelegentlichen in vitro Translationen empfiehlt sich jedoch die Anschaffung eines in vitro Translationskits.

- Kaninchen-Retikulocytenlysat, Nuclease behandelt, Minus-Methionin z. B. von Promega (gute Lysate können auch von Amersham und Du Pont (NEN) bezogen werden)

- L-[^{35}S]-Methionin (> 1000 Ci/mmol bzw. > 37 x 10^3 GBq/mmol; Amersham), alternativ können ^{35}S-Cystein oder ^{3}H-Leucin mit den entsprechenden Lysaten verwendet werden

- RNase-Inhibitor aus Plazenta (z. B. RNasin, Promega)

- ddH$_2$O (RNase-frei durch DEPC-Behandlung, s. Kap. 1.5, S. 26)

- Rinderserumalbumin (BSA) oder Casaminosäuren

- H_2O_2

- Trichloressigsäure (TCA)

- Aceton

- Gesamtzell-RNA oder polyA$^+$ RNA bzw. *in vitro* transkribierte RNA

- Mikrolitergefäße 0,5 ml und 1,5 ml (Eppendorf-Typ)

- Mikroliterzentrifuge (mit Kühlung oder im Kühlraum)

- Mikroliterpipetten und autoklavierte Spitzen

- Heizblöcke oder Wasserbäder für konstante Temperaturen (30° C – 37° C, 70° C)

- Mehrfach-Filtrationsapparatur (z. B. Hölzel)

- Szintillationszähler

- Whatman GF/C Filter, 2,5 cm Durchmesser

- Szintillationscocktail zur Messung wässriger Proben

- Szintillationsgefäße aus Kunststoff

- Vortex-Mixer

- 100 ml 1 N NaOH, 2 % H_2O_2-Lösung; bei 4° C aufbewahren   **Vorbereitungen**

- 500 ml 25 % TCA, 2 % BSA oder Casaminosäuren; bei 4° C aufbewahren

- 500 ml 5 % TCA-Lösung; bei 4° C aufbewahren

- evtl. 2 M K-Acetat- oder KCl-Lösung und 0,1 M Mg-Acetat-Lösung in sterilem RNase-freiem Wasser (s. Hinweise S. 40)

Das hier beschriebene Protokoll bezieht sich auf die Benutzung des Ka-   **Durchführung**
ninchen-Retikulocyten-Lysats der Firma Promega.

1. Die RNA-Probe (5 – 10 µg Gesamtzell-RNA oder 0,3 – 1 µg PolyA$^+$ RNA bzw. entsprechende Menge an *in vitro* synthetisierter RNA (z. B. nach der Methode von Sambrook et al.; 1989) in einem Mikrolitergefäß mit sterilem RNase-freiem Wasser auf 10 µl bringen, 3 min auf 70° C erhitzen und schnell im Eisbad abkühlen.
   Diese Vorbehandlung dient der Beseitigung eventuell störender Sekundärstrukturen in der mRNA.

2. Zu der vorbehandelten RNA folgende Komponenten pipettieren:

   1 µl RNasin (40 U/µl)

   1 µl Aminosäuremischung (Minus-Methionin)

   35 µl Retikulocytenlysat

   4 µl ^{35}S-Methionin (10 mCi/ml)

3. Jedes Experiment sollte außerdem 2 Kontrollansätze enthalten:

   a) ohne RNA, stattdessen 10 ml H_2O

   b) mit Kontroll-RNA, im Kit enthalten ist Brom-Mosaik-Virus (BMV)-RNA

4. Alle Ansätze mit Hilfe einer Pipette gut mischen und 60 – 90 min bei 30° C inkubieren.

5. Reaktion in Eis abstoppen und Ansätze nochmals gut mischen.

6. Aus jedem Ansatz 2 x 2 µl für die Bestimmung des Einbaus von ^{35}S-Methionin und der Translationseffizienz entnehmen.
   Der Rest des Ansatzes (ca. 45 µl) kann entweder unmittelbar durch Mischen mit 2 x Probenpuffer für die SDS-PAGE vorbereitet werden (Teil 2), oder es können vorher spezifische Translationsprodukte durch Immunpräzipitation (Kap. 1.7) angereichert werden.

Auswertung **Bestimmung der Translationseffizienz**

1. Zu je einer der 2 µl-Meßproben 248 µl 1 N NaOH/2 % H_2O_2-Lösung pipettieren, gut mischen und 10 min bei 37° C inkubieren.
   Durch NaOH werden die markierten Aminoacyl-tRNAs hydrolysiert und gehen dadurch nicht in die spätere Messung der Radioaktivität mit ein. Durch H_2O_2 wird das im Lysat enthaltene Hämoglobin entfärbt, welches bei der Szintillationsmessung durch Absorption ("Quenchen") stören würde.

2. Proben anschließend mit 1 ml eiskalter 25 % TCA, 2 % BSA-Lösung versetzen, gut mischen und 30 min bei 0° C (in Eis) stehen lassen.

3. Präzipitierte Proteine mit Hilfe einer Mehrfach-Filtrationsapparatur auf Whatman GF/C Glasfaserfilter filtrieren.

4. Filter 3 x mit je 3 ml eiskalter TCA und 1 x mit je 3 ml Aceton waschen und bei 60° C im Trockenschrank oder mit Hilfe einer Infrarotlampe trocknen.

5. Trockene Filter in Szintillationsgläschen flach auf den Boden legen, den Szintillationscocktail (5 – 10 ml) dazugeben und Impulsrate (dpm) in einem Szintillationszähler im entsprechenden Kanal (^{35}S/^{14}C) bestimmen.

Bestimmung der Gesamtaktivität

1. Für die Bestimmung der Gesamtaktivität im Ansatz werden die zweiten 2-µl-Proben direkt auf Filter pipettiert, angetrocknet und nach Zugabe des Szintillationscocktails die Impulsrate im Szintillationszähler bestimmt.

Den Einbau von ^{35}S-Methionin in Protein über Hintergrund erhält man durch Abzug der Impulsrate der Probe aus dem Kontrollansatz ohne RNA (endogene Restaktivität des Lysats) von den Impulsraten der Ansätze mit RNA. Aus dem Verhältnis Einbau über Hintergrund zur Gesamtradioaktivität im jeweiligen Ansatz ergibt sich der Anteil des freien Methionins, der durch Stimulierung der exogenen RNA in neu-synthetisierte Proteine eingebaut wurde.

Beispiel

Einbau über Hintergrund (2 µl Probe) = 10^6 cpm
Gesamtaktivität im Ansatz (2 µl Probe) = 4 x 10^6 cpm
Einbau in Protein = 1/4 oder 25 %
Im experimentellen Ansatz sind 15 – 30 % Einbau ein gutes Ergebnis. Höhere Werte werden meist nur mit der Kontroll-RNA erreicht. Häufig wird auch die Stimulierung der in vitro Translation im Vergleich zum Hintergrund (Ansatz Minus-RNA) angegeben. Dieser Wert sollte bei mRNA-Populationen im Bereich von 5- bis 20fach liegen. Bei der Kontroll-RNA kann er bis über 100fach betragen.

- Der *in vitro* Translationsassay kann alternativ auch mit ^{35}S-Cystein oder ^{3}H-Leucin unter Benutzung der entsprechenden Aminosäuremischung (s. verschiedene Kits von Promega) durchgeführt werden.   **Hinweise**

- Als Ergänzung zum *in vitro* Translations-Kit können von Promega auch mikrosomale Membranen aus Hundepankreas zur Untersuchung der co-translationellen Prozessierung (Abspaltung von Signalpeptiden) und Glycosylierung der neu-synthetisierten Proteine bezogen werden (ausführliche Beschreibung in Promega, Protocols and Application Guide).

- Das Kaninchen-Retikulocytenlysat kann bei Bedarf durch weitere Zugabe von K^+- und Mg^{2+}-Ionen bis max. 100 mM bzw. 2 mM (s. Protokoll von Promega) für die jeweilige RNA optimiert werden. Außerdem muß evtl. die optimale RNA-Konzentration in Vorversuchen bestimmt werden.

- Das Lysat sollte nach der Lieferung in Aliquots von 100 – 200 µl bei –70° C oder in flüssigem Stickstoff eingefroren werden, um zu häufiges Auftauen und Einfrieren zu vermeiden. Das Auftauen sollte in jedem Fall langsam auf Eis erfolgen. Die Haltbarkeit des Lysats unter den angegebenen Bedingungen beträgt etwa 1 Jahr.

- ^{35}S-markierte Aminosäuren oxidieren leicht zu Sulfoxiden, die die Translation inhibieren. Sie sollten deshalb in Aliquots in einem Puffer mit 1 mM DTT bei –70° C gelagert werden.

Literatur

Anderson CW, Straus JW, Dudock BS (1983) Preparation of a cell-free protein-synthesizing system from wheat germ. Meth Enzymol 101:635-650

Clemens MJ (1984) Translation of eukaryotic messenger RNA in cell-free extracts. In: Hames BD, Higgins SJ (eds) Transcription and translation, a practical approach. IRL, Oxford Washington, pp 231-270

Colman A (1984) Translation of eukaryotic messenger RNA in Xenopus oocytes. In: Hames BD, Higgins SJ (eds) Transcription and translation, a practical approach. IRL, Oxford Washington, pp 271-302

Hames BD, Higgins J (eds) (1984) Transcription and translation, a practical approach. IRL, Oxford Washington

Jackson RC, Blobel G (1977) Post-translational cleavage of presecretory proteins with an extract of rough microsomes, from dog pancreas, with signal peptidase activity. Proc Natl Acad Sci USA 74:5598-5602

Jackson RJ, Hunt T (1983) Preparation and use of nuclease-treated rabbit reticulocyte lysates for the translation of eukaryotic messenger RNA. Meth Enzymol 96:50-75

Krieg PA, Melton DA (1984) Functional messenger RNAs are produced by SP6 in vitro transcription of cloned cDNAs. Nucl Acids Res 12:7057-7086

Melton DA (1987) Translation of messenger RNA in injected frog oocytes. Meth Enzymol 152:288-296

Merrick WC (1983) Translation of exogenous mRNA in reticulocyte lysates. Meth Enzymol 101:606-615

Pelham HRB, Jackson RJ (1976) An efficient mRNA-dependent translation system from reticulocyte lysates. Eur J Biochem 67:247-256

Roberts BE, Paterson BM (1973) Efficient translation of tobacco mosaic virus RNA and rabbit globin 9 S RNA in a cell free system from commercial wheat germ. Proc Natl Acad Sci USA 70:2230-2334

Sambrook J, Fritsch EF, Maniatis T (1989) Molecular cloning, a laboratory manual, 2nd edn. Cold Spring Harbor Laboratory, New York

Scheele G (1983) Methods for the study of protein translocation across the RER membranes using the reticulocyte lysate translation system and canine pancreatic microsomal membranes. Meth Enzymol 96:94-111
Spedding G (ed) (1990) Ribosomes and protein synthesis, a practical approach. IRL, Oxford New York Tokyo
Walter P, Blobel G (1983) Preparation of microsomal membranes for cotranslational protein translocation. Meth Enzymol 96:84-93

1.7
Anreicherung spezifischer Proteine aus Zellextrakten oder aus in vitro Translationsansätzen durch Immunpräzipitation

Bei dieser Methodik werden spezifische Antikörper benutzt, um Proteinantigene aus komplexen Mischungen selektiv auszufällen. Dazu wird das meist radioaktiv markierte Antigen mit einem Überschuß an Antikörpern in Immunkomplexen gebunden (Theorie s. Kap. 4.1 und Lehrbücher der Immunologie). Die Immunkomplexe präzipitieren bei der meist geringen Konzentration des Antigens nicht. Sie müssen, wie hier beschrieben, an die bakteriellen Ig-Rezeptoren Protein A (Kessler 1975, 1981; Goding 1978; Moks et al. 1986) oder Protein G (Åkerstrom et al. 1985), die dazu an Sepharose gekoppelt sind, gebunden und in dieser Form präzipitiert werden (Übersichten bei Anderson und Blobel 1983; Harlow und Lane 1988; Firestone und Winguth 1990; Springer 1991). Bei der Auswahl des Fällungs-("sandwich")-Reagens sind die relativen Affinitäten von Protein A aus Staphylococcus aureus bzw. Protein G aus Streptococcus zu den Immunoglobulinklassen (Tabelle 2), bei monoklonalen Antikörpern auch zu den IgG-Subklassen (Tabelle 3), verschiedener Spezies zu berücksichtigen (Langone 1982; Richman et al. 1982; Åkerstrom und Björck 1986; Harlow und Lane 1988). Alternativ können bei fehlender Bindung an Protein A (z. B. bei Antikörpern aus Pferd, Ziege, Schaf und Ratte) entsprechende Anti-Immunglobulin-Antikörper (z. B. aus Kaninchen) als „Brückenantikörper" die Bindung der Immunkomplexe an Protein-A-Sepharose vermitteln.

Tabelle 2. Relative Affinitäten von Protein A und Protein G zu Immunglobulinen verschiedener Spezies. (Verändert nach Harlow und Lane 1988)

Immunglobuline	Protein A	Protein G
Mensch	+ + +	+ + +
Kaninchen	+ + +	+ +
Meerschwein	+ + +	+
Maus	+ +	+ +
Ratte	+/−	+ +
Schaf	+/−	+ +
Ziege	−	+ +
Pferd	−	+ + +

Relative Affinitäten: −, keine; +/−, sehr schwach bis fehlend; +, mittel; + +, stark; + + +, sehr stark

Tabelle 3. Relative Affinitäten von Protein A und Protein G zu den IgG-Subklassen von monoklonalen Antikörpern verschiedener Spezies

Immunglobulin		Protein A	Protein G
Mensch	IgG$_1$	+ + +	+ + +
	IgG$_2$	+ + +	+ + +
	IgG$_3$	−	+ + +
	IgG$_4$	+ + +	+ + +
Maus	IgG$_1$	+/−	+ + +
	IgG$_{2a}$	+ + +	+ + +
	IgG$_{2b}$	+ +	+ +
	IgG$_3$	+	+ +

Relative Affinitäten: −, keine; +/−, sehr schwach bis fehlend; +, mittel; + +, stark; + + +, sehr stark

Nach der Sedimentierung der an Protein-A- oder Protein-G-Sepharose gebundenen Immunkomplexe durch Zentrifugation folgen mehrere Waschschritte unter mehr oder weniger stringenten Bedingungen an Salz und Detergens. Dazu wird der größte Teil der unspezifisch adsorbierten bzw. mitgefällten Proteine entfernt. In speziellen Fällen ist es jedoch erwünscht, daß spezifische Assoziationen zwischen dem Proteinantigen und anderen Proteinen für die nachfolgende Analyse erhalten bleiben (z. B. Xiong et al. 1992; Masheswaran et al. 1993).

Der letzte Schritt der Prozedur ist die Dissoziation und Abtrennung der Immunkomplexe von der Protein-A- oder Protein-G-Sepharose und die Vorbereitung für die anschließende Auftrennung durch SDS-Polyacrylamidgelelektrophorese (Kap. 2.2).

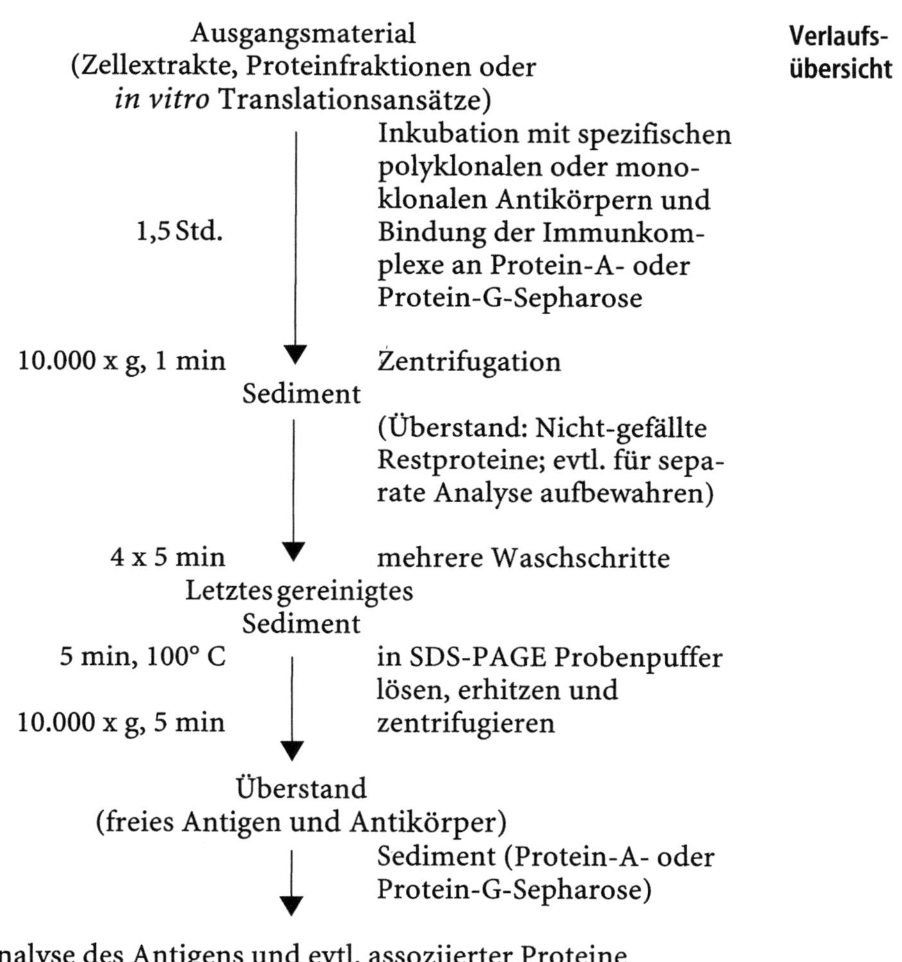

Verlaufs-übersicht

Materialien
- Protein-A-Sepharose CL-4 B (feste Substanz von Pharmacia oder Sigma)
- alternativ als Suspension: Protein-A-Sepharose 4 B, fast flow (von Pharmacia oder Sigma)
- alternativ Protein-G-Sepharose 4 B, fast flow (Suspension von Pharmacia oder Sigma)
- evtl. geeigneter Anti-Ig-Antikörper
- Mikrolitergefäße (Eppendorf-Typ)
- Mikroliterpipetten und Spitzen
- Mikroliterzentrifuge (mit Kühlung oder Betrieb im Kühlraum)
- Vortex-Mixer
- Überkopfmischer bzw. Rotator für Mikrolitergefäße
- Wasserbad oder Thermoblock (100° C)
- SDS (Na-dodecylsulfat)
- DOC (Natriumdeoxycholat)
- Nonidet P40
- EDTA Dinatriumsalz (Dihydrat)
- Tris (Tris-(hydroxymethyl)-aminomethan)
- NaCl

Vorbereitungen

Stammlösungen (SL, Herstellung s. Anhang B):
- 0,5 M EDTA, pH 8,0
- 1 M Tris-HCl, pH 7,5
- PBS

● Immunpräzipitationspuffer (IPP)

  a) Modifizierter RIPA-(Radioimmun-Präzipitations-Assay)-Puffer

Endkonzentration	Ansatz	doppelter Ansatz
0,1 % SDS	0,1 g	0,2 g
0,5 % DOC	0,5 g	1 g
1 % Nonidet P 40	1 g	2 g
150 mM NaCl	0,88 g	1,75 g
2 mM EDTA	0,2 ml	0,4 ml (aus 0,5 M SL)
50 mM Tris-Cl, pH 7,5	5 ml	10 ml (aus 1 M SL)

  mit ddH$_2$O auf 100 ml auffüllen

  b) IPP ohne ionische Detergentien
     Alternativ, für Antikörper relativ niedriger Affinität bzw. bei Experimenten, bei denen spezifische Proteinwechselwirkungen (Proteinkomplexe) erhalten bleiben sollen.
     Ansatz wie bei A, jedoch ohne SDS und DOC sowie Reduktion des Nonidet P-40 auf 0,1 – 0,5 %.

● Protein-A-Sepharose-Suspension
  0,1 g Protein-A-Sepharose in 20 ml IPP suspendieren und langsam absetzen lassen. Überstand vorsichtig abheben und verwerfen. Sepharose wieder resuspendieren, absetzen lassen und diesen Vorgang zweimal wiederholen. Letztes Sediment (ca. 0,5 ml) in 2 ml IPP resuspendieren. Dies ergibt eine 20%ige Suspension mit 40 mg Sepharose pro ml. Diese Suspension kann bei 4° C wenige Wochen aufbewahrt werden. Vor Gebrauch gut mischen.

● Vorbehandlung der käuflichen Protein-A- oder -G-Sepharose-Suspension: Suspension 1 : 1 (vol : vol) mit 2 x IPP mischen bzw. nach besonderer Vorschrift der Hersteller vorbehandeln und bei 4° C aufbewahren.

Standardprotokoll   Durchführung

1. Proben aus Zellextrakten oder *in vitro* Translationsansätze (Vol.: 45 – 200 µl) in Mikrolitergefäßen 1 : 1 mit 2 x IPP mischen.

2. Eine ausreichende Menge an Antiserum oder gereinigtem Antikörper zugeben, mit 50 – 100 µl Protein-A- oder Protein-G-Sepharose-Suspension mischen und 1,5 Std. auf Eis unter leichter Schüttel- oder Drehbewegung inkubieren. *In vielen Protokollen wird die Proteinlösung zunächst nur mit dem Antikörper inkubiert (1 Std. bis*

ü. N. bei 4° C), anschließend die Protein-A/-G-Sepharose zugegeben und nochmals 1 Std. bei 4° C inkubiert (z. B. Harlow und Lane 1988; Sambrook et al. 1989). Nach unserer Erfahrung bringt dies aber keinen Vorteil, was Ausbeute und Spezifität der Fällung anbetrifft.

Die Menge an Antiserum oder gereinigten Antikörpern, die ausreicht, um das Antigen quantitativ zu binden, ist abhängig von der Menge (Konzentration) des Antigens im Ansatz und vom Titer des Antikörpers und der Affinität zum Antigen (s. auch Kap. 4.1). Für eine optimale Bindung sollte die Affinität bei der Immunpräzipitation von meist stark verdünntem Antigen mindestens 10^8 M^{-1} betragen (Harlow und Lane 1988). Aufgrund der genannten variablen Parameter können als Ausgangspunkt in diesem Protokoll nur Richtwerte für eine ausreichende Antikörpermenge angegeben werden. Diese bewegen sich bezogen auf das obige Ansatzvolumen bei polyklonalen Antiseren etwa zwischen 1 – 10 µl, bei Hybridoma-Kulturüberständen zwischen 30 – 100 µl und 1 – 3 µl bei Aszitesflüssigkeit. Bei affinitätsgereinigten polyklonalen Antikörpern (IgG) sind etwa 5 – 10 µg und bei gereinigten monoklonalen Antikörpern 2 – 5 µg notwendig. Die jeweilige optimale Menge kann jedoch nur über Titrationen in Vorversuchen bestimmt werden. Dabei wird dem Versuchsansatz eine steigende Menge an Serum etc. zugesetzt und dann die minimale Menge bestimmt, bei der eine maximale Fällung des Antigens erreicht wird. Eine weitere Zugabe von Antikörper führt dann meist nur zur Erhöhung des Hintergrundes durch unspezifische Bindung und Mitfällung irrelevanter Proteine.

3. Protein-A- oder Protein-G-Sepharose mit gebundenen Immunkomplexen bei 10.000 x g für 30 sec in einer Mikroliterzentrifuge sedimentieren.

4. Überstand vorsichtig mit einer Mikroliterpipette abheben und evtl. für die Fällung (1.8) und vergleichende Analyse des Restproteins aufbewahren.

5. Sediment in 1 ml 1 x IPP resuspendieren (Vortex-Mixer), erneut zentrifugieren und Überstand vorsichtig entfernen.

6. Waschvorgang mit 1 x IPP noch zweimal wiederholen und anschließend einmal mit PBS waschen.
   Der letzte Waschschritt sollte in jedem Fall in einem Puffer ohne Detergentien erfolgen, da besonders nicht-ionische Detergentien bei der anschließenden Denaturierung und Ladung der Proteine durch SDS stören.

7. Letztes Sediment in 50 – 100 µl SDS-Probenpuffer (s. Kap. 2.2) aufnehmen, 5 min auf 100° C erhitzen und nochmals zentrifugieren.

8. Der Überstand (freies Antigen und Antikörper) kann bei –20° C aufbewahrt oder unmittelbar über SDS-PAGE aufgetrennt werden (weiter bei Kap. 2.2).

Alternativer Ansatz („Batch"-Verfahren)

Bei diesem Verfahren werden pro Ansatz 5 mg Protein-A-Sepharose in ein Mikrolitergefäß eingewogen, in 1 ml IPP für 1 Std. bei 4° C quellen gelassen und dann in einer Mikroliterzentrifuge bei 2.500 x g, 5 min in der Kälte sedimentiert. Der Überstand wird entfernt und das Sediment noch zweimal resuspendiert und zentrifugiert. Der letzte Überstand wird erst kurz vor Benutzung der Protein-A-Sepharose entfernt, um ein Austrocknen zu verhindern.

1. Proteinlösung 1 : 1 mit 2 x IPP mischen und eine ausreichende Menge an Antikörper dazugeben (s. dazu Standardprotokoll). Auf die vorbehandelte Protein-A-Sepharose in das Mikrolitergefäß geben und unter vorsichtigem Aufwirbeln mischen.
Falls der zur Verfügung stehende Antikörper nicht an Protein A bindet (s. Tabellen 2 und 3), wird zunächst ein geeigneter Anti-IgG-Antikörper an die Protein-A-Sepharose gebunden. Dazu wird die vorbehandelte Protein-A-Sepharose in 300 µl IPP mit 20 µl 1 : 40 verdünntem Anti-IgG-Antiserum gemischt und 1 Std. unter leichter Bewegung bei 4° C inkubiert. Anschließend wird mit je 0,5 ml IPP dreimal gewaschen und dann der Antikörper dazugegeben.

2. 1 Std. unter gelegentlichem Aufwirbeln auf Eis inkubieren (alternativ Probe rotieren lassen).

3. Weitere Prozedur wie bei Standardprotokoll (s. o.).

Fehlersuche	Problem	Mögliche Ursache und Beseitigung (•)
	Zu hoher Hintergrund an unspezifischen Proteinbanden bei der Gelelektrophorese und beim Immunoblotting (Teile 2 und 4)	Unspezifische Bindung von irrelevanten Proteinen an Immunkomplexe und/oder Protein-A/G-Sepharose • Effektivere Waschprozedur anwenden: - Zahl und Dauer der Waschschritte erhöhen. - In jedem Fall zum Waschen IPP mit ionischen Detergentien verwenden und evtl. die Salzkonzentration zusätzlich auf 0,5 – 1 M erhöhen • Reduktion der Antikörpermenge (Vorversuche) • Zugabe eines Überschusses an unmarkierten irrelevanten Proteinen, z. B. 1 – 2 % BSA, Hämoglobin oder Gelatine • Zentrifugation von Zell-Lysaten und in vitro Translationsansätzen für 30 min bei 100.000 x g zur vollständigen Entfernung der Ribosomen • Proteinlösung mit 0,05 Vol. Präimmunserum oder Normalserum und Protein-A/G-Sepharose inkubieren, zentrifugieren und Überstand benutzen. Dieser Ansatz kann auch als Kontrolle benutzt werden, indem man das ohne spezifischen Antikörper gefällte Material parallel zum experimentellen Ansatz mit spezifischem Antikörper analysiert. • Benutzen von gereinigten Antikörpern: IgG-Fraktion oder affinitätsgereinigte Antikörper (s. auch Anhang H)
	Eine bis wenige zusätzliche Proteinbanden bei ansonsten fehlendem Hintergrund	Antiserum enthält als „Verunreinigung" spezifische Antikörper gegen andere Antigene in der Mischung • Affinitätsgereinigten Antikörper benutzen Kreuzreaktion des Antigen-spezifischen Antikörpers mit verwandten Antigenen (z. B. Isoformen) • Keine Gegenmaßnahme möglich Zusätzliche Banden beruhen auf proteolytischen Spaltungen des Antigens • Dem IPP-Ansatz Protease-Inhibitoren zusetzen und/oder das Antiserum vor der Benutzung 30 min bei 56° C inkubieren
	Kein Signal	Affinität des Antikörpers reicht für eine effektive Immunpräzipitation nicht aus • Anderen, besseren Antikörper benutzen • Ionische Detergentien (SDS, DOC) aus dem IPP und Waschpuffer entfernen

Literatur

Åkerstrom B, Brodin T, Reis K, Björck L (1985) Protein G: A powerful tool for binding and detection of monoclonal and polyclonal antibodies. J Immunol 135:2589-2592

Åkerstrom B, Björck L (1986) A physicochemical study of protein G, a molecule with unique immunoglobin G-binding properties. J Biol Chem 261:10240-10247

Anderson DJ, Blobel G (1983) Immunoprecipitation of proteins from cell-free translations. Meth Enzymol 96:111-120

Firestone GL, Winguth SD (1990) Immunoprecipitation of proteins. Meth Enzymol 182:688-700

Goding JW (1978) Use of staphylococcal protein A as an immunological reagent. J Immunol Methods 20:241-253

Harlow E, Lane D (1988) Antibodies: A laboratory manual. Cold Spring Harbor Laboratory, New York

Kessler SW (1975) Rapid isolation of antigens from cells with a staphylococcal protein A-antibody adsorbent: Parameters of the interaction of antibody-antigen complexes with protein A. J Immunol 115:1617-1623

Kessler SW (1981) Use of protein A-bearing staphylococci for the immunoprecipitation and isolation of antigens. Meth Enzymol 73:441-459

Langone JJ (1982) Protein A of Staphylococcus aureus and related immunoglobulin receptors produced by streptococci and pneumococci. Adv Immunol 32:157-252

Maheswaran S, Park S, Bernard A, Morris JF, Rauscher III FJ, Hill DE, Haber DA (1993) Physical and functional interaction between WT1 and p53 proteins. Proc Natl Acad Sci USA 90:5100-5104

Moks T, Abrahamsen L, Nilsson B, Hellman U, Sjöquist J, Uhlen M (1986) Staphylococcal Protein A consists of five IgG-binding domains. Eur J Biochem 156:637-643

Richman DD, Cleveland PH, Oxman MN, Johnson M (1982) The binding of staphylococcal protein A by the sera of different animal species. J Immunol 128:2300-2305

Sambrook J, Fritsch EF, Maniatis T (1989) Molecular Cloning: A laboratory manual. 2nd. edn. Cold Spring Harbor Laboratory, New York

Springer TA (1991) Immunoprecipitation. In: Coligan JE, Kruisbeek AM, Margulis DH, Sherach EM, Stober W (eds) Current protocols in immunology. Greene Publishing and Wiley-Interscience, New York, pp 8.3.1-8.3.11

Xiong Y, Zhang H, Beach D (1992) D type cyclins associate with multiple protein kinases and the DNA replication and repair factor PCNA. Cell 71:505-514

1.8
Fällung von Proteinen durch organische Lösungsmittel

1.8.1
Einleitung

Durch organische Lösungsmittel können Proteine aus verdünnten Lösungen ausgefällt und zusätzlich gereinigt werden. Meist werden Lösungsmittel benutzt, die vollkommen mit Wasser mischbar sind und wie Proteine hydrophobe und polare Anteile besitzen, wie z. B. Aceton oder die Alkohole Methanol, Ethanol, Butanol und Isopropanol. Durch ihre spezifischen Eigenschaften stören diese Lösungsmittel die Wechselwirkung des Wassers mit den Proteinen. Mit steigender Lösungsmittelkonzentration nimmt die Hydratisierung der Proteine und die Dielektrizitätskonstante der Lösung ab. Dadurch erhöht sich zunehmend die elektrostatische Anziehungskraft zwischen entgegengesetzt geladenen oder polaren Gruppen der Proteine bis hin zur festen Assoziation und damit Ausfällung der Moleküle. Die Fällung wird meist in der Kälte durchgeführt, u. a. um den denaturierenden Effekt der hydrophoben Anteile des Lösungsmittels zu minimieren (Scopes 1994).

Bevorzugt wird *Aceton* für die Fällung benutzt, da es weniger als die erwähnten Alkohole die Tendenz hat, Proteine zu denaturieren. Die meisten Proteine präzipitieren im Bereich von 30 – 80 % (vol/vol) Aceton. Die Tendenz zu präzipitieren ist abhängig von der Größe und den Ladungseigenschaften der Moleküle. Große Proteine präzipitieren generell schneller als kleine, und eine geringe Nettoladung (bei einem pH in der Nähe des Isoelektrischen Punktes) fördert die intermolekulare Assoziation (Scopes 1994). Ein Nachteil der Acetonfällung ist, daß sie besonders bei stark verdünnten Lösungen nicht quantitativ ist. Außerdem werden stark hydrophobe Proteine, besonders in Anwesenheit von Lipiden und Detergentien, praktisch nicht ausgefällt. Quantitative Ausbeuten kleinster Mengen an Protein unter Entfernung von Detergens und Lipid erreicht man dagegen mit einem 2-Phasensystem aus *Chloroform-Methanol* (4 : 1) und Wasser (Wessel und Flügge 1984). Dieses Extraktions- und Fällungssystem ist ideal geeignet, um aus verdünnten Lösungen schnell saubere Proteinproben für die SDS-Gelelektrophorese zu präparieren.

Literatur

Scopes RK (ed) (1994) Protein purification. Principles and practice. 3rd. edn. Springer, New York
Wessel D, Flügge UI (1984) A method for the quantitative recovery of protein in dilute solution in the presence of detergents and lipids. Anal Biochem 138:141-143

1.8.2
Acetonfällung

Materialien

- Aceton p. a. (auf -20° C vorgekühlt)

- Vortex-Mixer

- Mikrolitergefäße (Eppendorf-Typ) bzw. größere Zentrifugengläser (z. B. Corex)

- Mikroliterzentrifuge oder Laborkühlzentrifuge

- Vakuum-Konzentrations-Zentrifuge (Speed Vac-System, s. 1.9.5; Bezugsquellen s. Anhang L) oder Exsikkator

1. Proteinlösung 1 : 5 mit Aceton gut mischen und bei –20° C mindestens 10 min stehen lassen.
   Für eine optimale Ausfällung sollte dieser Zeitraum auf bis zu 3 Std. verlängert werden.

2. Präzipitiertes Material in der Kälte bei 10.000 x g, 5 min sedimentieren.
   Zur weiteren Reinigung kann das Sediment ein- oder mehrmals in Puffer gelöst und wieder mit Aceton ausgefällt werden.

3. Das (letzte) Sediment im Vakuum trocknen (Vakuum-Konzentrations-Zentrifuge oder Exsikkator) und für die Elektrophorese vorbereiten (s. Teil 2).

1.8.3
Fällung mit Chloroform-Methanol

- Zentrifugenröhrchen (je nach Probenvolumen Mikrolitergefäße oder größere Glasröhrchen, z. B. Corex)

- Mikroliterzentrifuge oder Laborkühlzentrifuge

- Vortex-Mixer

- Chloroform p. a.

- Methanol p. a.

- Vakuum-Konzentrations-Zentrifuge (Speed Vac-System s. 1.9.5; Bezugsquellen s. Anhang L) oder Exsikkator

1. Proteinlösung in einem Mikrolitergefäß oder kleinem Erlenmeyer mit 4 Vol. Methanol und 1 Vol. Chloroform intensiv mischen (Vortex-Mixer oder Schütteln im geschlossenen Erlenmeyer).

2. 3 Vol. (bezogen auf die ursprüngliche Proteinlösung) ddH_2O dazugeben und nochmals ca. 1 min kräftig schütteln.

3. Die wässrige und organische Phase durch 5 min Zentrifugation bei 5.000 – 8.000 x g trennen.

4. Die obere klare (wässrige) Phase vorsichtig mit einer Pipette abheben und verwerfen.

5. Zu der unteren Phase und Interphase (in der sich das Protein befindet) nochmals 3 Vol. Methanol (s. o.) geben und wieder gut mischen.

6. Mischung nochmals zentrifugieren und gesamten Überstand verwerfen.

7. Sediment im Vakuum trocknen (Exsikkator oder Vakuum-Konzentrations-Zentrifuge).
   Das getrocknete Sediment kann direkt für die Gelelektrophorese vorbereitet werden (Teil 2).

1.9
Reinigung und Konzentrierung von Proteinlösungen

1.9.1
Allgemeine Einleitung und Überblick

Häufig ist es notwendig, Zell-Lysate oder Gewebeextrakte vor der gelelektrophoretischen Analyse von hohen Salzkonzentrationen und anderen störenden Substanzen (z. B. Detergentien) zu befreien und/oder verdünnte Proteinlösungen zu konzentrieren.

Eine Entsalzung bei gleichzeitigem Pufferaustausch kann durch Dialyse erreicht werden, während für eine schnelle präparative Proteinkonzentrierung und Reinigung Ultrafiltrationsmethoden geeigneter sind. Beide Methoden arbeiten nach dem gleichen Prinzip: es wird eine semipermeable Membran benutzt wird, um Makromoleküle (wie z. B. Proteine), die größer als der Porendurchmesser sind, d. h. über der sog. Molekulargewichtstrenngrenze ("molecular weight cut off" – MWCO) liegen, zurückzuhalten, während kleine Moleküle und das Lösungsmittel passieren können.

Bei der *Dialyse* (1.9.2) wird die osmotische Potentialdifferenz als treibende Kraft benutzt, um Ionen und andere kleine Moleküle zwischen Proteinlösung und Dialysepuffer auszutauschen. Der Austausch erfolgt daher relativ langsam und nur bis zum Gleichgewicht der Konzentrationen der diffusiblen Substanzen zu beiden Seiten der Membran. Deshalb sind große Puffervolumina und u. U. ein mehrmaliger Pufferwechsel für eine effektive Dialyse notwendig. Bei der *Ultrafiltration* wird eine zusätzliche Kraft benutzt, um Flüssigkeit mit gelösten Ionen und kleinen Molekülen beschleunigt durch eine semipermeable Membran zu befördern. Bei den hier vorgestellten Methoden wird die Filtration durch die Zentrifugalkraft (Konzentratorsystem Centricon, 1.9.3) bzw. durch Unterdruck (Vakuum Dialyse, 1.9.4) erreicht.

Wenn eine Konzentrierung von Proteinlösungen ohne Reinigung und Pufferaustausch vorgesehen ist bzw. gefällte Proteine sedimentiert und getrocknet werden sollen, bietet sich bei kleinen Probenvolumina die Benutzung einer *Vakuum-Konzentrations-Zentrifuge* („Speed Vac System", 1.9.5) an. In dieser niedertourigen Zentrifuge wird eine beschleunigte Entfernung des Lösungsmittels durch Verdunstung im Vakuum erreicht. Bei größeren Volumina und empfindlichen Proteinen kann das Lösungsmittel im gefrorenen Zustand durch Sublimation im Vakuum, d. h. durch *Lyophilisierung* (Gefriertrocknung, 1.9.6), entfernt werden. Zur Vertiefung der Theorie der hier aufgeführten Methoden verweisen wir auf die Arbeiten von McPhie (1991) und Pohl (1990).

Literatur

McPhie (1971) Dialysis. Meth Enzymol 22:23-33
Pohl T (1990) Concentration of proteins and removal of solutes. Meth Enzymol
    182:68-83

1.9.2
Dialyse

- Dialyseschlauch, Standardausführung mit MWCO von 12.000 – 14.000, Flachbreite 10 oder 25 mm, z. B. Visking oder Spectrapor (Laborfachhandel). Von Spectrapor sind außerdem Spezialmembranen mit MWCO zwischen 100.000 – 300.000 erhältlich.

- Verschlußklammern für Dialyseschläuche (Spectrapor), einfach oder magnetbeschwert

- Magnetrührer

- Magnetrührstäbchen

- Glasstab, Spatel oder ähnliches

- Becherglas 2 – 4 l

- Natriumhydrogencarbonat ($NaHCO_3$) p. a.

- $Na_2EDTA \cdot 2H_2O$

- Natriumazid (NaN_3)

- 1 l 100 mM $NaHCO_3$-Puffer
  Zur Herstellung 8,4 g $NaHCO_3$ in ca. 800 ml ddH_2O lösen, 10 ml 1 M EDTA-Stammlösung (s. Anhang B) dazugeben, mit 1 N NaOH auf pH 7,0 einstellen und auf 1000 ml mit ddH_2O auffüllen.

Materialien

Vorbereitungen

- 1 l ddH$_2$O mit 0,02 % NaN$_3$ (0,2 g)

- Vorbereitung der Dialysemembran
  Dialysemembranen werden im trockenen Zustand geliefert und enthalten kleine Mengen an chemischen Verunreinigungen und Glycerin. Zur Entfernung dieser Verunreinigungen wird ein Teil des Schlauches (je etwa 10 – 30 cm) wie folgt vorbehandelt:
  - Dialyseschlauch in ein Becherglas mit 1 l NaHCO$_3$-Puffer (s. o.) legen und unter Bewegung auf einem beheizbaren Magnetrührer bei 60° – 70°C 2 Std. inkubieren. Lösung abgießen und den Vorgang wiederholen.
  - Dialyseschlauch unter dreimaligem Wechsel je 1 Std. in 1 – 2 l ddH$_2$O unter Rühren bei RT waschen.
  - Bei 4° C in ddH$_2$O mit 0,02 % NaN$_3$ aufbewahren.

Die angebrochene Packung mit dem Rest-Dialysierschlauch in einem verdunstungssicheren Behälter kühl aufbewahren.

Durchführung

1. Von dem vorbehandelten Dialyseschlauch ein für die Probe ausreichendes Stück abschneiden und das eine Ende zweifach verknoten oder durch eine Verschlußklammer verschließen.

2. Probe am besten mit einer Pasteurpipette oder mit Hilfe eines kleinen Trichters einfüllen und oberes Ende entsprechend verschließen. *Dabei darauf achten, daß der Schlauch nicht zu stramm gefüllt ist, damit bei einer eventuellen Volumenausdehnung der Probenlösung während der Dialyse durch Osmose noch Ausdehnungsmöglichkeit vorhanden ist.*

3. Den gefüllten Dialyseschlauch in ein Becherglas mit dem 50- bis 100fachen Volumen an Dialysepuffer bringen, ein Magnetrührstäbchen einbringen und das Becherglas auf einen Magnetrührer stellen (Abb. 4a). *Falls der Schlauch verknotet wurde, ist es zweckmäßig, das eine Ende mit einem Faden an einem Glasstab zu befestigen, damit er beim Rühren nicht vom Magnetrührstäbchen beschädigt werden kann. Eleganter ist die Benutzung einer magnetbeschwerten Verschlußklammer an einem Ende, die den Dialyseschlauch untergetaucht hält und gleichzeitig in Drehung versetzt.*

4. Dialyse ü. N. bei 4° C durchführen. *Falls bestimmte niedermolekulare Komponenten in der Proteinlösung vollständig entfernt werden sollen, empfiehlt sich ein ein- oder mehrmaliger Wechsel des Dialysepuffers.*

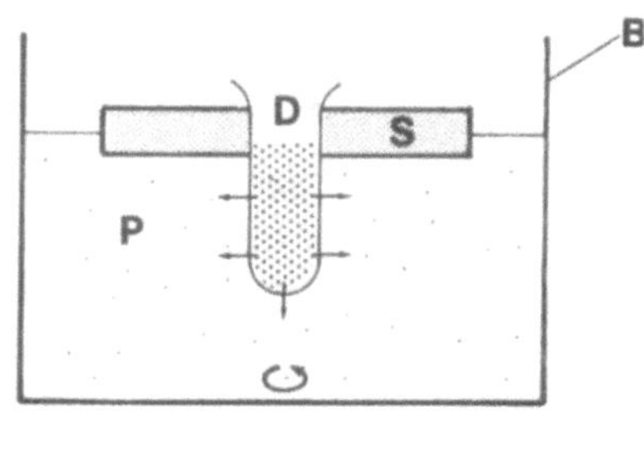

Abb. 4 a, b. Die Abbildung (**a**) zeigt zwei mit Probenmaterial gefüllte Dialyseschläuche *(S1, S2)* in einem Becherglas mit Dialysepuffer. Eine Luftblase in einem der Schläuche verhindet das Absinken des Schlauches. Zur Erhöhung der Dialyseeffizienz muß der Puffer mittels eines Magnetstabes *(M)* verwirbelt werden. Die Dialyse sehr kleiner Volumina (**b**) läßt sich in Dialysekapseln (z. B. Mikro-Kollodiumhülsen von Sartorius) durchführen, die durch eine dünne Styroporplatte als Träger gesteckt werden. Die schematische Zeichnung (**b**) zeigt die Dialysekapsel mit Probenmaterial *(D)*, die auf dem Dialysierpuffer *(P)* schwimmende Styroporplatte *(S)* in einem Becherglas *(B)*

5. Nach Beendigung der Dialyse Schlauch herausnehmen (Handschuhe!), senkrecht halten und unterhalb des oberen Knotens aufschneiden bzw. obere Verschlußklammer öffnen und den Inhalt in ein geeignetes Gefäß ausgießen; den Rest möglichst vollständig herauspressen.

- Die Dialyse sehr kleiner Proben kann mit Hilfe von kleinen Dialysekapseln (z. B. Mikro-Kollodiumhülsen, Sartorius) durchgeführt werden, die in eine dünne Styroporplatte eingelassen werden und so auf dem Dialysepuffer schwimmen. Dabei sollte ein Magnetstab für die notwendige Umwälzung des Puffers sorgen (s. Abb. 4b).

- Es ist auch möglich, die Proteinlösung während der Dialyse zu konzentrieren, indem man z. B. dem Dialysepuffer Aquacide 11A (Calbiochem) zusetzt, welches der Proteinlösung durch die Dialysemembran Wasser entzieht.

Modifikation

1.9.3
Ultrafiltration mit dem Konzentratorsystem Centricon

Mit diesem System können bis zu 2 ml Proteinlösung in kürzester Zeit auf einen Bruchteil des Ausgangsvolumens konzentriert und eventuell gereinigt werden. Die Filtrationseinheit (Abb. 5) besteht aus 3 Teilen: dem Retentatbehälter (Kappe), dem Probenbehälter mit dem Membranträger und der Membran (s. Insert in Abb. 5a) sowie dem Filtratbehälter (Filterbehälter), in den das Filtrat zentrifugiert wird. Die konzentrierte Probe befindet sich nach der Zentrifugation seitlich am Probenbehälter und kann nach Abnahme des Filtratbehälters in den Retentatbehälter (Kappe) zentrifugiert werden.

Materialien

- Centricon 3 (MWCO 3.000) oder Centricon 10 (MWCO 10.000) Konzentrator (Amicon)

- Zentrifuge mit Winkelkopfrotor, z. B. Sorvall RC-5, RC-5b mit SS-34 Rotor, oder Beckman J2-21 Zentrifuge mit dem JA-20 Rotor. Weitere mögliche Rotoren und Zentrifugen s. Technisches Datenblatt von Amicon.

Durchführung

1. Den Retentatbehälter (Kappe) von der Filtrationseinheit abnehmen und den Probenbehälter mit bis zu 2 ml Probenlösung füllen.

2. Die Filtrationseinheit (je nach Bohrungstiefe des Rotors mit oder ohne Kappe) und entsprechendem Gegengewicht (Filtrationseinheit mit Wasser) in einen geeigneten Winkelkopfrotor stellen und bei 7.500 x g (Centricon 3) bzw. 5.000 x g (Centricon 10) 30 min zentrifugieren.

3. Nach der Zentrifugation Filtratbehälter abnehmen und den Inhalt verwerfen.

4. Auf den oberen Teil der Einheit den Retentatbehälter (Kappe) aufsetzen (Abb. 5a), die Einheit umdrehen und die konzentrierte Probe (ca. 40 µl bei den angegebenen Rotoren) bei 1.000 x g für 2 min in den Retentatbehälter zentrifugieren (Abb. 5b).
Die konzentrierte Probe kann entweder direkt für die Gelelektrophorese verwendet werden (s. Teil 2) oder bis zur Weiterverwendung in der Kälte aufbewahrt werden.

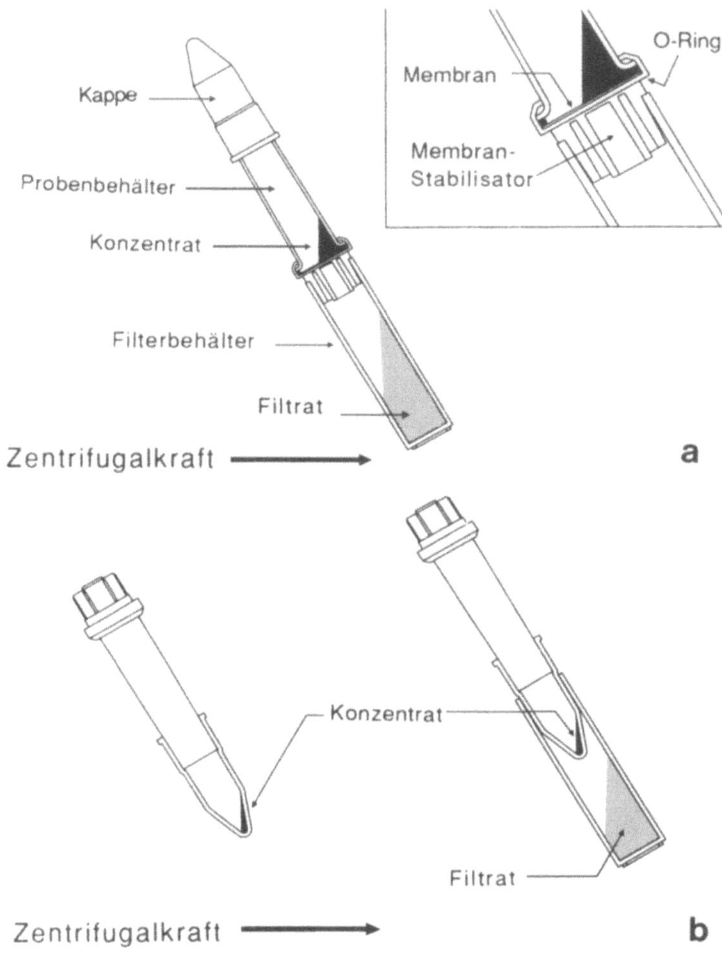

Abb. 5 a, b. Schematische Darstellung der Funktionsweise eines Probenkonzentrators („Centricon", Amicon). Aufbau der Einheit beim Konzentrieren **a**, Aufbau der Einheit beim Sammeln des konzentrierten Materials **b**

- Die Ausbeute (Rückhalterate) an Protein bei der Konzentrierung ist gewöhnlich größer als 95 %, wenn das Molekulargewicht des kleinsten Proteins in der Probe 30 – 50 % größer als der MWCO der Membran ist (d. h. bei Centricon 3 ca. 4.000 – 5.000 und bei Centricon 10 ca. 13.000 - 15.000).   **Hinweis**

- Zum Pufferaustausch und Entsalzen der Probe kann nach der Zentrifugation das Probenreservoir wieder mit entsprechendem Puffer gefüllt und erneut zentrifugiert werden. Dieser Vorgang kann mehrmals wiederholt werden, wenn jeweils der Filtratbehälter geleert wird.

- Für Probenvolumina bis 500 µl liefert Amicon ein dem Centricon analoges Mikrosystem (Microcon). Mit diesem System kann die Probe in einer Mikroliterzentrifuge bis auf 5 µl Restvolumen aufkonzentriert werden können. Entsprechende Filtrationseinheiten werden auch von Millipore (Ultrafree-MC) angeboten.

1.9.4
Vakuumdialyse mit Kollodiumhülsen

Die Ultrafiltration erfolgt dabei durch eine hülsenförmige Membran aus Cellulosenitrat (Kollodiumhülse) mit einer Molekulargewichtstrenngrenze von 12.400 Da bei gleichzeitiger Dialyse der Probe gegen beliebige Pufferlösungen. Das „offene System" erlaubt dabei stets eine beliebige Probenentnahme oder Probennachfüllung. Zur Durchführung der Vakuumdialyse wird die mit einer Probe gefüllte Hülse in eine Standapparatur eingespannt und in den Dialysepuffer eingetaucht. Durch Erzeugung von Unterdruck (z. B. durch eine Wasserstrahlpumpe) an der Pufferoberfläche wird die Flüssigkeit der Probe durch den auf ihr herrschenden Atmosphärendruck in den Pufferbehälter gepresst (Abb. 6). Der Vorteil dieser Methode liegt in der großen Filtrationsfläche der Hülse, so daß eine relativ schnelle und schonende Anreicherung der Proteine erreicht wird und gleichzeitig eine Dialyse der Probe vorgenommen werden kann.

Materialien

- Glashalter für Kollodiumhülsen mit Standgefäß (Sartorius)
- Kollodiumhülsen (Sartorius)
- Wasserstrahlpumpe, Vakuumpumpe
- evtl. Magnetrührer, Rührstäbchen
- Dialysepuffer (je nach Experiment)

Durchführung

1. Kollodiumhülsen einige Minuten in einem Becherglas mit ddH₂O auswaschen.
2. Standgefäß bis ca. 2 cm unterhalb der Schlaucholive mit Dialysepuffer füllen.
3. Kollodiumhülse am Glashalter anbringen und mit Gummistopfen am Standgefäß anbringen.
4. Probe mit einer Pasteurpipette in die Kollodiumhülse einfüllen.

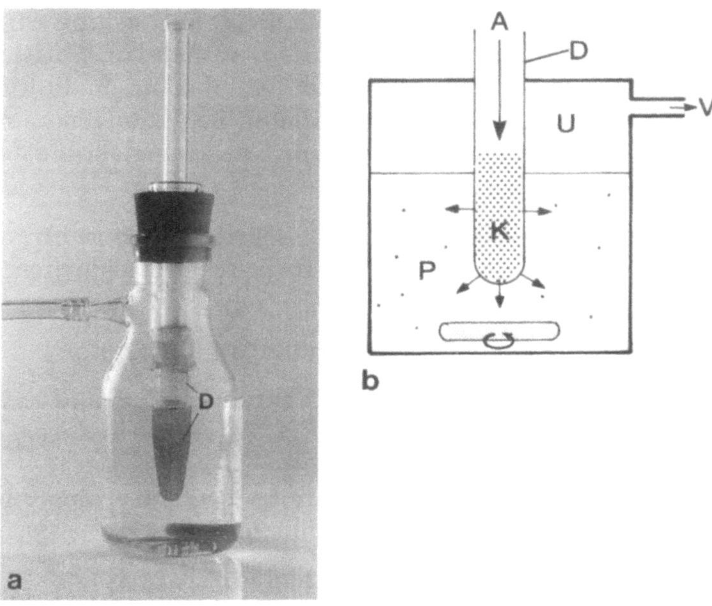

Abb. 6 a, b. (a) Apparatur zur Durchführung einer Vakuumdialyse (gezeigtes Beispiel: Filtrationsgerät von Sartorius). (b) Schemazeichnung zur Erläuterung der Funktionsweise der Vakuumdialyse-Apparatur. In eine teilweise mit Dialysepuffer (P) gefüllte Flasche taucht eine Dialysekapsel (*D*). Durch eine Vakuumpumpe (V) wird in der oberen Flaschenhälfte ein Unterdruck (*U*) erzeugt; dadurch bewirkt der auf dem Probenmaterial herrschende Atmosphärendruck (*A*), daß Flüssigkeit aus der Probe abgepresst wird (*Pfeile*). Dies führt zu einer Konzentrierung der Probe (*K*), die dabei gleichzeitig dialysiert wird

5. Vakuum anlegen.

6. Evtl. Standgefäß auf einen Magnetrührer stellen (mit Hilfe eines Stativs und einer Klammer stabilisieren). Dialysepuffer mit Hilfe eines Magnetrührstäbchens rühren.

7. Nach Beendigung der Probenkonzentrierung das Standgefäß belüften und die Probe mit einer Pipette entnehmen.

1.9.5
Konzentrieren und Trocknen in einer Vakuum-Konzentrations-Zentrifuge (Speed Vac System)

Eine elegante und schnelle Methode, relativ kleine Probenvolumina weiter zu konzentrieren bzw. Präzipitate zu sedimentieren und gleichzeitig im Vakuum zu trocknen, ist die Benutzung einer Vakuum-Konzentrations-Zentrifuge (Speed Vac System). Es handelt sich dabei um eine niedertourige Zentrifuge, deren Rotorraum über eine Vakuumpumpe evakuiert werden kann (Abb. 7). Durch die Zentrifugation wird die Lösung bzw. das Sediment am Boden gehalten, während die Flüssigkeit verdunstet. Zur Beschleunigung der Verdunstung kann die Rotorkammer außerdem erwärmt werden. Unter diesen Bedingungen kann z. B. 1 ml wässrige Lösung in ca. 40 min bis zur Trocknung verdunstet werden.

Geräte

- Vakuum-Konzentrations-Zentrifuge, z. B. Speed Vac Concentration System (Savant, USA) oder ähnliche Fabrikate (Bezugsquellen s. Anhang L)

- Standardrotor für 1,5 – 2 ml Mikrolitergefäße (Typ Eppendorf)

- Zum kompletten System gehören eine Vakuumpumpe und eine Kühlfalle

Durchführung

1. Vor Benutzung der Vakuum-Konzentrations-Zentrifuge den Absperr- und Belüftungshahn zur Pumpe schließen.

2. Kühlfalle, Pumpe und evtl. Heizung einschalten.

3. Nach ca. 15 min Proben in den Rotor hängen, Deckel schließen, Rotorlauf einschalten und 30 – 60 sec warten.

4. Erst dann (!) den Hahn zur Vakuumpumpe öffnen.

5. Nach Beendigung der Konzentrierung zuerst die Pumpe und Kühlfalle ausschalten und dann den Rotorraum (durch Drehen des Hahnes) belüften.

6. Zentrifuge abschalten und Proben entnehmen.

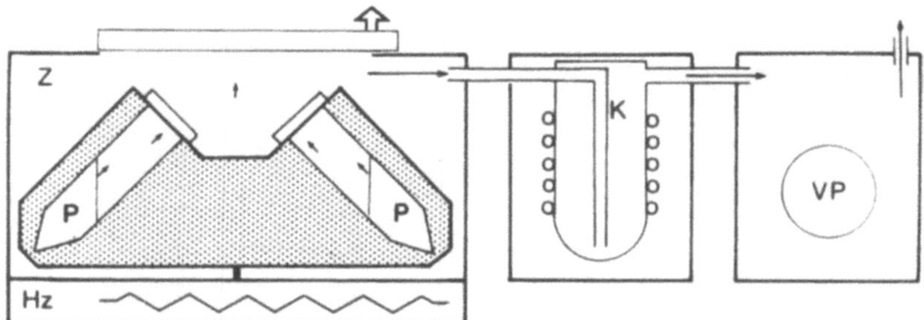

Abb. 7. Schematischer Aufbau einer Vakuum-Konzentrations-Zentrifuge (Speed Vac-System). Die einzuengende oder zu trocknende Probe (*P*) wird in offene Mikrolitergefäße gefüllt. Diese werden in einer niedertourigen Zentrifuge (*Z*) plaziert und nach Anlegen eines Vakuums durch eine Vakuumpumpe (*VP*) zentrifugiert. Die abdampfende Flüssigkeit (kleine Pfeile) wird dabei in einer Kühlfalle (*K*) niedergeschlagen. Bei Bedarf kann der Verdampfungsvorgang durch Einschalten einer Heizung (*Hz*) beschleunigt werden

1.9.6
Lyophilisierung (Gefriertrocknung)

Bei der Lyophilisierung erfolgt die Konzentrierung und Trocknung einer Probe im gefrorenen Zustand. Durch das angelegte Vakuum, gekoppelt mit einer Kühlfalle (Eiskondensator), wird der Probe durch Sublimation des Lösungsmittels so viel Energie entzogen, daß sie bis zur vollständigen Trocknung im gefrorenen Zustand verbleibt. Die Geschwindigkeit des Trocknungsvorganges ist dabei abhängig vom Ausgangsvolumen, der Konzentration der Probe, der Höhe des Vakuums und der Kapazität des Eiskondensators. Durch die niedrige Temperatur während des Trocknungsvorganges, bei der das Kristallgitter des Wassers zunächst erhalten bleibt, kommt es zu keiner Degradation des biologischen Materials. Das getrocknete, watteförmige Produkt der Lyophilisierung kann, vor Feuchtigkeit geschützt, problemlos bei ca. 4° C lange Zeit gelagert werden und stellt in diesem Zustand auch eine ideale Versandform dar.

• Gefriertrocknungsanlage im Labormaßstab (z. B. Typ Alpha-Serie von Christ)	**Materialien**
• beliebige Gefäße zur Probenaufnahme	
• Parafilm	
• Spritzenkanülen/Nadeln	
• evtl. Dialysepuffer mit erniedrigter Ionenstärke gegenüber dem Ausgangspuffer herstellen und Probe dialysieren (s. 1.9.2)	**Vorbereitungen**

1. Probe im Gefäß einfrieren, Öffnung nur so verschließen, daß gefrorene Flüssigkeit sublimieren kann, d. h. Verschlußkappen oder verschließenden Parafilm mit einer Nadel oder Spritzenkanüle mehrfach durchlöchern. **Durchführung**

2. Vor Einbringen der Probe in die Gefriertrocknungsanlage Kühlung der Kühlfalle anschalten und 15 min vorkühlen.

3. Probe einbringen, Vakuum anlegen und warten, bis ein Vakuum besser als 0,2 mbar erreicht ist.
   Bei einem zu schlechten Vakuum kommt es zum Auftauen der Probe. Die Beendigung des Trocknungsvorganges läßt sich nicht exakt vorausbestimmen. Eine deutliche Verbesserung des Vakuums ist jedoch ein Indiz dafür, daß der Sublimationsvorgang fast oder vollkommen beendet ist. Je nach Probenvolumen, ist mit Trocknungszeiten zwischen 6 und mehr als 24 Std. zu rechnen.

4. Nach vollständiger Sublimation des Lösungsmittels Vakuum abschalten, Probenraum belüften und Probe entnehmen.
Die getrocknete Probe darf sich nicht mehr kühl anfühlen.

5. Kühlfalle ausschalten, abtauen und Kondensflüssigkeit entfernen.

Hinweis

- Bei erneutem Lösen der getrockneten Probe ist zu berücksichtigen, daß sich der gesamte Salzgehalt der ehemaligen Lösung im Lyophilisat befindet. Falls hohe Salzkonzentrationen bei der Weiterverarbeitung der Probe stören, sollte die Lösung vor der Gefriertrocknung gegen einen geeigneten Puffer niedriger Ionenstärke dialysiert werden.

- Proben mit hoher Viskosität (z. B. Fraktionen von Dichtegradienten) sollten vor der Lyophilisierung gegen wässrige Puffer dialysiert werden.

1.10
Quantitative Bestimmung von Proteinen

Es existiert eine Reihe verschiedener Methoden, Proteine in Lösungen quantitativ zu bestimmen (s. z. B. Übersichten bei Stoscheck 1990; Bollack und Edelstein 1991). Die einfachste Methode ist sicherlich die direkte Messung der Extinktion bei 280 nm, die auf der Absorption der aromatischen Aminosäuren Tyrosin, Phenylalanin und Tryptophan beruht. Aufgrund des unterschiedlichen Anteils dieser Aminosäuren führt dies jedoch zu z. T. sehr starken Unterschieden im molaren Extinktionskoeffizienten (ε) zwischen verschiedenen Proteinen (z. B. hat BSA ein ε von 0,67 und Trypsin ein ε von 2,02). Außerdem bietet sich diese Methode nur bei relativ gereinigten Proteinen an, da viele Chemikalien und andere Zellkomponenten (z. B. Nucleinsäuren) ebenfalls bei 280 nm absorbieren.

Methoden, mit denen man Proteine unter gewissen Voraussetzungen auch in komplexen Mischungen und Rohextrakten einigermaßen quantitativ bestimmen kann, beruhen auf spezifischen Farbreaktionen (colorimetrische Methoden). Eine „klassische" Methode dieser Art ist der Lowry-Test (Lowry et al. 1951), der auch heute noch standardmäßig in vielen Labors benutzt wird (s. Guttenberger 1994).

Eine einfachere, sensitivere und weniger störanfällige Standardmethode ist jedoch die Proteinbestimmung nach Bradford (Bradford 1976). Der Nachweis beruht auf der spezifischen Bindung des Trimethylmethan-Farbstoffes Coomassie Brilliantblau G an Proteine (s. auch Kap. 2.4.2); der Farbstoff bindet über spezifische hydrophobe und elektrostatische Wechselwirkungen bevorzugt an Argininreste sowie im geringeren Maße an einige andere basische und aromatische Aminosäurereste (Compton und Jones 1985). Dieser Tatsache ist u. U. durch Wahl eines geeigneteren Standards anstelle des meist benutzten Rinderserumalbumins Rechnung zu tragen (z. B. bei der quantitativen Bestimmung von Antikörpern).

Die Nachweisgrenze der Bradford-Methode liegt unter optimalen Bedingungen im 1-ml-Assay unter 1 µg Protein (Spector 1978; Read und Northcote 1981). Dazu ist jedoch notwendig, daß die Probe relativ frei von Detergentien wie SDS, Triton und Nonidet P-40 ist, da diese bei Konzentrationen über 0,1 % die Bildung des Farbkomplexes behindern. Diese Substanzen müssen daher vorher durch Dialyse (1.9.2), Ultrafiltration (1.9.3) oder Fällen des Proteins (1.8) entfernt werden.

Der Farbstoff (Strukturformel s. Anhang J) liegt in saurer Lösung hauptsächlich in der protonierten, kationischen Form mit einem Absorptionsmaximum von 470 nm (rot) vor. Bei der Bildung des Farbstoff-Proteinkomplexes wird dagegen die im Gleichgewicht mit der kationischen Form stehende anionische Form des Farbstoffes stabilisiert, welche ein Absorptionsmaximum von 595 nm (blau) besitzt (Compton und Jones 1985). Da der Extinktionskoeffizient des Farbstoff-Proteinkomplexes außerdem sehr viel höher als der des freien Farbstoffes ist, kann die Zunahme der Absorption bei 595 nm durch Bildung des Komplexes mit hoher Empfindlichkeit gegen das freie Farbreagens photometrisch gemessen werden. Es besteht jedoch eine gewisse Variabilität in der Farbausbeute bei verschiedenen Proteinen (s. Tabelle 4).

Tabelle 4. Relative Farbausbeute verschiedener Proteine mit dem Bradford-Farbreagens. (Nach Read und Northcote 1981)

Protein	relative Farbausbeute in % (BSA = 100 %)
Rinderserumalbumin (BSA)	100
Cytochrom C	108
Ribonuclease A	82
Carboanhydrase	81
Lysozym	80
Ovalbumin	76
Gelatine	53
Immunglobulin G	42
Trypsin	40
Pepsin	28
Mittelwert für eine Vielzahl von Proteinen	82

Materialien

- Coomassie Brilliant Blau G 250 (z. B. SERVA Blue G)

- Rinderserumalbumin (bovine serum albumin, BSA), z. B. Albumin bovine Fraction V, standard grade, von Boehringer Ingelheim Bioproducts Partnership

- Konzentrierte Phosphorsäure (88 %, 16 M)

- Ethanol (95 %)

- Mikrolitergefäße (Eppendorf-Typ, 1,5 ml)

- Mikroliterpipetten und Spitzen

- Vortex-Mixer

- Whatman Nr. 1 Filter o. ä.

- Plastikküvetten (Polystyrol)

- Photometer

Vorbereitung

- *Farbreagens* (0,01% SERVA Blue G in 1,6 M Phosphorsäure, 0,8 M Ethanol; dye-reagent No. 1 nach Read und Northcote 1981)
  100 mg SERVA Blue G in 47 ml absol. Ethanol und 100 ml Phosphorsäure unter Rühren 3 Std. bis ü. N. lösen, mit ddH$_2$O auf 1000 ml verdünnen und mit Whatman Nr. 1 filtrieren. Das Reagens ist in einer braunen Flasche bei 4° C einige Monate stabil. Ein evtl. sich bildender Niederschlag muß vor Benutzung erneut abfiltriert werden.

- *Proteinstandard*
  10 % BSA (10 mg/ml) in ddH$_2$O. Am besten in 1 ml Aliquots einfrieren (–20° C) und kurz vor Gebrauch auftauen. Dieser Standard kann auch von Bio-Rad als Protein Standard II (bovine serum albumin) bezogen werden. Alternativ kann für spezielle Zwecke, z. B. für die Bestimmung von Immunglobulinen, der Protein Standard I von Bio-Rad, bovine gamma globulin, verwendet werden.

Durchführung

Erstellung einer Standard-Eichkurve

1. Aus dem angesetzten Proteinstandard (a) 5 µl und (b) 10 µl entnehmen und mit ddH$_2$O (a) 1 : 100 auf 500 µl und (b) 1 : 10 auf 100 µl verdünnen.

2. Aus der 1 : 100 Verdünnung (a) in je 2 parallele Mikrolitergefäße folgendermaßen pipettieren: 10 µl (= 1 µg Protein), 20 µl (= 2 µg), 40 µl (= 4 µg), 70 µl (=7 µg), 100 µl (=10 µg).

3. Aus der 1 : 10 Verdünnung (b) wird entsprechend je 2 x pipettiert: 15 µl (= 15 µg Protein), 20 µl (= 20 µg).

4. Alle Proben auf 100 µl H_2O auffüllen und zusätzlich eine Leerprobe bestehend aus 100 µl H_2O in ein Röhrchen pipettieren.

5. Zu jedem dieser 100 µl Ansätze 900 µl Farbreagens pipettieren und kräftig mischen (Vortex-Mixer).

6. Nach etwa 5 min bis maximal 30 min die Extinktion bei 595 nm im Photometer gegen den Leerwert beginnend mit den niedrigsten Proteinkonzentrationen messen.

7. Mittelwert aus den Extinktionen der Parallelansätze bilden und die Eichkurve durch Auftragen der A_{595}-Werte gegen die jeweilige Proteinmenge erstellen (s. Abb. 8). Die Kurve ist üblicherweise bis mindestens 15 µg Protein linear.

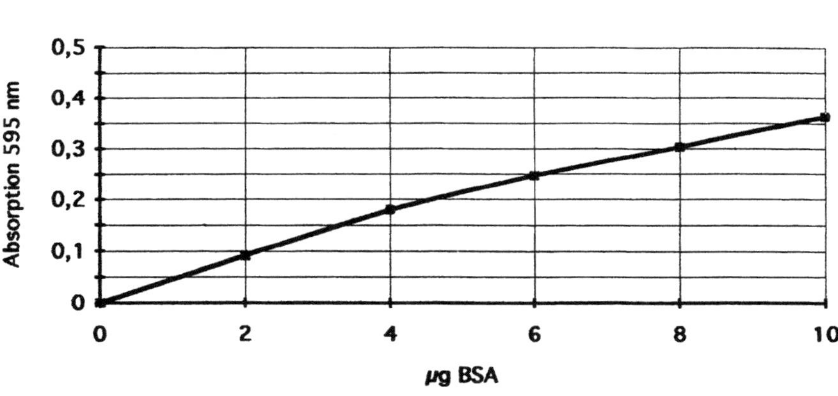

Abb. 8. Eichkurve einer Proteinbestimmung nach Bradford. Gemessen wurde die Absorption bei 595 nm einer Verdünnungsreihe von 2 bis 10 mg Rinderserumalbumin (BSA) in einer 1-cm-Küvette. Die Menge des zu bestimmenden Proteins ergibt sich aus der gemessenen Absorption durch Ablesen der entsprechenden mg aus der Eichkurve

Bestimmung der Proteinmenge in unbekannten Proben

Dabei kann es sich um Zellextrakte, gereinigte und konzentrierte Proteinlösungen oder Proteinsedimente handeln. Letztere werden am besten in einer entsprechenden Menge (100 – 1000 µl) dH_2O oder PBS gelöst.

1. Aus dem Ausgangsvolumen eine oder besser mehrere kleine Meßproben (1 – 10 µl) entnehmen und mit ddH_2O auf 100 µl verdünnen.

2. 900 µl Farbreagens dazugeben und kräftig mischen (s. o.).

3. A$_{595}$ gegen einen Leerwert (s. o.) im Photometer messen und anhand der Eichkurve die entsprechende Proteinmenge durch Interpolation bestimmen.
Sollte die Extinktion außerhalb der Eichkurve liegen, muß eine kleinere Ausgangsprobe genommen werden bzw. die Ausgangslösung verdünnt werden.

4. Durch Dividieren der bestimmten Proteinmenge durch das Volumen der Meßprobe (1 – 10 µl) erhält man die Konzentration (µg/µl) des Proteins in der Ausgangslösung. Anhand des Gesamtvolumens errechnet sich dann die Gesamtmenge an Protein in der Ausgangslösung.

Hinweis

- Für die photometrische Messung sollte man Plastik-Einmalküvetten benutzen, da der Farbstoffkomplex an den Wandungen leicht haften bleibt und schwer zu entfernen ist. Bei Benutzung von Glasküvetten müssen diese sorgfältig, z. B. mit Methanol, konz. Detergens, Aceton, konz. HCl (ü. N.) und anschließend mit Wasser gespült werden.

- Bei höheren Proteinkonzentrationen sollte die Extinktion innerhalb von 15 min bestimmt werden, da die Proteine in dem sauren Medium leicht präzipitieren.

- Vielfach wird Ovalbumin als repräsentativerer Standard für unbekannte Proteinmischungen empfohlen (s. Tabelle 4).

Literatur

Bollack DM, Edelstein SJ (eds) (1991) Protein methods. Wiley-Liss, New York

Bradford MM (1976) A rapid and sensitive method for the quantitation of microgram quantities of protein utilizing the principle of protein-dye binding. Anal Biochem 72:248-254

Compton SJ, Jones CG (1985) Mechanisms of dye response and interference in the Bradford protein assay. Anal Biochem 151:369-374

Guttenberger (1994) Protein determination. In: Celis JE (ed) Cell biology, a laboratory handbook. Academic Press, San Diego New York, Vol 3, pp 169-178

Lowry OH, Rosebrough NJ, Farr AL, Randall RJ (1951) Protein measurement with the Folin phenol reagent. J Biol Chem 193:265-275

Read SM, Northcote DH (1981) Minimization of variation in the response of different proteins to the Coomassie Blue G dye-binding assay for protein. Anal Biochem 116:53-64

Spector T (1978) Refinement of the Coomassie Blue method of protein quantitation. A simple and linear spectrophotometric assay for <0.5 to 50 µg of protein. Anal Biochem 86:142-146

Stoschek CM (1990) Quantitation of proteins. Meth Enzymol 182:50-68

Teil 2

Auftrennung von Proteinen durch Elektrophorese in Polyacrylamidgelen

2.1
Kurze Einführung in die elektrophoretischen Eigenschaften von Proteinen und die Struktur von Polyacrylamidgelen

Proteine besitzen als amphotere Makromoleküle einen unterschiedlichen Anteil an positiv (Lysin, Arginin) und negativ geladenen (Asparaginsäure, Glutaminsäure) sowie ionisierbaren (z. B. Histidin, Cystein) Aminosäureresten (vgl. Schema in Abb. 20a). Die elektrophoretische Mobilität in einer porösen Gelmatrix ist daher nicht nur von der Größe und Form, sondern auch von der Nettoladung unter den jeweiligen Bedingungen abhängig. Letztere Eigenschaft benutzt man bei der *isoelektrischen Fokussierung*, indem die Proteine entsprechend der Lage ihrer isoelektrischen Punkte (pIs) innerhalb eines kontinuierlichen pH-Gradienten aufgetrennt werden (Kap. 2.3). Eine Auftrennung von Proteinen ausschließlich nach Größe ist jedoch nach Behandlung mit dem anionischen Detergens Natriumdodecylsulfat (SDS) zusammen mit Schwefelbrücken-spaltenden Thiolreagenzien, wie z. B. β-Mercaptoethanol oder Dithiothreitol (Strukturformeln, s. Anhang J), möglich. Dabei werden die Proteine vollkommen entfaltet (denaturiert) und gegebenenfalls in ihre Untereinheiten zerlegt, und es kommt durch hydrophobe Wechselwirkung zu einer gleichmäßigen Beladung der Polypeptidketten mit dem negativ geladenen SDS (s. Schema in Abb. 9), wobei die Eigenladungen der Proteine überdeckt werden[1]. Die so gebildeten SDS-Protein-Mizellen haben hydrodynamisch äquivalente Konformationen (d. h. der Stoke'sche Radius ist proportional zum Molekulargewicht) und gleiche Ladungsdichte pro Längeneinheit, d. h. ein konstantes Ladungs/Masse-Verhältnis. Damit besteht, wie bei Nuclein-

---

[1] Im Überschuß binden etwa 1,4 g Detergens pro 1 g Protein. Dies gilt jedoch nicht für Glycoproteine, die eine geringere Menge an SDS binden und deshalb eine geringere elektrophoretische Mobilität bei der SDS-Gelelektrophorese als Standardproteine gleicher Masse besitzen.

säuren, die Möglichkeit der elektrophoretischen Auftrennung der Proteine nach der relativen Molekülgröße durch unterschiedliche Retardierung innerhalb einer Gelmatrix („Molekularsiebeffekt"). Die Abhängigkeit der elektrophoretischen Mobilität (M) von den Eigenschaften der Gelmatrix ist in der Ferguson-Gleichung:

$$\log M = \log M_0 - k_R T \text{ ausgedrückt,}$$

wobei M_0 die einheitliche freie elektrophoretische Mobilität der SDS-Proteinkomplexe und T die Konzentration der Gelmatrix darstellt. Der Retardierungskoeffizient k_R ist bei konstantem T innerhalb eines gewissen Bereiches eine lineare Funktion des Molekulargewichts.

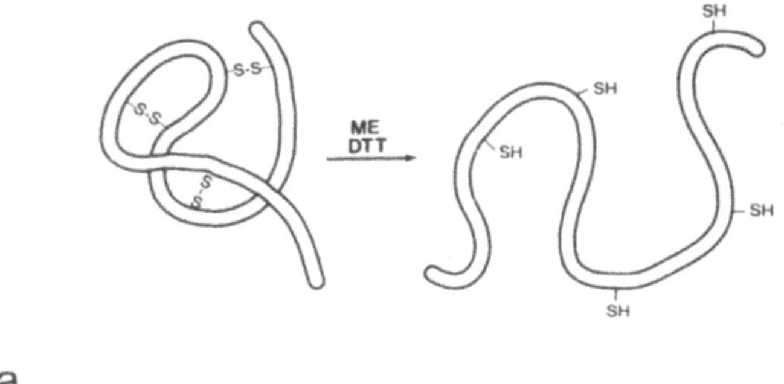

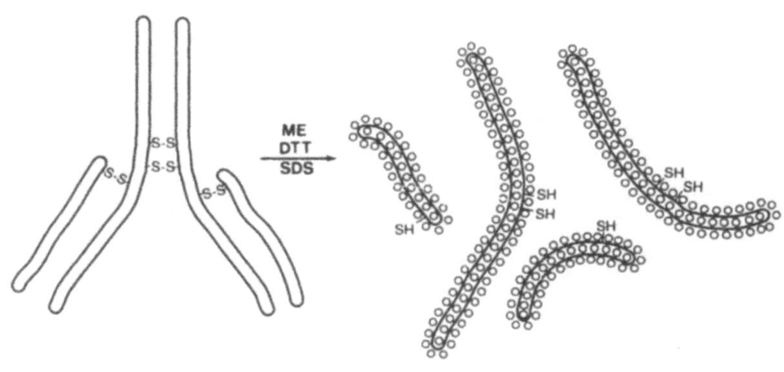

Abb. 9 a, b. Schematische Darstellung der Denaturierung eines Proteins durch Reduktionsmittel und Beladung mit Natriumdodecylsulfat *(SDS)*. **a,** die durch mehrere Disulfidbrücken stabilisierte dreidimensionale Faltstruktur eines Proteins wird nach Zugabe von β-Mercaptoethanol *(ME)* bzw. Dithiothreitol *(DTT)* teilweise entfaltet (Reduktion der S-S-Brücken); **b,** die durch mehrere S-S-Brücken verknüpften vier Untereinheiten eines komplexen Proteins werden durch Erhitzen in einem Puffer mit ME bzw. DTT und SDS getrennt und durch die Beladung mit den negativ geladenen SDS-Molekülen vollständig denaturiert

Als Trennmedium wird im Falle der Proteine meist Polyacrylamid verwendet. Polyacrylamidgele werden durch Co-Polymerisation von Acrylamid mit einem Vernetzer, meist N,N'-Methylenbisacrylamid (Kurzform „Bis"), hergestellt. Die zugrundeliegende Vinyladditions-Polymerisationsreaktion wird durch freie Radikale gestartet, welche bei der Wechselwirkung von Ammoniumpersulfat (APS) und dem tertiären aliphatischen Amin Tetramethylethylendiamin (TEMED) entstehen. Dabei katalysiert das TEMED zunächst den Zerfall von APS in Sulfatradikale ($S_2O_8^{2-} \rightarrow 2 \cdot SO_4^-$), und diese aktivieren wiederum das TEMED, indem sie ihm ein Elektron entreißen (s. Abb. 10a). Die aktivierten TEMED-Moleküle fungieren als Startradikale, indem sie mit den Acrylamidmonomeren reagieren und dadurch eine radikalische Kettenreaktion einleiten. Dabei entstehen, je nach Bedingungen, mehr oder weniger lange Polymerketten sowie durch den gelegentlichen Einbau des bifunktionellen Bisacrylamid in zwei wachsende Ketten Quervernetzungen (Abb. 10b). Insgesamt entsteht dadurch ein komplexes, flexibles dreidimensionales Netzwerk (Abb. 10c).

Das Ausmaß der Hohlräume zwischen den vernetzen Polymerketten und die damit korrelierende, und für die Trenneigenschaften entscheidende, sog. „effektive Porengröße" ist umgekehrt proportional zur Gesamtkonzentration (T für „total") der eingesetzten Monomere:

$$T = \frac{a + b}{v} \cdot 100\ \% \ (w/v)$$

(a = Acrylamid in g; b = Bisacrylamid in g; v = Endvolumen in ml) und zusätzlich abhängig vom Vernetzungsgrad („crosslinking"):

$$C = \frac{b}{a + b} \cdot 100\ \% \ (w/w),$$

wobei unabhängig von % T jeweils eine minimale Porengröße bei ca. 5 % C vorliegen soll (Übersicht in Allen et al. 1984). Bei den meisten Standardmethoden wird das Verhältnis von Acrylamid zu Bis über den gesamten üblicherweise benutzen Konzentrationsbereich (T = 5 – 20 %) der Gele konstant gehalten. Da Bis bei hohen Konzentrationen auch als Terminator der Polymerisation wirkt, werden dabei zunehmend kürzere Polymerketten gebildet. Dies führt dazu, daß die Gele bei hohen Konzentrationen leicht brüchig werden und auch keine optimalen Trenneigenschaften mehr besitzen. Quantitative Untersuchungen haben dagegen gezeigt, daß Gele, die nach der Formel Bis (%) = 1,3/Acrylamid (%) hergestellt werden, wobei der Vernetzungsgrad (% C) hyperbolisch mit Zunahme der Acrylamidkonzentration abnimmt, über einen weiten Bereich (4 – 40 % T) optimale Trenneigenschaften und eine gute Elastizität für eine einfache Handhabung besitzen (Blattler et al.

1972). Außerdem wurde die Erfahrung gemacht, daß sich Gele dieser Zusammensetzung am besten für eine gleichmäßige und möglichst bruchfreie Trocknung im Vakuum eignen (Laskey 1980).

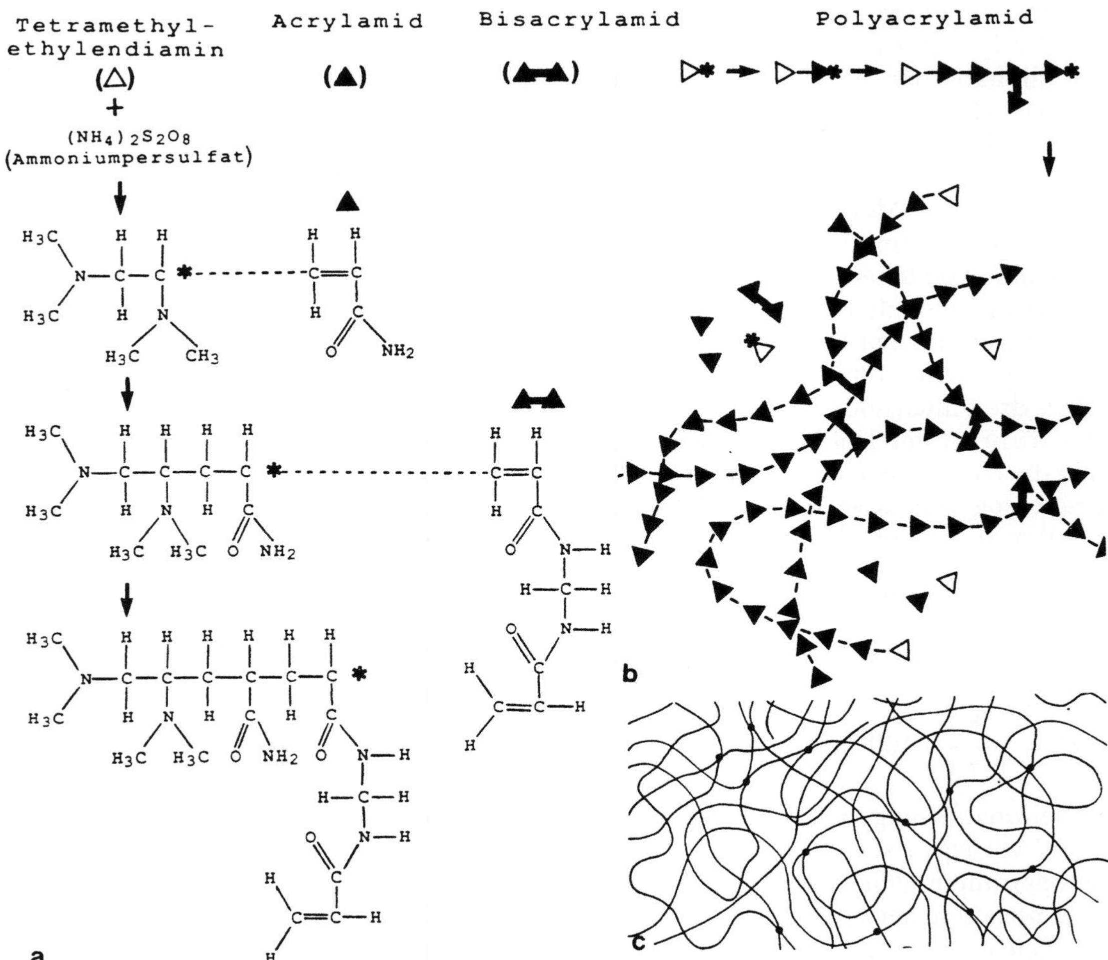

Abb. 10 a - c. Polymerisationsreaktion und molekulare Struktur von Polyacrylamidgelen. Das Formelschema (**a**) zeigt die Anlagerung von Acrylamid- bzw. Bisacrylamid-Monomeren ausgehend von einem Tetramethyl-ethylendiamin-Startradikal (*, ungepaartes Elektron). Wird ein Bisacrylamidmolekül angelagert, so kann dieses über den zweiten Acrylamidrest in eine weitere wachsende Kette eingebaut werden (Symbolschema in **b**). Dadurch werden linear wachsende Stränge miteinander verknüpft und es entsteht ein flexibles, dreidimensionales Netzwerk (**c**), dessen Zwischenräume („Poren") mit Puffer gefüllt sind. Die gewünschte Porengröße ergibt sich durch Variation der Konzentrationen von Acryl- und Bisacrylamid. (Verändert nach Tanaka, 1981)

Literatur

Allen RC, Savaris CA, Maurer HR (1984) Gel electrophoresis and isoelectric focussing of proteins: Selected techniques. Walter de Gruyter, Berlin, New York

Blattler DP, Garner F, van Slyke K, Bradley A (1972) Quantitative electrophoresis in polyacrylamide gels. J Chromatogr 64:147-155

Laskey RA (1980) The use of intensifying screens or organic scintillators for visualizing radioactive molecules resolved by gel electrophoresis. Methods Enzymol 65:363-371

Tanaka T (1981) Gels. Scientific American 244:110-123

2.2
Eindimensionale SDS-Polyacrylamidgelelektrophorese

Die am häufigsten benutzte Methode der eindimensionalen SDS-Polyacrylamidgelelektrophorese (1D SDS-PAGE) ist das diskontinuierliche System nach Laemmli (1970), welches auf dem „Disk-Elektrophorese-Prinzip" von Ornstein (1964) und Davis (1964) beruht. Die Diskontinuität bezieht sich dabei auf die Gelstruktur (ein großporiges Sammelgel ist einem engporigen Trenngel aufgelagert), den pH-Wert und die Art und Konzentration der Ionen in den verschiedenen Puffern. Der Elektrodenpuffer enthält Tris-Glycin (pH 8,8), der Proben- und Sammelgelpuffer Tris-HCl (pH 6,8) und der Trenngelpuffer Tris-HCl (pH 8,8). Diese Anordnung (Schema in Abb. 11) bewirkt, daß sich nach Anlegen einer Spannung die Cl^--Ionen mit hoher Mobilität als sog. Leitionen in Bewegung setzen, während die Glycinmoleküle, die beim pH des Proben- und Sammelgelpuffers hauptsächlich als Zwitterionen ($NH_2CH_2COO^- + H^+ \rightarrow {}^+NH_3CH_2COO^-$) mit der Nettoladung 0 vorliegen, hinter den Cl^--Ionen zurückbleiben (sog. Folgeionen). Zwischen den Leit- und Folgeionen bildet sich eine Zone geringer Ionendichte (und damit geringer Leitfähigkeit und hohem elektrischen Widerstand) aus, was einen steilen Feldstärke(Volt)-Gradienten zur Folge hat, da ein konstanter Stromfluß über das gesamte System aufrechterhalten wird ($\uparrow U = I_{const.} \cdot R\uparrow$). In diesem Bereich werden die SDS-Proteinkomplexe konzentriert (Prinzip der Isotachophorese), so daß sie in einer schmalen Zone auf das Trenngel gelangen.

Hier bewirkt der Anstieg des pH-Wertes, daß das Glycin negativ geladen wird (Umkehrung der obigen Reaktion) und die Proteine überholt. Letztere werden aufgrund ihrer Größe in dem engporigen Trenngel durch unterschiedlich starke Wechselwirkung mit der Gelmatrix retardiert und damit nach dem „Molekularsiebeffekt" aufgetrennt.

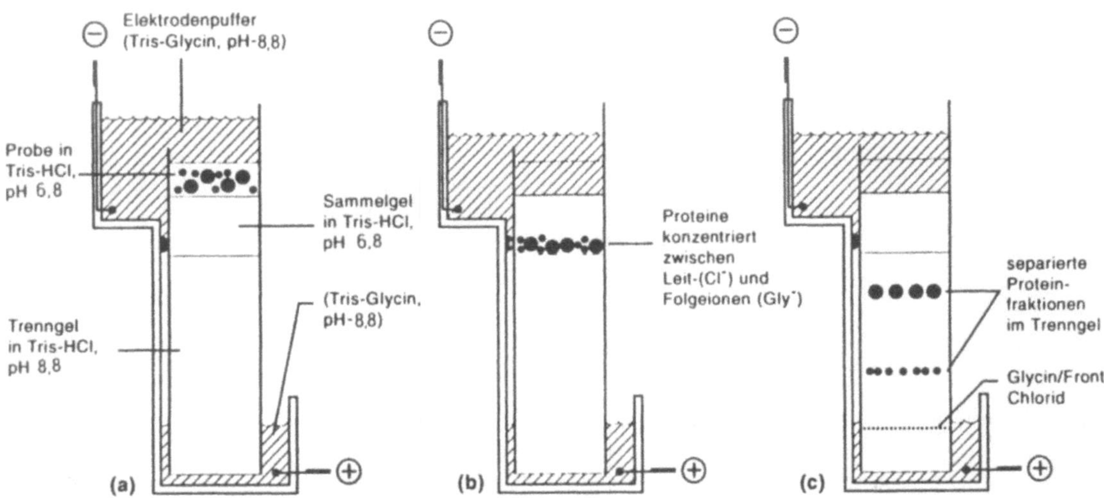

Abb. 11 a - c. Schematische Darstellung der Auftrennung von gelösten Proteinen in einem diskontinuierlichen Gel- und Puffersystem mit Hilfe einer vertikalen Flachgelapparatur. Die Probe, die aus Proteinen mit unterschiedlichen Molekulargewichten besteht (angedeutet durch Punkte unterschiedlicher Größe), wird auf die Oberfläche des Sammelgels aufgetragen (**a**). Nach Anlegen der Spannung wandern die Proteine zunächst relativ schnell in das Sammelgel ein und konzentrieren sich aufgrund des Tachophorese-Effekts an der Grenze zum Trenngel (**b**). Aufgrund des Molekularsiebeffekts im Trenngel kommt es dann zur Auftrennung der Probe in Fraktionen mit gleichem Molekulargewicht. Die Wanderungsgeschwindigkeit ist dabei umgekehrt proportional zum Molekulargewicht (**c**) (verändert nach Hames 1990; mit Erlaubnis von Oxford University Press)

SDS-denaturierte Proteine werden üblicherweise in Trenngelen zwischen 5 % und 15 % T (Konzentration der Gelmatrix) aufgetrennt. Dabei besteht innerhalb eines begrenzten Bereiches eine lineare Beziehung zwischen dem $\log_{10}$ des Molekulargewichts (in Dalton) und der relativen Mobilität (bestimmt als R_f-Wert: R_f = Wanderstrecke des Proteins/ Wanderstrecke der Lauffront (Farbmarker)). Dieser lineare Bereich liegt bei 15%igen Gelen etwa zwischen 12 – 45 kD, bei 12,5%igen Gelen zwischen 15 – 60 kD, bei 10%igen Gelen zwischen 18 – 75 kD, bei 7,5%igen Gelen zwischen 35 – 120 kD und bei 5%igen Gelen zwischen 60 – 210 kD. Innerhalb dieser Bereiche können Molekulargewichte unbekannter Proteine durch Interpolation mit Hilfe einer Eichkurve, konstruiert aus den Mobilitäten mitgelaufener Referenzproteine (z. B. Abb. 30, Kap. 2.6.2), bestimmt werden. Eine Möglichkeit, diesen definierten Bereich zu erweitern und Proteine über einen weiten Molekulargewichtsbereich in einem Gel zu trennen, ist die Verwendung von Gradientengelen, wobei die Acrylamidkonzentration in der Wanderrichtung der Proteine ansteigt und damit die Porengröße entsprechend abnimmt. Dies führt zusätzlich zu einer Bandenverschärfung besonders am unteren Ende des Gels. In einem linearen Gradientengel von 5 –20 % T und C = 2,6 % können Proteine zwischen etwa 14 – 210 kD aufgetrennt und die Molekulargewichte bestimmt werden, wobei im Unterschied zu uniformen Gelen über den gesamten Bereich eine lineare Beziehung zwischen dem $\log_{10}$ des Molekulargewichts und dem $\log_{10}$ der Polyamidkonzentration (% T) an der Position der Proteine nach dem Lauf besteht (Hames 1990; vgl. Abb. 31, Kap. 2.6.2).

Eine Limitierung des Gel- und Puffersystems nach Laemmli besteht darin, daß Proteine und Peptide mit Molekulargewichten unter 12 - 15 kD auch in hochprozentigen Gelen nur sehr schlecht oder überhaupt nicht mehr getrennt werden. Hier sind unter anderen von Thomas und Kornberg (1975) Modifikationen der Gelstruktur und der Puffer entwickelt worden, so daß auch eine Auftrennung kleinerer Moleküle bei gleichzeitiger guter Auftrennung hochmolekularer Proteine möglich ist. Eine andere hier nicht dargestellte Methode zur Separation kleiner Proteinmoleküle ist die von Schägger und von Jagow (1987; s. auch Westermeier 1990).

<table>
<tr><td></td><td>Zeitaufwand</td><td>Verlaufs-
übersicht</td></tr>
<tr><td>Vorbereiten der Gelgießform</td><td>5 – 10 min</td><td></td></tr>
<tr><td>↓</td><td></td><td></td></tr>
<tr><td>Mischen und Gießen des Trenngels</td><td>5 min[2]</td><td></td></tr>
<tr><td>↓</td><td></td><td></td></tr>
<tr><td>Polymerisation des Trenngels</td><td>60 – 120 min</td><td></td></tr>
<tr><td>↓</td><td></td><td></td></tr>
<tr><td>Mischen und Gießen des Sammelgels</td><td>5 min</td><td></td></tr>
<tr><td>↓</td><td></td><td></td></tr>
<tr><td>Polymerisation des Sammelgels</td><td>30 min</td><td></td></tr>
<tr><td>↓</td><td></td><td></td></tr>
<tr><td>Auftragen der Proben</td><td>15 min</td><td></td></tr>
<tr><td>↓</td><td></td><td></td></tr>
<tr><td>Elektrophorese</td><td>1 – 6 Std.[3]</td><td></td></tr>
<tr><td>↓</td><td></td><td></td></tr>
<tr><td>Beenden der Elektrophorese und
Weiterbehandeln der Gele</td><td></td><td></td></tr>
</table>

Färben	Trocknen	Membrantransfer
(Kap. 2.4)	(Kap. 2.8)	(Teil 3)

---

[2] Für das Mischen und Gießen eines linearen Gradientengels sind ca. 15 min zu veranschlagen.
[3] Die Laufzeiten sind abhängig von der Gellänge und der Acrylamidkonzentration: Standardgele (14 cm) ca. 4 – 6 Std., Minigele (1 cm) ca. 1 – 2 Std.

Materialien • Elektrophorese-Apparatur
Standardmäßig werden für die SDS-PAGE vertikale Flachgelapparaturen benutzt. Die klassische Ausführung geht auf Studier (1973)
zurück und ist noch in vielen Labors als Eigenbau vorhanden (s.
Abb. 12, 13). Einfache vertikale Elektrophorese-Apparaturen, die
im wesentlichen noch der klassischen Ausführung entsprechen,
aber zweiseitig mit einem Gelsandwich bestückt werden können,
sind von verschiedenen Firmen (s. Anhang L) zu beziehen (s. auch
Abb. 24, S. 100). Daneben werden auch aufwendigere Konstruktio-
nen dieses Grundmodells angeboten (u. a. mit eingebautem Wärme-
austauscher, integriertem Gelgießstand oder Netzgerät; z. B. von
den Firmen Hoefer, BioRad), die evtl. bei der Lösung bestimmter
Probleme von Vorteil sein können. Neben diesen Apparaturen für
Standardgelgrößen (14 x 16 cm) werden von vielen Firmen (Anhang
L) auch Minigelapparaturen (für Laufstrecken von ca. 6 bis 8 cm; s.
Abb. 22, S. 98) angeboten, die sich, da sie vergleichbar hohe Trenn-
schärfen der Proteinbanden bei wesentlich kürzeren Laufzeiten erreichen, in der Routinepraxis durchgesetzt haben.

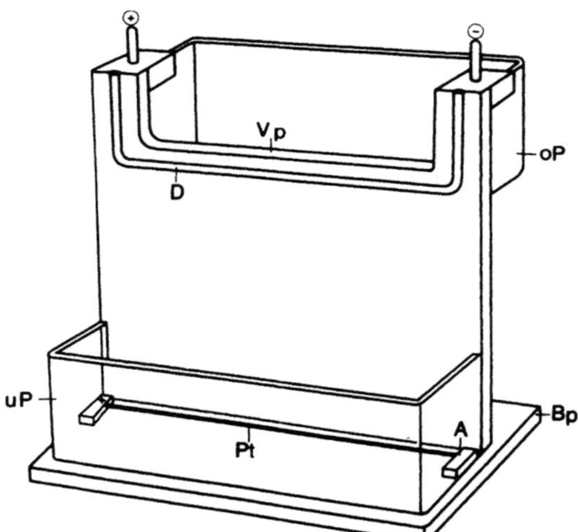

Abb. 12. Schematische Darstellung einer vertikalen Flachgelapparatur. (Nach Studier
1973). Die Apparatur, meist aus klarem Kunststoff gefertigt, besteht aus einer oben ein-
geschnittenen vertikalen Platte (*Vp*), die auf einer Bodenplatte (*Bp*) befestigt ist. In die
obere (*oP*) und die untere Pufferkammer (*uP*) führen Platinelektrodendrähte (*Pt*). Bei
Betrieb wird der Steckkontakt der oberen Elektrode (Kathode) mit dem negativen Pol
(-) und der der unteren Elektrode (Anode) mit dem positiven Pol (+) der Spannungs-
quelle verbunden. An dieser Apparatur wird für die Durchführung der Elektrophorese
das zwischen zwei Glasplatten liegende Gel (s. Abb. 14) befestigt. *D*, Dichtung; *A*, Auflage der Glasplatten

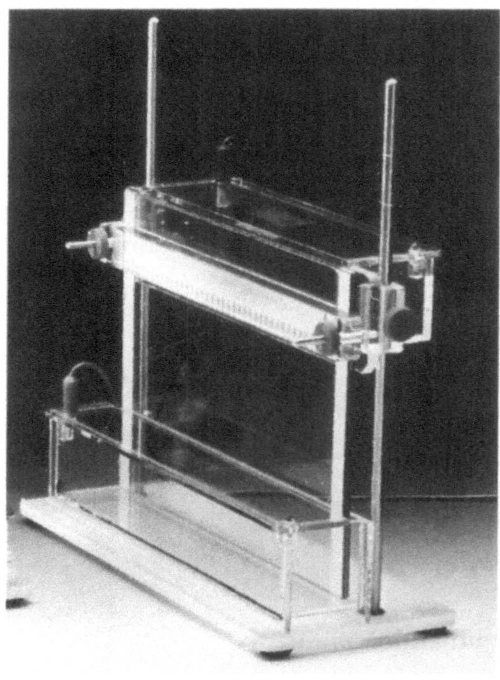

Abb. 13. Vertikale Flachgelapparatur. Bei dem abgebildeten Modell (Cti) kann die obere Pufferkammer zur Aufnahme unterschiedlich langer Gelplatten in der Höhe verschoben werden

- Probenkämme
  Kommerziell wird eine große Palette der verschiedensten Kämme meist aus Teflon angeboten. Für die hier beschriebenen Standardmethoden werden üblicherweise Kämme mit 10 – 20 Zähnen von je 4 – 8 mm Breite und 1,5 – 2,5 cm Länge benutzt. Die Dicke beträgt je nach Dicke der benutzten Abstandhalter (Spacer) 0,75 – 1,5 mm.

- Strom-Spannungs-Netzgerät
  Für die Elektrophorese benötigt man einen stabilisierten Gleichstrom, der durch spezielle Netzgeräte geliefert wird. Für die hier vorgestellten Methoden genügen Geräte für Niederspannungen bis 600 V und Stromstärken bis 200 mA. Strom und Spannung sollten konstant einstellbar sein.

- Klammern für die Gelgießform (werden bei kommerziellen Geräten mitgeliefert), ansonsten eignen sich am besten sog. Binder Clips (u. a. unter der Bezeichnung „Flachguthalteklammern" von Roth zu beziehen)

- Klebeband für die Gelgießform (am besten gelbes Isolierband, z. B. 3M von Scotch oder Tesaband)

- Wasserbad mit Thermostat (bis 100° C) oder Thermoblock (z. B. von Eppendorf)

- Mikrolitergefäße (Eppendorf-Typ)
- Mikroliterzentrifuge
- Mikroliterpipetten
- Pipettenspitzen
- Multi-Flex-Spitzen mit extrem dünnem rundem Auslauf (0,4 mm) zum Auftragen der Proben
- Pasteurpipetten
- Filterpapiere (z. B. Whatman Sorte 1 und 3MM Chr o. ä.)
- Papiertücher (Kleenex®, Kimwipes® etc.)
- Acrylamid
- N,N'-Methylen-Bisacrylamid (Bis)
- Ammoniumpersulfat (APS)
- Natrium-Dodecylsulfat (SDS)
- N,N,N',N'-Tetramethylethylendiamin (TEMED)
- Tris(hydroxymethyl)aminomethan (Tris)
- Glycin
- Dithiothreitol (DDT, Cleland's Reagenz); alternativ β-Mercaptoethanol (β-ME)
- Saccharose
- Glycerin
- Bromphenolblau
- Agarose
- Molekulargewichtstandards (s. Anhang G)
- Detergensreinigungskonzentrat (z. B. RBS 35 von Roth)
- alkoholische Reinigungslösung (z. B. Ethanol, absolut vergällt, oder Rotisol, Roth)
- Membranfilter (z. B. Whatman Sorte 1)
- Wasserstrahl- oder Vakuumpumpe

Zusätzliche Materialien für die Herstellung von Gradientengelen

- Gradientenmischer (s. auch Abb. 15, S. 85)

- Magnetrührer und Magnetrührstäbchen

- Peristaltikpumpe

- Hebebühne

- Silikonschlauch mit Auslaufklemme und mit einer eingelassenen Pipettenspitze oder Kanüle am Ende

Ansetzen von Stammlösungen

Für alle Lösungen wird doppelt destilliertes oder über eine Reinstwasseranlage (z. B. Milli-Q-plus Systeme, Millipore) gereinigtes Wasser (kurz ddH_2O) verwendet (s. auch Anhang A).

- Acrylamid-Bis-Stammlösung (30 % T, 2,7 % C) für Trenngele nach Laemmli (1970)

29,2 g	Acrylamid
0,8 g	Bis

mit ddH_2O auf 100 ml auffüllen und durch leichtes Rühren lösen

Die Lösung wird durch einen Whatman Filter Sorte 1 filtriert und kann bei 4° C in einer braunen oder mit Alu-Folie umwickelten Flasche 2 Monate aufbewahrt werden. Bei längerer Lagerung nicht-stabilisierter Lösungen bildet sich zunehmend als Hydrolyseprodukt Acrylsäure; diese co-polymerisiert mit Acrylamid und verschlechtert dadurch die Trenneigenschaften der Gele.

- Acrylamid-Bis-Stammlösung (30 % T, 0,5 % C) für Trenngele nach Thomas und Kornberg (1975)

29,85 g	Acrylamid
0,15 g	Bis

in 100 ml ddH_2O lösen, filtern und lagern wie oben beschrieben

- Acrylamid-Stammlösung (30 %) und Bis-Stammlösung (1,3 %) für Trenngele nach Blattler et al. (1972), getrennt angesetzt: 30,0 g Acrylamid in 100 ml ddH_2O lösen sowie 1,3 g Bis in ca. 70 ml warmen ddH_2O lösen und mit ddH_2O auf 100 ml auffüllen; beide Lösungen filtrieren und lagern wie oben angegeben.

Vorbereitungen

Sicherheits-hinweis Acrylamid und Bis sind als Monomere neurotoxisch. Vorsicht beim Abwiegen (eventuell Gesichtsmaske tragen). Während des Hantierens mit den unpolymerisierten Lösungen Handschuhe tragen. Reste mit einem Überschuß an Ammoniumpersulfat auspolymerisieren und entsorgen. Zur Vermeidung des Umganges mit den ungelösten Ausgangssubstanzen bieten einige Firmen stabilisierte Acrylamid-Bis-Stammlösungen für Laemmli-Gele an, bzw. getrennte 30 % Acrylamid- und 2 % Bis-Stammlösungen, welche für die Herstellung der Gele nach Blattler et al. (1972) verwendbar sind.

Pufferstammlösungen für die SDS-PAGE nach Laemmli (1970)

- Trenngelpuffer
  (Endkonz. im Gel: 375 mM Tris-HCl, pH 8,8; 0,1 % SDS)

3fach konzentriert (3 x)	4fach konzentriert (4 x)
13,6 g Tris	18,17 g Tris
0,3 g SDS	0,4 g SDS

in 50,0 ml ddH$_2$O lösen, mit 1 N HCl auf pH 8,8 einstellen, auf 100 ml mit ddH$_2$O auffüllen und filtrieren (s. S. 77)

- Sammelgelpuffer
  (Endkonz. im Gel: 125 mM Tris-HCl, pH 6,8; 0,1 % SDS)

2fach konzentriert (2 x):

3,0 g	Tris
0,2 g	SDS

in 50,0 ml ddH$_2$O lösen, mit 5 N HCl auf pH 6,8 einstellen und auf 100 ml mit ddH$_2$O auffüllen und filtrieren

- Elektrodenpuffer (25 mM Tris, 192 mM Glycin, 0,1 % SDS)

3,0 g	Tris
14,4 g	Glycin
1,0 g	SDS

in 1000 ml ddH$_2$O lösen
Nicht titrieren! pH stellt sich auf ~8,8 ein; bei 4° C aufbewahren.

- SDS-Probenpuffer (125 mM Tris-HCl, pH 6,8; 2 % SDS, 10 % Glycerin, 20 mM DDT, 1 mM EDTA , 0,01 % Bromphenolblau)

1,5 g	Tris
2 g	SDS
10 g	Glycerin
37 mg	EDTA oder 200 µl aus 0,5 M Stammlösung (s. Anhang B)
2 ml	DDT aus 1 M Stammlösung (s. Anhang B)

in 50 ml ddH$_2$O lösen und mit 1 N HCl auf pH 6,8 einstellen, 2 ml Bromphenolblau-Stammlösung (0,5 % in ddH$_2$O) dazugeben, auf 100 ml mit ddH$_2$O auffüllen
2fach konzentriert: doppelte Mengen einsetzen und in gleicher Weise herstellen.

Pufferstammlösungen für die SDS-PAGE nach Thomas und Kornberg

- Trenngelpuffer (0,75 M Tris-HCl, pH 8,8; 0,1 % SDS)

4fach konzentriert (4 x):

36,34 g	Tris
0,4 g	SDS

in 50 ml ddH$_2$O lösen, mit 1 N HCl auf pH 8,8 einstellen und auf 100 ml mit ddH$_2$O auffüllen

- Sammelgelpuffer (wie bei Laemmli, s. o.)

- Elektrodenpuffer (50 mM Tris, 380 mM Glycin, 0,1 % SDS)

6,0 g	Tris
28,7 g	Glycin
1,0 g	SDS

auf 1000 ml mit ddH$_2$O auffüllen
Nicht titrieren! pH stellt sich auf ~8,8 ein; bei 4° C aufbewahren.

- Ammoniumpersulfat (10 %)
  1 g APS in 10 ml ddH$_2$O lösen. In brauner Flasche bei 4° C max. 4 Wochen aufbewahren. In kleinen Portionen bei –20° C eingefroren ist die Lösung einige Monate haltbar.

Vorbereitung der Gelgießform

Die Glasplatten der Gelelektrophorese-Apparatur werden vor bzw. nach Benutzung gründlich in einer Reinigungsdetergenslösung (z. B. RBS 35) gewaschen und anschließend gründlich unter fließendem Wasser und dann mit deionisiertem Wasser gespült und getrocknet. Unmittelbar vor Benutzung werden sie mit vergälltem Alkohol oder einer alkoholischen Reinigungslösung nochmals gereinigt (Papiertuch). Der Probenkamm und die Abstandshalter (Spacer) werden mit deionisiertem Wasser gewaschen und am besten aus einer Spritzflasche mit alkoholischer Reinigungslösung oder vergälltem Alkohol abgespritzt.

Bei kommerziellen Geräten wird die Gelgießform gemäß der Anleitung der Hersteller zusammengebaut. Bei der einfachen klassischen Ausführung werden die gereinigten Glasplatten gemäß Abb. 14 mit den randständig angebrachten Abstandhaltern zusammengefügt und seitlich (zuerst!) und unten durch Klebeband abgedichtet. Zusätzlich wird die Form durch Halteklammern zusammengehalten und senkrecht in einen geeigneten Ständer gestellt. Sicherheitshalber sollte die Gelgießform noch durch Auftragen (Einfließen lassen!) einer dünnen Schicht heißer, flüssiger 1%iger Agarose (gelöst in Elektrodenpuffer) an den inneren Rändern seitlich und unten abgedichtet werden. Von vielen Herstellern kann ein spezieller Gelgießstand mitgeliefert werden oder ist in dem Elektrophorese-Apparat integriert. Eine zusätzliche Abdichtung durch Klebefolie und Agarose wird dadurch überflüssig.

Hinweis Die in den folgenden Tabellen angegebenen Lösungsmengen (30 ml) reichen für Standardtrenngele der Maße 12 x 14 cm (Geldicke: 0,75 – 1,5 mm; s. Apparaturen oben). Für größere bzw. kleinere (Mini-)Gele sind die Ansatzvolumina entsprechend zu ändern.

Durchführung Die Art der Trenngele und die jeweilige Acrylamidkonzentration richtet sich nach dem Molekulargewichtsbereich der zu trennenden Proteine sowie der anschließenden Weiterbehandlung der Gele. Für viele Routinezwecke können Gele nach der Vorschrift von Laemmli (1970) mit konstantem Acrylamid-Bis-Verhältnis benutzt werden. Bei hochprozentigen Gelen (> 10 %) sowie generell bei vorgesehener Trocknung der Gele empfiehlt es sich, Gele mit variablem und reduziertem Bis-Anteil nach Blattler et al. (1972) herzustellen. Niedermolekulare Proteine und Peptide unter 15 kD können nach der Methode von Thomas und Kornberg (1975) aufgetrennt werden. Für eine optimale Auftrennung über einen weiten Molekulargewichtsbereich sollten anstelle von Gelen homogener Konzentration Gradientengele benutzt werden.

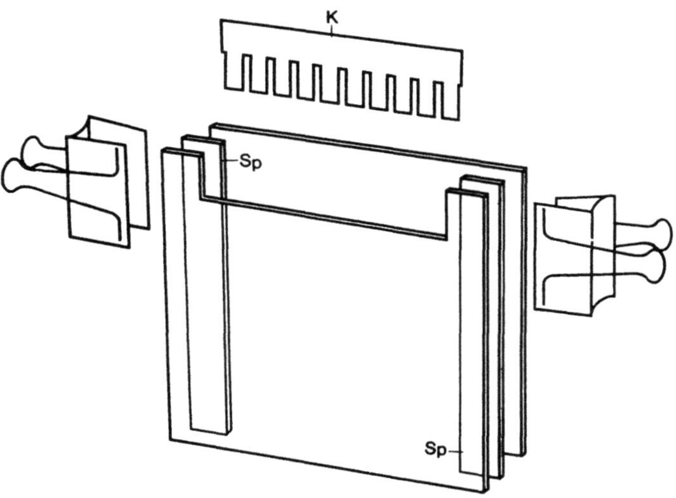

Abb. 14. Schema der Bestandteile einer einfachen Gelgießform. Zwei Glasplatten, eine davon in gleicher Weise eingeschnitten wie die obere Pufferkammer, getrennt durch zwei Abstandhalter (Sp, Spacer), werden seitlich und unten mit stabilem elastischem Klebeband verschlossen und zusätzlich mit Klammern zusammengehalten. Nach der Polymerisation des Trenngels wird der Probenkamm (*K*, meist aus Teflon) zur Formung der Probentaschen am oberen Rand der Gießform in die unpolymerisierte Sammelgellösung eingesetzt. Nach der Polymerisation werden Klammern, Klebeband und Kamm entfernt und das Glas-Gel-Glas-Sandwich mit der ausgeschnittenen Glasplatte zur oberen Pufferkammer orientiert an der vertikalen Flachgelapparatur (s. Abb. 12, S. 74) festgeklammert

Herstellen von homogenen Trenngelen

1. Die Komponenten des gewünschten Trenngels (in ml) in der Reihenfolge wie in den entsprechenden Tabellen (5 – 7) angegeben in ein 100 ml Becherglas pipettieren und durch leichte rotierende Bewegung oder auf einem Magnetrührer gut mischen.
Luftblasenbildung vermeiden!

2. Je nach Dicke des Gels die Lösung entweder direkt aus dem Becherglas langsam in die etwas nach hinten schräg gestellte Gießform gießen, oder am besten mit Hilfe einer 10- bis 20-ml-Spritze ohne Kanüle im senkrechten Zustand zwischen die Glasplatten einfüllen.
Die Höhe des Trenngels, bzw. der Abstand der Oberkante vom oberen Rand der eingekerbten Glasplatte, sollte ungefähr der Tiefe der Probentaschen (meist 2 – 2,5 cm) plus 1 cm betragen. Es ist zweckmäßig, diese Trennlinie zum Sammelgel vor dem Gießen des Trenngels auf der Frontplatte zu markieren.

3. Nach dem Einfüllen die Trenngellösung vorsichtig mit Hilfe einer Pipette oder Spritze mit ddH_2O oder ddH_2O-gesättigtem Isopropanol überschichten (ca. 3 – 5 mm).

   Dies verhindert einmal die Hemmung der Polymerisation an der Geloberfläche durch Luftsauerstoff („Radikalfänger") und sorgt zusätzlich für die Ausbildung einer glatten Trennfläche zwischen Trenn- und Sammelgel!. Die Polymerisation des Trenngels dauert je nach Art und Konzentration 30 – 45 min bei RT. Die Polymerisation ist abgeschlossen, wenn zwischen Gel- und Überschichtungslösung eine deutliche optische Diskontinuität als Trennlinie zu erkennen ist.

4. Nach der Polymerisation Überschichtungsflüssigkeit abgießen, Geloberfläche mit ddH_2O spülen und Flüssigkeitsreste vor dem Gießen des Sammelgels (evtl. mit der Ecke eines Filterpapiers) entfernen.

Tabelle 5. Herstellen von Trenngelen verschiedener Konzentrationen mit einheitlichem Vernetzeranteil. (Nach Laemmli 1970)

Stammlösungen zum Ansatz	Acrylamidkonzentration im Gel (% T)										
	5	6	7	7,5	8	9	10	12	13	15	%
Acrylamid-Bis (30 % T, 2,7 % C)	5	6	7	7,5	8	9	10	12	13	15	ml
ddH_2O	14,9	13,9	12,9	12,4	11,9	10,9	9,9	7,9	6,9	4,9	
Trenngelpuffer (3x)					10						
Ammoniumpersulfat (10 %)					0,1						ml
TEMED					0,025						

Ansatz ergibt 30 ml

Tabelle 6. Herstellen von Trenngelen verschiedener Konzentrationen mit variablem Vernetzeranteil. (Nach Blattler et al. 1972)

Stammlösungen zum Ansatz	Acrylamidkonzentration im Gel (% T)										
	5	6	7	7,5	8	9	10	11	12,5	15	%
Acrylamid (30 %)	5	6	7	7,5	8	9	10	11	12,5	15	ml
Bis (1,3 %)	6	5	4,3	4	3,8	3,3	3	2,7	2,4	2,1	
ddH_2O	8,9	8,9	8,6	8,4	8,1	7,6	6,9	6,2	5	2,8	
Trenngelpuffer (3x)					10						
Ammoniumpersulfat (10 %)					0,1						ml
TEMED					0,025						

Ansatz ergibt 30 ml

Tabelle 7. Herstellen von Trenngelen verschiedener Konzentrationen. (Nach Thomas und Kornberg 1975)

Stammlösungen	Acrylamidkonzentration im Gel (% T)				
zum Ansatz	10	12	15	18	%
Acrylamid-Bis (30 % T, 0,5 % C)	10	12	15	18	ml
ddH$_2$O	12,2	10,2	7,2	4,2	
Trenngelpuffer (4x)	7,5	7,5	7,5	7,5	
Ammoniumpersulfat (10 %)	0,3	0,3	0,3	0,3	ml
TEMED	0,01	0,01	0,01	0,01	

Ansatz ergibt 30 ml

Herstellen von Sammelgelen

Standardmäßig können zur Proteintrennung über einen weiten Molekulargewichtsbereich 4%ige Sammelgele verwendet werden. Nur bei extrem großen (>250 kD) oder extrem kleinen Proteinen (z. B. bei der Thomas und Kornberg Methode) sollten 3- bzw. 5%ige Sammelgele benutzt werden.

1. Sammelgellösung je nach Konzentration gemäß Angaben in Tabelle 8 mischen.

2. Gellösung auf das Trenngel gießen (s. oben) und fast bis zum oberen Rand der eingekerbten Glasplatte auffüllen.

3. Probenkamm vorsichtig einfügen (Bildung von Luftblasen vermeiden!) und eventuell noch weitere Gellösung dazugeben.

4. Polymerisation 30 – 45 min bei RT.
   Vorsicht: Falls der Kamm vor Ende der vollständigen Polymerisation herausgezogen wird, läuft unpolymerisiertes Acrylamid in die Taschen und poylmerisiert dort aus!

Tabelle 8. Herstellen von Sammelgelen verschiedener Konzentrationen (für alle Geltypen)

Stammlösungen	Acrylamidkonzentration im Gel (%)			
zum Ansatz	3	4	5	%
Acrylamid-Bis (30 % T, 2,7 % C)	1	1,35	1,76	ml
ddH_2O	4	3,6	3,2	
Sammelgelpuffer (2x)	5	5	5	
Ammoniumpersulfat (10 %)	0,05	0,05	0,05	ml
TEMED	0,01	0,01	0,01	

Ansatz ergibt 10 ml

Herstellen von linearen Gradientengelen

1. Einen Magnetrührer auf eine Hebebühne oder andere geeignete Unterlage stellen, so daß die Platte ca. 5 cm über dem oberen Rand der Gelgießform liegt. Gradientenmischer (Abb. 15) auf den Magnetrührer stellen, Auslaßschlauch mit der Auslaufkanüle senkrecht am oberen Rand der Gelgießform befestigen. Alternativ Auslaßschlauch über eine Peristaltikpumpe führen (s. Abb. 16).

2. Verbindungshahn der Kammern und Auslaßschlauchklemme schließen.

3. Acrylamidmischung der niedrigen und hohen Konzentration gemäß der Angaben in Tabellen 9 und 10 mischen. TEMED und APS bei Lösung B erst zugeben, wenn sich die Saccharose gelöst hat. Anschließend die Komponenten durch leichte rotierende Bewegung mischen und alle weiteren Schritte schnell durchführen.

4. Die leichte Lösung (A) in das Reservoir (Kammer A) des Gradientenmischers einfüllen. Durch kurzes Öffnen des Verbindungshahns auch den Kanal zur Mischkammer füllen (s. Abb. 16).
   Falls dabei etwas von der Lösung in die Mischkammer fließt, muß diese in das Reservoir zurückpipettiert werden.

5. Die schwere Lösung (B) in die Mischkammer gießen, ein Magnetrührstäbchen dazugeben und den Magnetrührer einschalten.

Abb. 15. Gradientenmischer. Diese bestehen im einfachsten Fall *(1)* aus einem Kunststoffblock mit zwei kreisförmigen Bohrungen als Kammern, oder die Kammern sind aus kurzen Röhren geformt, die einzeln stehen *(2)* oder ineinander gesetzt sind *(3)*. Am unteren Ende sind die Kammern durch einen Verbindungskanal miteinander verbunden. Dieser Kanal kann durch einen Hahn geschlossen werden. Aus der einen Kammer (Mischkammer) führt ein Ablaufkanal nach außen und endet in einem Schlauchanschlußstück (alle Geräte: Cti)

6. Auslaßschlauchklemme und den Hahn des Verbindungskanals öffnen und die Peristaltikpumpe einschalten (Flußrate ca. 2 ml pro min).

7. Gelgießform wie bei homogenen Trenngelen bis einige cm unter den oberen Rand der eingekerbten Platte füllen (s. o.).

8. Oberfläche der Gellösung mit ddH_2O oder ddH_2O-gesättigtem Isopropanol überschichten und bei RT polymerisieren lassen, bis eine optische Trennlinie zu erkennen ist.

9. Das Mischen und Gießen des Sammelgels erfolgt in der gleichen Weise wie bei homogenen Trenngelen.

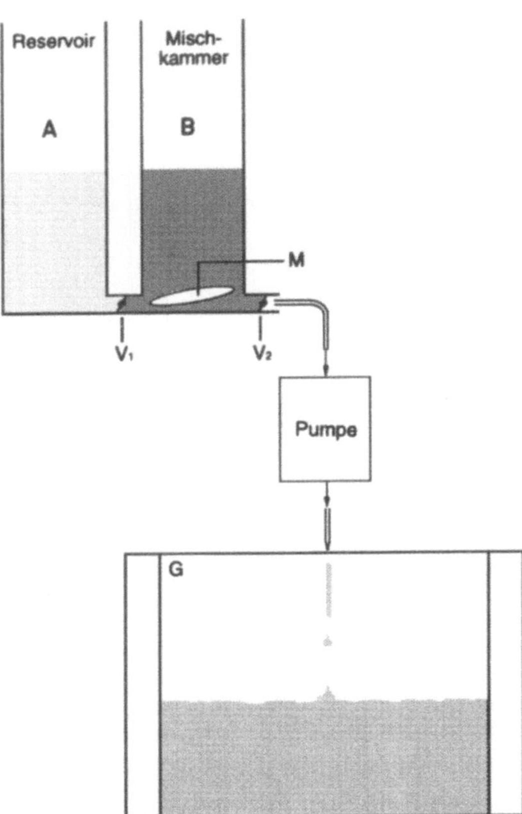

Abb. 16. Die Abbildung zeigt schematisch den Aufbau und den Vorgang des Gießens eines linearen Gradiententrenngels *(G)*. Vor dem Einbringen gleicher Volumina der beiden Stammlösungen werden die Ventile *(V₁, V₂)* geschlossen. Dabei müssen die in die Kammern *(A, B)* eingebrachten Volumina dem benötigten Gesamtvolumen entsprechen (s. Tabelle 9, 10). Beim Arbeiten mit Lösungen sehr unterschiedlicher Konzentrationen wird nach Öffnen von V_1 zunächst eine gewisse Menge der höherprozentigen Lösung in die Kammer *A* übertreten. Der Gradient bekommt auf diese Weise am Boden ein "Kissen" mit rein höherprozentigem Anteil. Wenn dies nicht erwünscht ist, kann das Volumen in *A* entsprechend erhöht werden. Kurz vor Öffnung von V_2 Mischvorgang (z. B. durch einen magnetischen Rührstab, *M*) in der Mischkammer *(B)* starten. Der kontinuierliche Abfluß sollte durch eine Schlauchpumpe gewährleistet sein

Tabelle 9. Leichte Acrylamidlösungen für Gradientengele

Stammlösungen	Acrylamidkonzentration im Gel (%)						
zum Ansatz	5	6	7	8	9	10	%
Acrylamid-Bis (30 % T)[a]	2,5	3,0	3,5	4,0	4,5	5,0	ml
Trenngelpuffer (4x)[a]				3,75			
ddH$_2$O	8.7	8.2	7.7	7.2	6.7	6.2	ml
Ammoniumpersulfat (10 %)				0,04			
TEMED				0,01			

[a] Diese Stammlösungen je nach Methode entweder nach Laemmli oder Thomas und Kornberg ansetzen.

Tabelle 10. Schwere Acrylamidlösungen für Gradientengele

Stammlösungen	Acrylamidkonzentration im Gel (%)						
zum Ansatz	10	12	14	16	18	20	%
Acrylamid-Bis (30 % T)[a]	5	6	7	8	9	10	ml
Trenngelpuffer (4x)[a]			3,75				
ddH$_2$O	5	4	3	2	1	0	ml
Saccarose (50 %)			2,25				
Ammoniumpersulfat (10 %)			0,04				ml
TEMED			0,01				

[a] Diese Stammlösungen je nach Methode entweder nach Laemmli oder Thomas und Kornberg ansetzen.

- Der Dichteunterschied zwischen der schweren und der leichten Lösung sowie das Volumen des Magnetrührstäbchens sollte durch einen Glasstab im Reservoir ausgeglichen werden.   **Hinweis**

- Gradientenmischer und Verbindungsschläuche müssen sofort nach dem Gießen des Gels, bevor das Acrylamid auspolymerisiert, ausgewaschen werden.

- Bei kommerziell erhältlichen Gelgießkammern wird zur Herstellung von Gradientengelen die Lösung von unten her eingepumpt. Dies bedeutet, daß der Gradient in umgekehrter Weise hergestellt wird. Dazu muß die leichte Lösung in die Mischkammer und die schwere Lösung in das Reservoir gefüllt werden (s. Abb. 17).

- Besonders bei hochkonzentrierten Acrylamidlösungen besteht die Gefahr, daß die Lösung nach Zugabe des TEMED sehr schnell polymerisiert. Es ist daher ratsam, die Lösungen vor dem Einfüllen in den Gradientenmischer zu kühlen.

- Zur gleichzeitigen Trennung aller Proteine zwischen ca. 450 bis 5 kD sollten 5 – 20 % Gele verwendet werden. Um den Trennbereich einzelner Größenklassen zu erweitern, können Gradientengele beliebiger Mischungsverhältnisse hergestellt werden, z. B. zwischen

10 – 20 %   (für Trennbereiche von ~180 bis 5 kD),
 8 – 18 %   (für Trennbereiche von ~250 bis 7 kD),
 5 – 15 %   (für Trennbereiche von ~500 bis 10 kD).

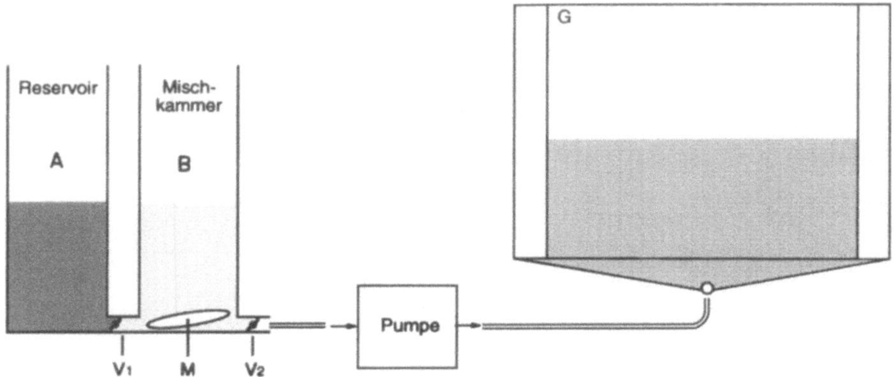

Abb. 17. Schematische Darstellung der Herstellung eines Gradiententrenngels *(G)* von der Unterseite einer Gelgießform. Im Gegensatz zum Gießen eines Geles von oben (s. Abb. 16) wird hier die niederprozentige Lösung in die Mischkammer *(B)* eingebracht. Es ist darauf zu achten, daß das Volumen der höherprozentigen Lösung (Kammer *A*) entsprechend seiner höheren Dichte so berechnet wird, daß nach Öffnung des Ventils V_1 zunächst keine Lösung in Kammer *B* übertritt. Kurz vor Öffnung von V_2 Mischvorgang (z. B. mittels eines Magnetrührstabes, *M*) starten. Um den gleichmäßigen Aufbau des Gradienten zu gewährleisten, sollte die Gellösung mit Hilfe einer Schlauchpumpe eingebracht werden

Vorbehandlung und Lösen der Proben

(a) **Feste Proben** (Gewebestückchen, Sedimente von Zellen oder Zellsubfraktionen etc.) in SDS-Probenpuffer suspendieren (Verhältnis Probenvolumen zu Probenpuffer ca. 1:5 bis 1:10) und eventuell homogenisieren.
Hohe DNA-Anteile in den Proben führen dabei häufig zur Entstehung einer hochviskösen bis gummiartigen Probenlösung, die sich nur schlecht oder gar nicht mehr pipettieren läßt. Durch mehrfaches Aufziehen und Auspressen der Probe durch eine feine Spritzenkanüle kann die DNA mechanisch zerkleinert werden, so daß die Probenlösung dünnflüssig wird. Alternativ kann die DNA auch durch Bezonase (Benzon Nuclease, Merck), ein auch im Probenpuffer noch aktives Enzym, abgebaut werden.

(b) **Wässrige Proben** (Zell-Lysate, Extrakte, Proteinlösungen, in vitro Translationsüberstände) 1:1 mit doppelt-konzentriertem SDS-Probenpuffer mischen.

(c) **Präzipitierte, getrocknete und lyophilisierte Proteinproben** (s. Kap. 1.8, 1.9) mit SDS-Probenpuffer bis zu einer Protein-Konzentration von ~1 µg/µl versetzen und evtl. homogenisieren.

1. Proben aus a) bis c) 1 – 3 min bei 90° – 100° C im Wasserbad bzw. Thermoblock erhitzen.

2. Eventuell noch vorhandenes unlösliches Material durch Zentrifugieren (10.000 x g, 5 min) mit einer Mikroliterzentrifuge sedimentieren.

Auftragen der Proben auf das Gel

1. Nach erfolgter Polymerisation des Sammelgels den Probenkamm vorsichtig entfernen, evtl. vorhandene untere Klebebänder abziehen.

2. Gel-Glas-Sandwich an der Elektrophorese-Apparatur so befestigen, daß die eingekerbte Platte nach innen zur oberen Pufferkammer zu liegen kommt (s. Abb. 12 S. 74, Abb. 14 S. 81).

3. Untere Pufferkammer so weit mit Elektrodenpuffer füllen, daß der Gel-Glas-Sandwich mindestens 1 cm eintaucht.
Eventuell vorhandene Luftblasen an der Unterseite des Gels entfernen.

4. Obere Pufferkammer mit Elektrodenpuffer zunächst nur so weit auffüllen, daß die Probentaschen gefüllt und bedeckt sind.
Zur Entfernung unpolymerisierter Monomere können die Probentaschen durch Absaugen des Puffers (Pipette, Spritze) und Wiedernachfüllen ausgespült werden.

5. Proben mit einer Mikroliterpipette mit aufgesteckter feiner, ausgezogener Spitze vorsichtig tief in die Probentaschen einbringen (s. einfache Grundregeln beim Auftragen der Proben, Abb. 18).
Die Proben bleiben aufgrund der höheren Dichte des Probenpuffers durch das zugegebene Glycerin auf dem Boden der Taschen.

6. Obere Pufferkammer ohne Verwirbelung der aufgetragenen Proben vorsichtig auffüllen (ca. 1 – 2 cm über Gelniveau).

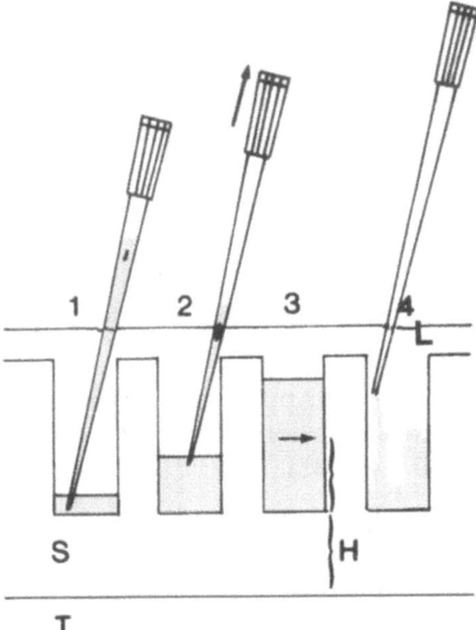

Abb. 18. Die Abbildung erläutert einfache Grundregeln beim Auftragen der Proben bei der 1D-Gelelektrophorese: Die Pipettenspitze sollte bis an den Boden der Probentasche gebracht werden *(1)* und der Probenpuffer unter Zurückziehen der Spitze langsam ohne Erzeugung einer Luftblase ausgedrückt werden *(2)*. Die Füllhöhe der Probentasche sollte maximal die Höhe *(H)* des Sammelgels unter der Tasche erreichen *(kleiner Pfeil) (3)*. Ein schnelles Entleeren der Pipette am oberen Taschenrand führt zu einer Verwirbelung der Probe und damit eventuell zu einer partiellen Vermischung mit dem Laufpuffer *(4)*. Um ein möglichst gleichmäßiges Laufverhalten aller Proben zu erhalten, sollten die Probenvolumina in den einzelnen Taschen möglichst gleich sein. *L*, Laufpuffer; *S*, Sammelgel; *T*, Trenngel.

Elektrophorese

1. Elektrode der unteren Pufferkammer (Anode!) an den positiven Pol (rot) und Elektrode der oberen Pufferkammer (Kathode!) an den negativen Pol (schwarz) des Netzgerätes anschließen.
Die Elektrophorese erfolgt bei konstanter Stromstärke. Die anzulegende Stromstärke richtet sich dabei nach Gelbreite und Geldicke. Zum Eindringen der Proben bis an das Trenngel zunächst mit geringerer Stromstärke arbeiten. Als Richtwert kann mit etwa 15 – 20 mA im Sammelgel und etwa 25 – 35 mA im Trenngel (bei etwa 1 mm Geldicke) aufgetrennt werden (Verdopplung bei zwei Gelplatten bzw. doppelter Dicke; entsprechende Erniedrigung bei Arbeiten mit Minigelen). Die Spannung beträgt bei Standardgelen unter diesen Bedingungen beim Start des Laufes etwa 65 – 85 V. Während des Laufes steigt die Spannung wegen der Zunahme des elektrischen Widerstandes (Elektrolyse) stetig an. Bei ungekühlten Gelapparaturen sollte beim Erreichen von etwa 130 – 140 V die Stromstärke erniedrigt werden, um eine Überhitzung der Gelplatten zu vermeiden. Die Elektrophorese dauert bei Standardgelen etwa 4 – 6 Std. bzw. 1 – 2 Std. bei Mini-Gelen. Üblicherweise wird der Lauf beendet, wenn der Farbmarker das Ende des Gels erreicht hat. Elektrophoresen können bei entsprechend erniedrigten Stromstärken auch über Nacht durchgeführt werden.

2. Nach Beendigung des Laufes Netzgerät abschalten, die Anschlußkabel und die eventuell vorhandenen Schutzabdeckungen entfernen und den Puffer ausgießen.

3. Gel-Glas-Sandwich aus der Apparatur entnehmen, evtl. vorhandene seitliche Klebestreifen entfernen und einen Spacer ein Stück nach außen schieben und durch langsames Hochklappen der Breitseite des Spacers die obere Glasplatte vorsichtig anheben und entfernen (oder Spacer entfernen und mit einem breitem Spatel Glasplatte seitlich vorsichtig anheben).
Es empfiehlt sich, die Orientierung des Gels durch Abschneiden eines kleinen Gelstückchens an einer Ecke zu markieren.

4. Gel von der umgedrehten Glasplatte je nach Weiterbehandlung (Coomassie- oder Silberfärbung Kap. 2.4, Trocknen und Fluorographie Kap. 4.8 oder Membran-Transfer Teil 3) in die entsprechende Lösung in einer Färbeschale abschwimmen lassen.
Durch vorsichtiges Abheben einer Ecke mit einem breiten Spatel löst sich das Gel meist leicht von der Glasplatte ab. Das Gel kann auch vorsichtig mit den Fingern (Handschuhe!) von der Glasplatte abgehoben und in die entsprechende Flüssigkeit transferiert werden.

● **Nicht-denaturierende (native) PAGE**   Modifikationen

Wenn bei Proteinen konformationsabhängige Epitope erhalten bleiben müssen oder Proteinkomplexe erhalten bleiben sollen, können SDS-freie Probenpuffer eingesetzt werden (ungelöstes Material abzentrifugieren). Alle anderen benutzten Puffer müssen ebenfalls SDS-frei sein. Die Elektrophorese wird wie oben bei der SDS-PAGE angegeben durchgeführt. Die Proteine wandern in diesem Fall gemäß ihrer nativen Form, d. h. entsprechend ihrer Komplexstruktur, Nettoladung und Größe. Voraussetzung für die erfolgreiche Durchführung einer PAGE unter nicht denaturierenden Bedingungen ist natürlich, daß die Proteine unter den herrschenden Pufferbedingungen gelöst bleiben (als Einstieg in die Methodik s. Schägger 1994).

● Alternativ zum klassischen Vertikalmodus kann die 1D-Proteingelelektrophorese auch horizontal in entsprechenden Flachgelapparaturen durchgeführt werden (s. dazu Westermeier 1990, Michov 1996).

Literatur

Blattler DP, Garner F, van Slyke K, Bradley A (1972) Quantitative electrophoresis in polyacrylamide gels. J Chromatogr 64:147-155

Davis BJ (1964) Discelectrophoresis. II. Method and application to human serum proteins. Ann NY Acad Sci 121:404-427

Hames BD (1990) One-dimensional polyacrylamide gel electrophoresis. In: Hames BD, Rickwood D (eds) Gel electrophoresis of proteins. A practical approach. IRL, Oxford, New York, Tokyo, pp 1-147

Laemmli UK (1970) Cleavage of structural proteins during the assembly of the head of bacteriophage T4. Nature 227:680-685

Michov B (1996) Elektrophorese: Therorie und Praxis. Walter de Gruyter, Berlin, New York

Ornstein L (1964) Disc electrophoresis. I. Background and theory. Ann NY Acad Sci 121:321-349

Schägger H (1994) Native gel electrophoresis. In: Von Jagow G, Schägger H (eds) A practical guide to membrane protein purification. Academic Press, San Diego, pp 81-104

Schägger H, von Jagow G (1987) Tricine-sodium dodecyl sulfate-polyacrylamide gel electrophoresis for the separation of proteins in the range of 1 to 100 kDa. Anal Biochem 166:368-379

Studier FW (1973) Analysis of bacteriophage T7 early RNAs and proteins on slab gels. J Mol Biol 79:237-242

Thomas JO, Kornberg RD (1975) An octamer of histones in chromatin and free solution. Proc Natl Acad Sci USA 72:2626-2630

Westermeier R (1990) Elektrophorese-Praktikum. VCH, Weinheim, New York, Basel, Cambridge

2.3
Zweidimensionale Polyacrylamidgelelektrophorese

Mit der eindimensionalen Gelelektrophorese (1D-PAGE) können aus hochkomplexen Proteingemischen etwa 100 Banden aufgelöst werden (s. z. B. Abb. 26, S. 115). Dieses limitierte Auflösungsvermögen kann durch zweidimensionale Polyacrylamidgelelektrophorese (2D-PAGE) um mindestens eine Größenordnung verbessert werden. Auf einem 2D-Gel können Zell- oder Gewebeproteinextrakte in über 1000 Einzelproteine separiert werden. Durch diese Möglichkeit, komplexe Proteingemische in ihre Einzelkomponenten aufzutrennen und gegebenenfalls zu vergleichen, hat die 2D-PAGE ein weites Anwendungsspektrum in der Biologie, Biochemie und Medizin erlangt (s. Übersichten und Literatur bei Celis und Bravo 1984; Dunn 1987; Chambers und Rickwood 1990; Dunn 1991, Celis et al 1994). Auf der anderen Seite können aber auch geringfügige Veränderungen der Struktur und Ladung einzelner Proteine (Phosphorylierung, Acetylierung, Glycosylierung, Aminosäureaustausch etc.) durch Verschiebung der Position im 2D-Muster erkannt werden. Für präparative Zwecke können 2D-PAGE-Methoden außerdem zur Isolierung einzelner Proteine für die Sequenzierung (Vandekerckhove und Rasmussen 1994) oder als Ausgangsmaterial für die Herstellung spezifischer Antikörper benutzt werden.

Bei der 2D-PAGE werden in der Regel zwei unabhängige Eigenschaften der Proteine für die elektrophoretische Auftrennung benutzt. Bei der von O'Farrell (1975) eingeführten und heute weit verbreiteten Standardtechnik werden die Proteine in der 1. Dimension aufgrund ihrer unterschiedlichen Nettoladungen (bzw. der unterschiedlichen isoelektrischen Punkte; pIs, vgl. Abb. 20) durch isoelektrische Fokussierung (IEF) in zylindrischen Röhrchengelen bandiert und dann senkrecht dazu in der 2. Dimension durch SDS-PAGE in vertikalen Plattengelen entsprechend ihrer molaren Massen aufgetrennt (s. Schema in Abb. 19).

Der pH-Gradient für die IEF bei den hier vorgestellten Standardmethoden wird durch sog. freie Trägerampholyte in einem großporigen (nicht retardierenden) Gel hergestellt. Bei diesen Substanzen handelt es sich um ein heterogenes Gemisch von relativ kleinen (Molekulargewicht meist zwischen 300 und 1000) synthetischen aliphatischen Polyamin-Polycarbonsäuren der allgemeinen Formel:

$$(-CH_2-N-(CH_2)_x-N-CH_2-)_n$$
$$(CH_2)_x \qquad (CH_2)_x$$
$$NR_2 \qquad COOH$$

wobei $R = H$ oder $-(CH_2)_x-COOH$ und $x = 2$ oder 3 ist

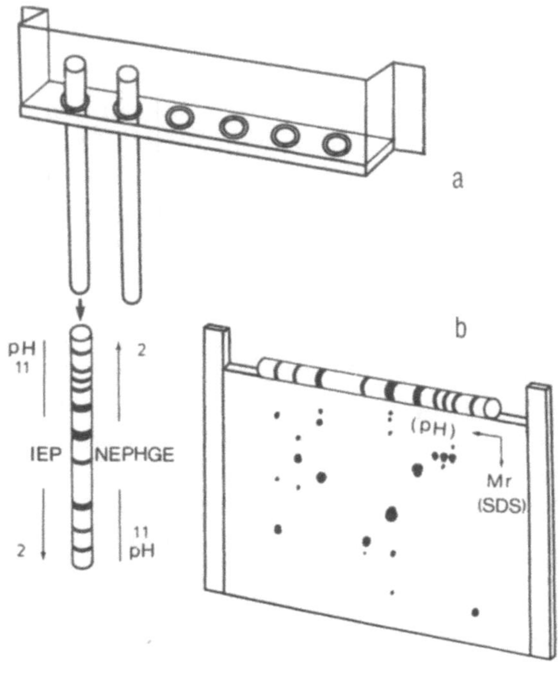

Abb. 19 a, b. Schematische Darstellung des Ablaufs und der Ergebnisse einer 2D-Gelelektrophorese. **a** zeigt einen Adapterriegel mit 2 Glasröhrchen zur Auftrennung von Proteinen aufgrund ihrer unterschiedlichen Nettoladungen in einem pH-Gradienten. Nach Beendigung dieser Auftrennung in der "1. Dimension" (pH, IEP, NEPHGE) wird das Gel aus dem Glasröhrchen herausgedrückt (Pfeil; Banden deuten die unterschiedlich gewanderten Proteine an) und in dem Probenpuffer zur Auftrennung in der 2. Dimension äquilibriert. Anschließend wird das Rundgel auf die Oberkante eines Flachgels plaziert (**b**) und die Auftrennung in einer SDS-Elektrophorese nach dem Molekulargewicht (SDS, Mr) durchgeführt

Diese amphoteren Moleküle beinhalten ein mehr oder weniger weites Spektrum an isoelektrischen Punkten. Nach Anlegen einer Spannung wandern die zunächst gleichmäßig im Gel verteilten Ampholyte je nach Nettoladung in Richtung Anode oder Kathode, wobei sie ihre Gesamtladung im elektrischen Feld so lange ändern, bis der jeweilige pI (Nettoladung = 0) erreicht ist, und damit die elektrophoretische Mobilität aufhört. An diesen Positionen bandieren die einzelnen Ampholyt-Komponenten und bauen aufgrund ihrer hohen Pufferkapazität in der Umgebung einen pH-Wert auf, der dem ihres jeweiligen pI entspricht. Durch die vielen unterschiedlichen Komponenten eines solchen Ampholytgemisches (meist mehrere hundert) entsteht ein kontinuierlicher pH-Gradient, der seinen niedrigsten Wert an der Anode (saures Ende) und den höchsten Wert an der Kathode (alkalisches Ende) hat. Bringt man Proteine in einen solchen durch Ampholyte gebildeten pH-Gradienten, so wandern sie im elektrischen Feld ebenfalls bis zu der Position, die ihrem pI entspricht (s. dazu Abb. 21). Eine geringfügige Entfernung aus dieser Position durch Diffusion führt zu einer erneuten Aufladung der Moleküle verbunden mit einem Rücktransport zum Gleichgewichtspunkt. Durch diesen elektrischen Fokussierungseffekt sind die gebildeten Proteinbanden sehr scharf und damit die Auflösung sehr hoch.

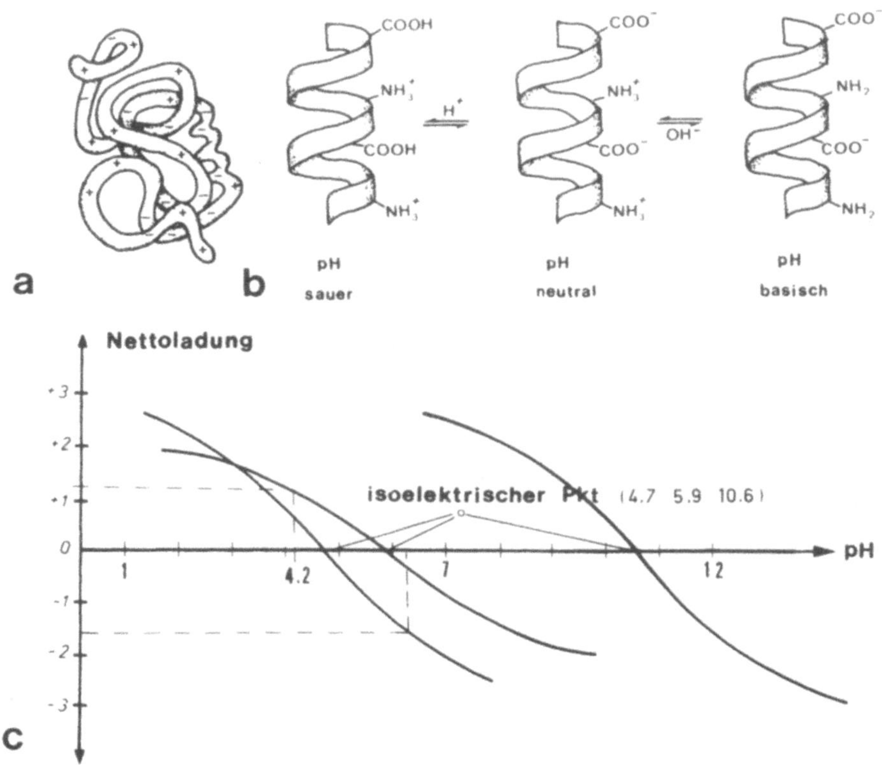

Abb. 20 a - c. Amphotere Natur der Proteine und Abhängigkeit der Nettoladung vom pH-Wert. **a** Schematische Darstellung der 3D-Struktur eines Proteins mit angedeuteten positiven und negativen Ladungen an der Oberfläche; **b** bei stark saurem pH sind die freien -COOH-Gruppen der sauren Aminosäuren nicht dissoziiert (ungeladen), während die freien -NH2-Reste der basischen Aminosäuren protoniert (-NH3+) sind. Die Gesamtladung (Nettoladung) des Proteins ist positiv. Bei stark basischem pH (protonenarme Umgebung) geben beide funktionellen Gruppen ihr Proton ab. Die basischen Gruppen sind ungeladen, die sauren Gruppen und damit das Gesamtprotein sind negativ geladen; **c** die Ladungsveränderung zwischen beiden Extremen in (**b**) vollzieht sich mit Änderung des pH-Werts fließend und kann für jedes Protein in Form einer Nettoladungskurve aufgezeichnet werden. Bei einem bestimmten pH heben sich positive und negative Ladungen gerade auf (Nettoladung = 0). Dieser Isoelektrische Punkt (pI) ist ein spezifischer Parameter für jedes Protein und nach dem entsprechenden pH-Wert unterscheidet man saure (< pH 7) und basische (> pH 7) Proteine (verändert nach Westermeier 1990).

Eine Limitierung des Auftrennungsbereiches wird jedoch durch die Tatsache verursacht, daß bei den relativ langen Fokussierungszeiten der pH-Gradient langsam in Richtung Kathode wandert und dort abgebaut wird (sog. „Kathodendrift"; mögliche Ursachen s. Righetti et al. 1990). Dadurch geht bei der üblichen IEF zumindest der Anteil der Proteine mit pIs ≥ 8 verloren. Zur Auftrennung dieser basischen Proteine,

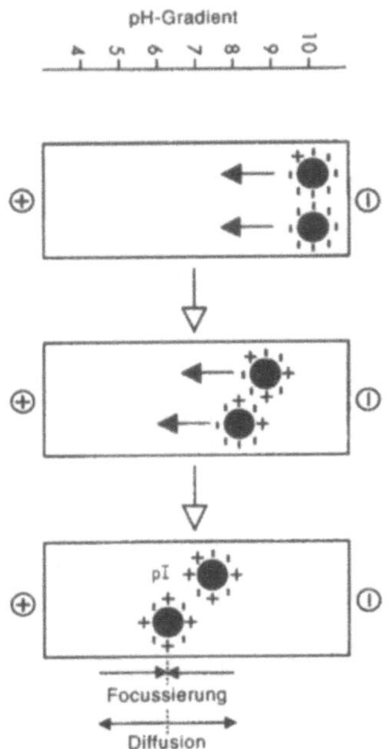

Abb. 21. Schematische Darstellung der Trennung von Proteinen durch isoelektrische Fokussierung in einem pH-Gradienten. Der pH-Gradient hat seinen höchsten Wert an der Kathode (alkalisches Ende). Trägt man hier die Proteine auf, so sind die Seitenketten überwiegend negativ geladen (negative Nettoladung). Die Proteine wandern im elektrichen Feld in Richtung auf die Anode, wobei die basischen Seitenketten zunehmend protoniert (positiv geladen) werden. Am isoelektrischen Punkt (pI), wo sich positive und negative Ladungen gerade neutralisieren (Nettoladung = 0), kommt die elektrophoretische Wanderung zum Stillstand. Jede Abweichung aus dieser Position, z. B. durch Diffusion, führt zur Entstehung überschüssiger positiver bzw. negativer Ladungen auf der Oberfläche des Proteins und damit zum Rücktransport zum isoelektrischen Punkt (Fokussierung; verändert nach Alberts et al. 1989)

die bei Prokaryonten ca. 15 % und bei Eurkaryonten immerhin ca. 30 % des Gesamtproteins ausmachen, wurde von O'Farrell et al. (1977) eine modifizierte Methode entwickelt, bei der die Fokussierung vor Erreichen des Gleichgewichts abgebrochen wird (<u>n</u>on-<u>e</u>quilibrium <u>pH</u> gradient <u>e</u>lectrophoresis; NEPHGE). Bei dieser Methode wird außerdem im Unterschied zur normalen IEF die Probe auf der sauren Seite des Gradienten (Anode!) aufgetragen, und die unterhalb ihres pI positiv geladenen Proteine wandern dann in Richtung auf das basische Ende des Gradienten (zur Kathode!). Um in der Praxis aus einem Proteingemisch sowohl sehr saure als auch sehr basische Proteine aufzutrennen, wird man daher beide Methoden anwenden müssen. Mit der IEF-Methode erhält man eine gute Fokussierung der sauren und neutralen Proteine (s. Abb. 27 b, S. 116), und mit der NEPHGE-Methode ist eine optimale Auftrennung der basischen und neutralen Proteine (s. Abb. 28, S. 116) möglich.

Voraussetzungen für eine optimale Auftrennung durch IEF oder NEPHGE ist, daß die Proteingemische frei von anderen geladenen Molekülen oder Ionen sind (d. h. minimale restliche Salzkonzentration und besonders wichtig die möglichst vollständige Entfernung von Nucleinsäuren). Die Proteingemische werden daher auch meist durch nicht-ionische Detergentien (z. B. Nonidet P-40 oder Triton X-100) und hohe Konzentrationen an Harnstoff solubilisiert. Falls eine gewisse Konzentration an SDS für die Solubilisierung notwendig ist (s. NEPHGE), muß dieses ionische Detergens anschließend weitgehend durch hohe Konzentration an Harnstoff und Nonidet P-40 verdrängt werden. Für die Auftrennung in der 2. Dimension durch SDS-PAGE müssen die Proteine dann durch Äquilibrierung des Gels in einem SDS-Puffer (wieder) ausreichend mit SDS beladen werden.

	Zeitaufwand für		Verlaufs-übersicht
	IEF	NEPHGE	
Präparation der Rundgele für die 1. Dimension	2 Std.	ü.N.	
↓			
Vorbereiten und Auftragen der Proben	30 min	30 min	
↓			
Elektrophorese (1. Dimension)	15 – 18 Std. (ü. N.)	3 – 4 Std.	
↓			
Beenden des Laufs und Vorbereiten der Rundgele für die SDS-PAGE der 2. Dimension	20 – 30 min		
↓			
Präparation und Polymerisation der Trenngele der 2. Dimension	45 – 60 min		
↓			
Präparation und Polymerisation der Sammelgele für die 2. Dimension	20 – 30 min		
↓			
Aufbringen des Rundgels der 1. Dimension auf das Plattengel der 2. Dimension	10 min		
↓			
Elektrophorese (2. Dimension)	3 – 5 Std.		
↓			

Beenden der Elektrophorese und Weiterbehandeln der Gele

↓	↓	↓
Blotten	Färben	Trocknen
↓	↓	↓
Immun-chemischer Nachweis	MG-Bestimmung, evtl. densitometrische Auswertung	Fluorographie, Autoradiographie
(Teil 3, 4)	(Kap. 2.6)	(Kap. 4.8)

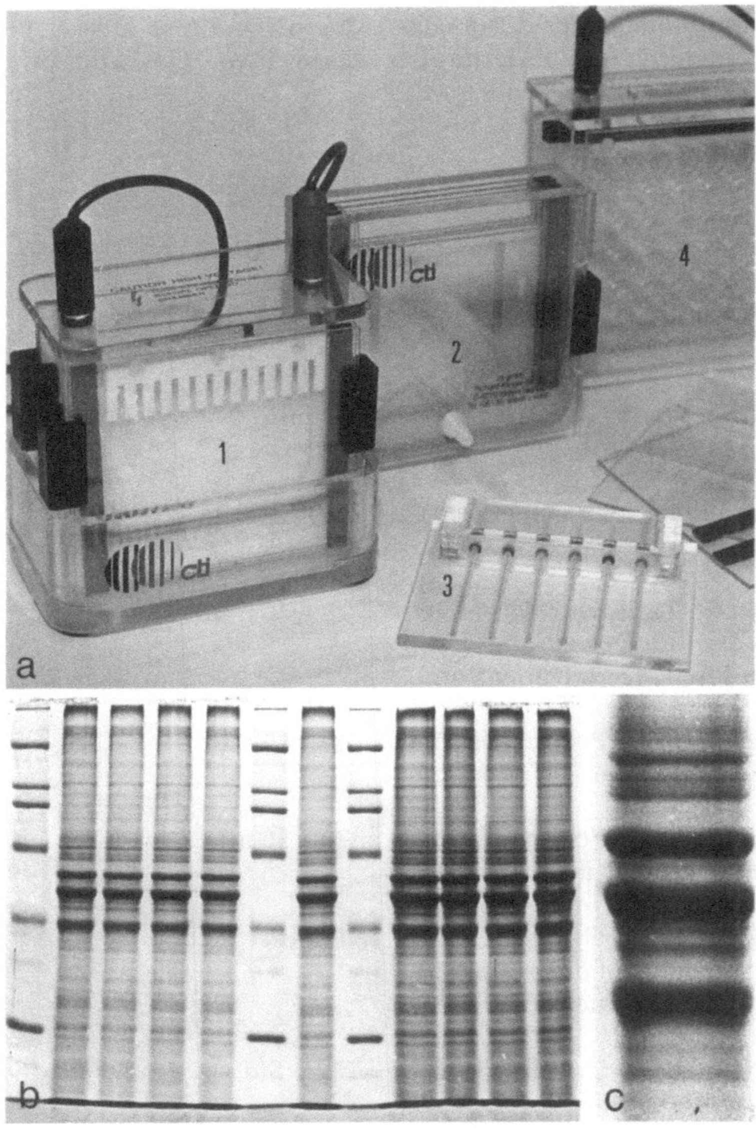

Abb. 22. a Kommerziell erhältliche Geräte (Minigelsystem; Plattengröße 8 x 8 cm) zur Durchführung der 1D- und 2D-Gelelektrophorese und des Tank-Blottings (Cti); *1* Minigelapparat, *2* Gelgießstand, *3* Adapter mit Röhrchen zur Durchführung der isoelektrischen Fokussierung, *4* Tankblotapparatur. **b** Abbildung eines Minigels mit aufgetrennten Markerproteinen und verschiedenen Proteinfraktionen nach Anfärbung mit Coomassie Blau in Originalgröße, **c** Ausschnittvergrößerung zur Dokumentation der Trennschärfe.

- Elektrophorese-Apparatur für Rundgele (13 – 15 cm Länge, ID 1,5 – 3 mm), alternativ: **Materialien**

- Rundgel-Adapter für vertikale Flachgelapparaturen (z. B. Cti, für alle Modelle). Diese ersparen die Anschaffung einer speziellen Rundgelapparatur (s. Schema in Abb. 19 und die Abb. 22, 24).

- Netzgerät (s. Kap. 2.2)

- Vertikale Flachgelelektrophorese-Apparatur: Für die hier vorgestellten Methoden wird das gleiche Gerät wie für die 1D-SDS-PAGE verwendet (s. Kap. 2.2). Es empfiehlt sich jedoch, zur Aufnahme des 1D-Rundgels eine (innere) Platte mit abgeschrägtem oberen Rand zu verwenden (s. Schema in Abb. 23).

- Parafilm M (Laborfachhandel)

- Nylongewebe oder Gaze

- Acrylamid

- N,N'-Methylen-Bisacrylamid (Bis)

- Ammoniumpersulfat (APS)

- Natrium-Dodecylsulfat (SDS)

- N,N,N',N'-Tetramethylethylendiamin (TEMED)

- (Hydroxymethyl)aminomethan (Tris)

- HCl

- Glycin (Merck oder Sigma)

- Clelands Reagenz (Dithiothreitol, DTT)

- Glycerin

- Bromphenolblau

- Agarose

- Molekulargewichtsstandards (z. B. von Bio-Rad)

- Cytochrom C (für NEPHGE)

- Harnstoff

- Nonidet P-40

- Ampholyte pH 4 – 6 (z. B. von Boehringer Ingelheim Bioproducts
        5 – 7 Partnership; Servalyte)
        2 – 11

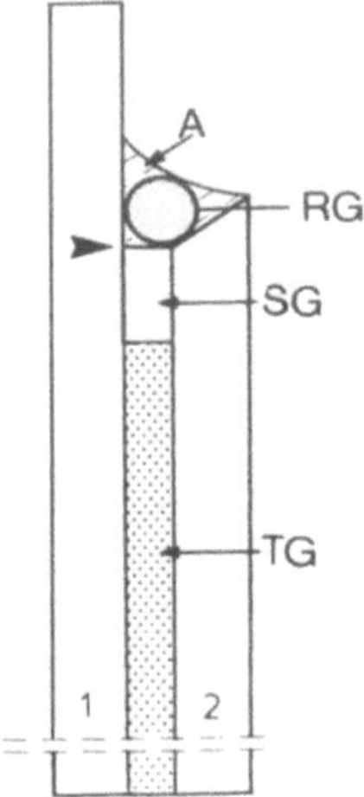

Abb. 23. Seitenansicht eines Gelsandwiches (*1, 2*, Glasplatten; *TG*, Trenngel) mit aufgelegtem Rundgel *(RG)*. Um dem weichen und leicht verformbaren Rundgel einen besseren Halt zwischen den Glasplatten zu geben, wird es mit Agarose *(A)* fixiert. Die Sammelgellösung *(SG)* für die Auftrennung in der 2. Dimension muß so hoch gegossen werden, daß ein direkter Kontakt mit dem aufgelegten Rundgel zustandekommt *(Pfeilkopf)*

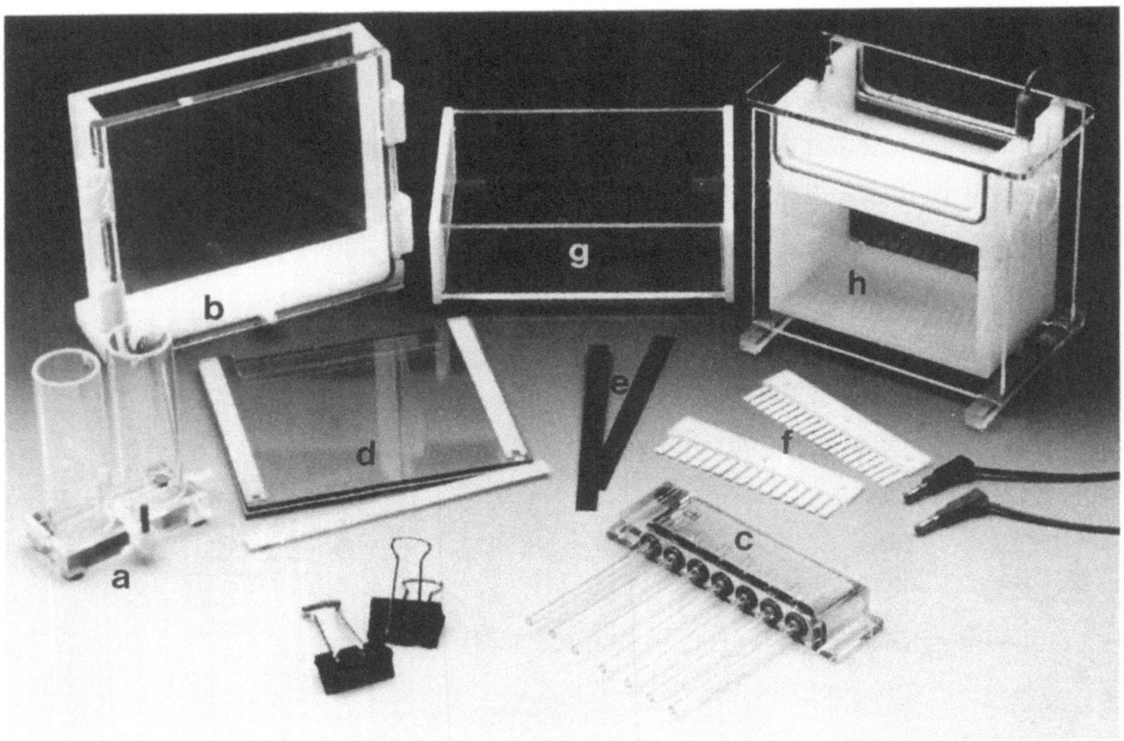

Abb. 24. Kommerziell erhältliche Standardgeräte (Plattengröße ca. 18 x 17 cm) zur Herstellung von Gradientengelen und zur Durchführung der 1D- und 2D-Gelelektrophorese (Cti). Gradientenmischer *(a)*, Gelgießstand *(b)*, Adapter mit Röhrchen zur Durchführung der isoelektrischen Fokussierung *(c)* und Einzelteile der Gelkammer (*d*, Plattensandwich; *e*, Spacer; *f*, Kämme; *g*, untere Pufferkammer; *h*, Hauptkammer mit Deckel und integrierten Elektrodenanschlüssen)

Lösungen für die 1. Dimension

Die mit * gekennzeichneten Lösungen können aliquotiert und bei –20° C aufbewahrt werden.

- Acrylamid-Bis-Stammlösung (30 % T, 2,7 % C) für IEF- und NEPHGE-Gele

28,38 g	Acrylamid
1,62 g	Bis

in 100 ml ddH$_2$O lösen. Detaillierte Hinweise zur Herstellung, Lagerung und Toxizität s. Kap. 2.1 (S. 77 u. 78)

- Probenpuffer für IEF (IEF-Lysispuffer)*

Endkonzentration	Ansatz	
9,5 M Harnstoff	28,5 g	
2 % Nonidet P-40	1,0 g	
2 % (v/v) Ampholyte		
0,8 % pH 4 – 6	0,4 ml	
0,8 % pH 5 – 7	0,4 ml	der Orginallösung
0,4 % pH 2 – 11	0,2 ml	
20 mM DTT	1,0 ml Stammlösung (1 M, s. Anhang B)	

mit ddH$_2$O auf 50 ml auffüllen und lösen

- IEF-Überschichtungslösung*

Endkonzentration	Ansatz	
6 M Harnstoff	18,0 g	
1 % (v/v) Ampholyte		
0,4 % pH 4 – 6	0,2 ml	
0,4 % pH 5 – 7	0,2 m	der Orginallösung
0,2 % pH 2 – 11	0,1 ml	

mit ddH$_2$O auf 50 ml auffüllen und lösen

Probenpuffer für NEPHGE

- NEPHGE-Lysispuffer I*

Endkonzentration	Ansatz
9,5 M Harnstoff	28,5 g
0,4 % SDS	0,25 g
20,0 mM DTT	1,0 ml Stammlösung (1 M, s. Anhang B)
2,0 % Ampholyte pH 2 – 11	1 ml

mit ddH$_2$O auf 50 ml auffüllen und lösen

- NEPHGE-Lysispuffer II*

Endkonzentration	Ansatz
9,5 M Harnstoff	28,5 g
5 % Nonidet P-40	2,5 g
20,0 mM DTT	1,0 ml Stammlösung (1 M, s. Anhang B)
2,0 % Ampholyte pH 2 – 11	1 ml

mit ddH$_2$O auf 50 ml auffüllen und lösen

- NEPHGE-Überschichtungslösung*

Endkonzentration	Ansatz
6 M Harnstoff	18,0 g
5 % Nonidet P-40	2,5 g
1,0 % Ampholyte pH 2 – 11	0,5 ml

mit ddH$_2$O auf 50 ml auffüllen und lösen

- 10 % Nonidet P-40
  10 g in 100 ml ddH$_2$O lösen

- 10 % Ammoniumpersulfat*
  10 g in 100 ml ddH$_2$O lösen

- Anoden-Puffer (Anolyt)
  10 mM H$_3$PO$_4$ (0,63 ml konz. Phosphorsäure in 1 l ddH$_2$O)

- Kathoden-Puffer (Katholyt)
  20 mM NaOH (20 ml 1N NaOH in 1 l ddH$_2$O)

- SDS-Äquilibrierungspuffer

Endkonzentration	Ansatz
60 mM Tris	3,63 g
2 % SDS	10 g
20 mM DTT	10 ml Stammlösung (1 M, s. Anhang B)
10 % Glycerin	50 ml

in ca. 300 ml ddH$_2$O lösen, mit HCl auf pH 6,8 einstellen und auf 500 ml auffüllen

Lösungen für die 2. Dimension: siehe 1D-PAGE (Kap. 2.2 S. 78, 79), zusätzlich

- 1 % Agarose
  0,5 g Agarose in 50 ml Äqulilibrierungspuffer durch Erhitzen lösen

- Silikonisierung der Gelröhrchen (s. Anhang C)

Präparation der Rundgele für die 1. Dimension (IEF bzw. NEPHGE)   Durchführung

1. Gereinigte und silikonisierte Gelröhrchen unten mit 2 Lagen Parafilm abdichten und senkrecht in den Gelgießstand (kommerzielle Geräte) oder einen geeigneten Reagensglasständer stellen.

2. Gellösung (ca. 4 % T) nach folgendem Schema mischen:

IEF	NEPHGE
5,5 g Harnstoff	5,5 g Harnstoff
1,33 ml Acrylamis-Bis-Stammlösung	1,33 ml Acrylamis-Bis-Stammlösung
2 ml 10 % Nonidet P-40	2 ml 10 % Nonidet P-40
2 ml ddH$_2$O	2 ml ddH$_2$O
0,2 ml (v/v) Ampholyte* pH 4 – 6	
0,2 ml (v/v) Ampholyte* pH 5 – 7	0,5 ml (v/v) Ampholyte* pH 2 – 11
0,1 ml (v/v) Ampholyte* pH 5 – 11	
10 µl 10 % APS*	20 µl 10 % APS*
7 µl TEMED*	14 µl TEMED*

* Ampholyte, APS und TEMED erst zugeben, wenn der Harnstoff vollkommen gelöst ist.

3. Gellösung mit einer langen Pasteurpipette vom Boden der Röhrchen her langsam und luftblasenfrei bis ca. 1 – 1,5 cm unter den oberen Rand der Gelröhrchen auffüllen (Position vorher auf dem Röhrchen markieren) und vorsichtig mit je 10 µl ddH$_2$O überschichten.

4. Mindestens 2 Std. (bis über Nacht) polymerisieren lassen.

5. Überschichtetes ddH$_2$O abgießen und Oberfläche der polymerisierten Gele mehrmals mit ddH$_2$O spülen und dann Restflüssigkeit entfernen.

6. Parafilm vorsichtig entfernen und durch Gaze (oder auch Nylongewebe) ersetzen, welche mit Hilfe eines O-Rings (zerschnittener Schlauch) an den Röhrchen befestigt wird.

7. Röhrchen mit den Dichtungen in die Elektrophorese-Apparatur einsetzen und untere Pufferkammer mit 10 mM H$_3$PO$_4$ (IEF) bzw. 20 mM NaOH (NEPHGE) füllen.
Eventuelle Luftblasen am unteren Ende der Gelröhrchen mit gebogener Spritze oder Pasteurpipette entfernen!

Vorbereiten und Lösen der Proben

Die Vorbereitungen der Proben und das Ansetzen der Elektrolytlösungen sollte während der Polymerisation der Gele durchgeführt werden. Generell gilt hier, wie auch bei der 1D-PAGE, daß der Lösungsvorgang durch Rehomogenisation des Materials (z. B. mit Hilfe eines kleinen Spatels oder Glas-Homogenisators) im Lysis-Puffer unterstützt werden sollte. Anders als bei der 1D-PAGE darf die Probe aber nicht erhitzt werden, da die Gefahr der Carbamylierung der Proteine in Gegenwart von Harnstoff besteht. Kühlung der Probe führt auf der anderen Seite zur Ausfällung des Harnstoffs, so daß am besten bei RT gearbeitet werden sollte. Um individuelle Proteine nach der 2D-Auftrennung sicher erkennen zu können, muß allgemein mit einer höheren Proteinkonzentration im Ausgangsmaterial gearbeitet werden als bei der 1D-SDS-PAGE. In schwierigen Fällen kann die Probe auch erst mit SDS-Probenpuffer (s. Kap. 2.2) in Lösung gebracht werden, das in SDS gelöste Material muß dann aber über eine Ausfällung mit Chloroform/Methanol (s. 1.8.3) wieder präzipitiert werden und kann dann anschließend, meist mit sehr guter Ausbeute, relativ konzentriert in Lysis-Puffer aufgenommen werden. Da SDS-Konzentrationen bis ca. 0,2 % keinen störenden Einfluß auf das Fokussierungsverhalten der Proteine haben (SDS wird durch entsprechende Detergenszugabe in Mizellen gebunden; Garrels 1989), können auch in SDS-Probenpuffer (s. Kap. 2.2) gelöste Proteingemische bei entsprechender Verdünnung mit IEF-Lysispuffer (und Zugabe von festem Harnstoff bis zur Sättigung) direkt für die Auftrennung in der ersten Dimension eingesetzt werden. Da davon auszugehen ist, daß das Lösungsverhalten und die quantitative Zusammensetzung des zu untersuchenden Materials bei jeder Probe anders ist, muß die benötigte Proteinkonzentration empirisch durch 2D-PAGE in Vorversuchen ermittelt werden.

IEF

a) **Trockene Proben** (präzipitiert und lyophilisiert) möglichst konzentriert in IEF-Lysispuffer lösen. Ungelöstes Material bei 12.000 x g, 5 min bei RT in Mikroliterzentrifuge sedimentieren.
   Falls die Proben noch Nucleinsäuren enthalten, wird eine Zentrifugation bei 100.000 x g für 1 – 2 Std. empfohlen.

b) Bei **sedimentiertem Material** kann wie unter a) beschrieben vorgegangen werden. Falls jedoch Flüssigkeit über den Sedimenten stehen sollte bzw. falls die Sedimente sehr locker und feucht sind, zusätzlich Harnstoff bis zur Sättigung zugeben.

c) Zu **gelösten Proben** Harnstoff bis zur Sättigung zugeben und dann 1 : 1 mit IEF-Lysispuffer mischen.

NEPHGE

a) **Präzipitierte** und **lyophilisierte Proben** in NEPHGE-Lysispuffer I sorgfältig lösen und dann mit dem gleichen Volumen NEPHGE-Lysispuffer II mischen und zentrifugieren (s. o. bei IEF).

b) Bei **Sedimenten mit Flüssigkeitsspiegel** oder bei lockeren und feuchten Sedimenten Probe in NEPHGE-Lysispuffer I lösen, dabei zusätzlich Harnstoff bis zur Sättigung zugeben, dann mit gleichem Volumen NEPHGE-Lysispuffer II mischen und zentrifugieren (s. o. bei IEF).

c) Zu **gelösten Proben** Harnstoff bis zur Sättigung zugeben und 1 : 1 mit NEPHGE-Lysispuffer I + II mischen. Markerproteine (s. Anhang G) mit definierten pIs und Molekulargewichten evtl. direkt in die Probe mit einmischen.

Proben beim Lösen nicht erwärmen (s. o.)!

Auftragen der Proben auf das Gel und Elektrophorese

1. Gelöste Proben (10 – 100 µl des Überstandes) mit einer Mikroliterpipette mit lang ausgezogener Spitze auf die Geloberfläche auftragen. Bei NEPHGE auf ein separates Gel Cytochrom C (pI = 10,7) in Lysispuffer I oder II als Farbmarker und Referenz für stark basische Proteine auftragen.

2. Proben vorsichtig mit 20 µl IEF- (bzw. NEPHGE)-Überschichtungslösung bedecken und dann die Röhrchen vorsichtig mit dem Puffer der oberen Kammer (s. unten) auffüllen, so daß der Überschichtungspuffer als Trennschicht zwischen Probe und Puffer erhalten bleibt (s. Abb. 25).

3. Obere Pufferkammer mit dem entsprechenden Elektrodenpuffer füllen und Elektroden am Netzgerät folgendermaßen anschließen:

IEF

Der negative Pol (Kathode/schwarz) ist oben (Katholyt: 20 mM NaOH). Der positive Pol (Anode/rot) ist unten (Anolyt: 10 mM H_3PO_4). Die Elektroden werden wie üblich am Netzgerät angeschlossen (roter Stecker: rote Buchse; schwarzer Stecker: schwarze Buchse).

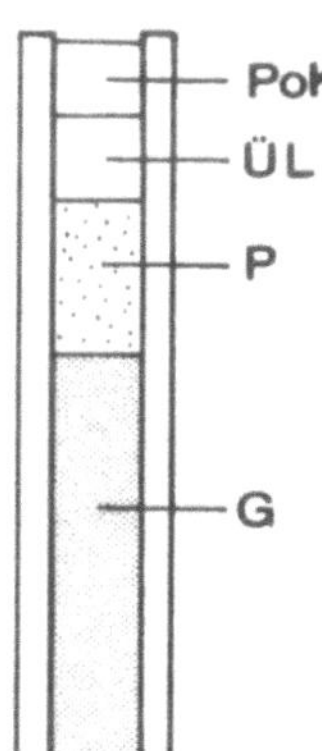

Abb. 25. Darstellung der schichtartigen Auftragsweise der verschiedenen Lösungen für die Durchführung der IEF oder NEPHGE (Auftrennung in der 1. Dimension in einem Gelröhrchen); *G*, Gel; *P*, Probe; *ÜL*, Überschichtungslösung; *PoK*, Puffer der oberen Kammer

NEPHGE

Der positive Pol (Anode) ist oben (Anolyt: 10 mM H_3PO_4).
Der negative Pol (Kathode) ist unten (Katholyt: 20 mM NaOH).
Die Elektroden müssen in „falscher" (umgekehrter) Polung an das Netzgerät angeschlossen werden (roter Stecker: schwarze Buchse; schwarzer Stecker: rote Buchse).

4. Elektrophorese folgendermaßen durchführen:

IEF

200 V 15 – 20 min, dann bei 300 V 30 – 45 min und bei 400 V 15 – 18 Std.
Eine vielfach empfohlene Vorelektrophorese zur Einstellung des pH-Gradienten sowie ein 800-V-Schritt am Ende der IEF haben sich bei Routine-Elektrophoresen für die Qualität der Ergebnisse als überflüssig erwiesen!

NEPHGE

200 V 10 – 15 min, dann 300 V 20 – 30 min und bei 400 V 4 Std. (bei sehr basischen Proteinen kürzer: ca. 3 – 3,5 Std.).
Die NEPHGE wird beendet, wenn das Cytochrom C ca. 1 – 2 cm vom Gelende entfernt ist! Bei längeren Laufzeiten kann es theoretisch auch zur Ausbildung einer Äquilibrierung kommen, aber da gleichzeitig der direkte Kontakt des Gels mit der Natronlauge zur Zerstörung der Gelmatrix am Röhrchenende führt, muß der Lauf vorher abgebrochen werden.

5. Nach Abschalten des Netzgerätes Röhrchen entnehmen, Gele mit Hilfe einer wassergefüllten Einmalspritze (10 – 20 ml) mit aufgesetztem Plastikschlauch, der fest um das Gelröhrchen schließt, langsam herausdrücken und in eine Petrischale gleiten lassen.
   Einzelne Kontrollgele können in dieser Phase mit Coomassie Blau gefärbt werden (s. 2.4.2) oder zur Kontrolle des pH-Gradienten mit einem Skalpell in 0,5 cm breite Scheibchen geschnitten, in kleinen Gläschen mit 3 ml ddH$_2$O eluiert (schütteln!) und anschließend der pH jeder Probe gemessen werden.

6. Für die Elektrophorese in der 2. Dimension werden die Rundgele 20 – 30 min in SDS-Äquilibrierungspuffer inkubiert (z. B. in einer leicht schräg gestellten Petrischale, etwa 5 ml pro Gel).
   Die Gele können nach der SDS-Behandlung bei –20° C für eine spätere Elektrophorese in der 2. Dimension auch eingefroren werden.

Herstellen der vertikalen Plattengele für die SDS-PAGE der 2. Dimension

Für die Elektrophorese der 2. Dimension in Plattengelen wird die gleiche Apparatur wie für die Standard-1D-PAGE (s. Kap. 2.2) benutzt, evtl. mit einer modifizierten inneren Glasplatte (s. S. 99 und Abb. 23). Die Gelmischungen werden je nach Bedarf (uniforme oder Gradiententrenngele nach Laemmli 1970 oder Thomas und Kornberg 1975) in der gleichen Weise hergestellt wie in Kap. 2.2 beschrieben. Folgende Unterschiede sind jedoch beim Gießen der Gele zu beachten:

1. Trenngelmischung bis ca. 2 cm unter den oberen Rand der eingekerbten Glasplatte gießen und mit ddH$_2$O überschichten.

2. Sammelgellösung (3 – 4 %) nach der Polymerisation des Trenngels bis an den unteren Rand der abgeschrägten Glasplatte auffüllen und mit ddH$_2$O überschichten. Nach der Polymerisation die Geloberfläche mehrmals mit ddH$_2$O spülen und dann die Restflüssigkeit entfernen.

3. Gel-Glas-Sandwich als Trennkammer an der Elektrophorese-Apparatur befestigen.

Aufbringen der 1D-Rundgele auf die Plattengele für die Auftrennung in der 2. Dimension

1. Die äquilibrierten Rundgele auf einem schmalen Parafilmstreifen mit Hilfe eines Glasstabes oder Spatels gerade ausrichten und dann von einer Seite her zwischen die Glasplatten auf die Oberfläche des Plattengels gleiten lassen (Abb. 19b), so daß das ursprünglich untere

Ende des Gels (bei IEF nach 1. Dimension markieren!) nach rechts zeigt (Gele dabei nicht strecken).

2. Zwischenräume zwischen Rundgel und Sammelgel mit sehr warmer flüssiger 1%iger Agaroselösung in SDS-Äquilibrierungspuffer (mit 1/10 Vol. 0,04 % Bromphenolblau) ausgießen (s. Schema in Abb. 23).
Bildung von Luftblasen vermeiden bzw. diese entfernen. Die Agaroselösung sollte so temperiert sein, daß sie nicht gleich erstarrt. An den beiden Seiten des Rundgels ist bei den üblichen Dimensionen des Plattengels (14 cm Breite!) noch Platz für eine Co-Elektrophorese von Markerproteinen (s. Anhang G). Dazu:

3. Markerproteine (50 – 100 µg) in 200 µl SDS-Äquilibrierungspuffer lösen, 1 : 1 mit 2 % flüssiger Agaroselösung (s. o.) mischen und in Gelröhrchen (1 cm Höhe) gießen.

4. Nach dem Erstarren das kurze Agarosegelstück mit Hilfe einer Spritze herausdrücken, an den Seiten des Rundgels auf das Plattengel legen und wie oben beschrieben mit Hilfe von 1 %iger Agaroselösung fixieren.

5. Pufferreservoirs mit Tris-Glycin-SDS-Elektrodenpuffer (nach Laemmli bzw. Thomas und Kornberg) füllen.

6. Die Elektroden wie üblich am Netzgerät anschließen: Anode (unten) positiver Pol (rot); Kathode (oben) negativer Pol (schwarz).

7. Elektrophorese bei konstanter Stromstärke (30 – 40 mA pro Platte) ca. 3 – 4 Std. (bis der Farbstoff ca. 1 cm über dem unteren Gelende angelangt ist) laufen lassen.

8. Netzgerät abschalten und den Gel-Glas-Sandwich aus der Apparatur entnehmen, Glasplatten trennen und die Gele je nach Untersuchungsziel für die Färbung (Kap. 2.4), die Fluorographie bzw. Autoradiographie (Kap. 4.8), einen Membran-Transfer (Teil 3) oder für die Elektroelution (Kap. 2.7) weiterbehandeln.

● Bei den hier beschriebenen Standardmethoden und den angegebenen Ampholyten werden bei der IEF in der 1. Dimension Proteine mit pIs von 4 – 8 (s. Abb. 27 b, S. 116) und bei NEPHGE zwischen 4 und 11 (s. Abb. 28, S. 116) aufgetrennt, wobei jedoch die Auftrennung im sauren Bereich gestaucht ist. Falls eine erhöhte Auflösung in einem engeren pH-Bereich erwünscht ist, wird empfohlen, Ampholyte dieses Bereiches (z. B. 5 – 7) im Verhältnis 2 : 1 mit dem nächstweiteren Bereich (z. B. 4 – 8) zu mischen. Eine spezielle

Hinweise

NEPHGE-Methode für sehr saure Proteine (< pH 4) findet sich bei Adams und Gallagher (1991).

- Weiterführende Spezialmethoden sind die 2D-Auftrennungen von Proteinen in ultradünnen horizontalen Gelen mit immobilisierten pH-Gradienten (Görg et al. 1989; Westermeier 1990; Görg 1994; Michov 1996) sowie 2D-PAGE-Auftrennungen in sehr großen Gelen (z. B. Klose und Schmidt 1989; Görg 1994). 2D-Auftrennungen mit Mini-Gel-Apparaturen erfolgen im wesentlichen nach der hier vorgestellten Vorschrift. Spezielle Anleitungen für die Herstellung und Elektrophorese solcher Minigele findet man z. B. bei Adams und Gallagher (1991), Bollack und Edelstein (1991) sowie Gimona et al (1994).

Literatur

Adams LD, Gallagher SR (1991) Two-dimensional gel electrophoresis using the O'Farrell system. In: Coligan JE, Kruisbeek AM, Margulis DH, Sherach EM, Strober W (eds) Current protocols in molecular biology. Greene Publishing Associates and Wiley-Interscience, New York, Unit 8.5

Alberts B, Bray D, Lewis J, Raff M, Roberts K, Watson JD (1989) Molecular Biology of the cell. Garland, New York London

Bollack DM, Edelstein SJ (eds) (1991) Protein methods. Wiley-Liss, New York

Celis JE, Bravo R (eds) (1984) Two dimensional gel electrophoresis of proteins: Methods and applications. Academic Press, New York San Diego

Celis JE, Ratz G, Basse B, Lauridsen JB, Celis A (1994) High-resolution two-dimensional gel electrophoresis of proteins, isoelectric focussing and noneuqilibrium pH gradient electrophoresis (NEPHGE). In: Celis JE (ed) Cell biology, a laboratory handbook. Academic Press, San Diego, Vol 3, pp 222-230

Chambers JAA, Rickwood D (1990) Applications of two-dimensional gel electrophoresis. In: Hames BD, Rickwood D (eds) Gel electrophoresis of proteins, a practical approach. IRL, Oxford New York Tokyo, pp 362-365

Dunn MJ (1987) Two-dimensional polyacrylamide gel electrophoresis. In: Chrambach C (ed) Advances in electrophoresis. VCH, Weinheim, pp 4-109

Dunn MJ (guest ed) (1991) Paper Symposium: Biomedical applications of two-dimensional gel electrophoresis. Electrophoresis 12:459-606

Garrels JI (1989) The QUEST system for quantitative analysis of two-dimensional gels. J Biol Chem 264:5269-5282

Gimona M, Galazkiewicz B, Niederreiter M (1994) Mini two-dimension electrophoresis. In: Celis JE (ed) Cell biology, a laboratory handbook. Academic Press, San Diego, Vol 3, pp 243-248

Görg A, Postel W, Günter S, Westermeier R (1989) Praxis der ultradünnschicht-isoelektrischen Fokussierung mit Trägerampholyten und immobilisierten pH-Gradienten für ein- und zweidimensionale Trennungen. In: Wagner H, Blasius E (eds) Praxis der elektrophoretischen Trennmethoden. Springer, Berlin Heidelberg New York, pp 139-197

Görg A (1994) High-resolution two-dimensional electrophoresis of proteins using immobilized pH gradients. In: Celis JE (ed) Cell biology, a laboratory handbook. Academic Press, San Diego, Vol 3, pp 231-242

Klose J, Schmid M (1989) Praxis der zwei-dimensionalen Elektrophorese von Protei-
nen. In: Wagner H, Blasius E (eds) Praxis der elektrophoretischen Trennmethoden.
Springer, Berlin Heidelberg New York, pp 198-222
Laemmli UK (1970) Cleavage of structural proteins during assembly of the head of bac-
teriophage T4. Nature 227:680-685
Michov B (1996) Elektrophorese: Theorie und Praxis. Walter de Gruyter, Berlin New
York
O'Farrell PH (1975) High resolution two-dimensional electrophoresis of proteins.
J Biol Chem 250:4007-4021
O'Farrell PZ, Goodman HM, O'Farrell PH (1977) High resolution two-dimensional
electrophoresis of basic as well as acidic proteins. Cell 12:1133-1142
Righetti PG, Gianazza E, Gelfi C, Chiari M (1990) Isoelectric focussing. In: Hames BD,
Rickwood D (eds) Gel electrophoresis of proteins, a practical approach. IRL, Oxford
New York Tokyo, pp 149-216
Thomas JO, Kornberg RD (1975) An octamer of histones in chromatin and free soluti-
on. Proc Natl Acad Sci USA 72:2626-2630
Vandekerckhove J, Rasmussen HH (1994) Internal amino acid sequencing of proteins
recovered from one- or two-dimensional gels. In: Celis JE (ed) Cell biology, a labo-
ratory handbook. Academic Press, San Diego, Vol 3, pp 359-368
Westermeier R (1990) Elektrophorese-Praktikum. VCH, Weinheim, New York, Basel,
Cambridge

2.4
Färbung von Proteinen in Polyacrylamidgelen

2.4.1
Allgemeine Einleitung und Überblick

Nach der elektrophoretischen Auftrennung können die Proteine in den
Polyacrylamidgelen durch Anfärbung sichtbar gemacht werden[4]. Voraussetzung ist eine Fixierung der Proteine im Gel und das Auswaschen
eventuell störender Substanzen. Es gibt 2 Hauptklassen von Gelfärbe-
methoden für Proteine:

- Färbung mit organischen Farbstoffen,

- Imprägnierung mit metallischem Silber.

Die am häufigsten benutzten und empfindlichsten organischen Farb-
stoffe sind die Textilfarben *Coomassie Brilliantblau R-250* und *G-250*
(Kap. 2.4.2), die schon seit 1965 für die Anfärbung von Proteinen in Polyacrylamidgelen eingesetzt werden (Meyer und Lamberts 1965). Noch
bedeutend empfindlicher (10– bis 100fach) sind jedoch die Methoden,
bei denen unter sauren oder alkalischen Bedingungen Silberionen aus

---

[4] Proteingele werden nicht angefärbt, wenn anschließend ein Transfer auf Trägermembranen erfolgt (s. Teil 3).

einer Lösung am Ort der Proteine reduziert und als metallisches Silber abgelagert werden (*Silberimprägnierung*, Kap. 2.4.3). Diese Silberfärbemethoden wurden ab 1979 (Switzer et al. 1979; Merril et al. 1979) zur Detektion von Proteinen in Gelen eingeführt. Die Methoden und der zugrundeliegende Mechanismus der positiven Anfärbung von Proteinen mit metallischem Silber sind jedoch bedeutend komplizierter als die Färbung mit organischen Farbstoffen (Übersichten bei Rabilloud 1990, 1992). Die in Kapitel 2.4.3 alternativ aufgeführten Methoden unterscheiden sich in der Stabilität der eingesetzten Lösungen, den Durchführungszeiten und in ihren Nachweisgrenzen.

Die nach einer der erwähnten Methoden gefärbten Gele geben einmal schon visuell Aufschluß über Trennqualität und Anzahl der Proteinbanden bzw. -flecken und können bei Benutzung von Markerproteinen zur Bestimmung der Molekulargewichte der aufgetrennten Proteine verwendet werden (Kap. 2.6.3). Unter gewissen Voraussetzungen können auch quantitative Bestimmungen des Elektrophoresemusters (Elektropherogramm) vorgenommen werden (Kap. 2.6.4).

Literatur

Merril CR, Switzer RC, van Keuren ML (1979) Trace polypeptides in cellular extracts and human body fluids detected by two-dimensional electrophoresis and a highly sensitive silver stain. Proc Natl Acad Sci USA 76:4335-4339

Meyer TS, Lambert BL (1965) Use of coomassie brilliant blue R-250 for the electrophoresis of microgramm quantitites of parotid saliva proteins on acrylamide-gel-strips. Biochim Biophys Acta 107:144-145

Rabilloud T (1990) Mechanisms of protein silver staining in polyacrylamide gels: A 10-year synthesis. Electrophoresis 11:785-794

Rabilloud T (1992) A comparison between low background silver diamine and silver nitrate protein stains. Electrophoresis 13:429-439

Switzer RC, Merril CR, Shifrin S (1979) A highly sensitive silver stain for detecting proteins and peptides in polyacrylamide gels. Anal Biochem 98:231-237

2.4.2
Färbung mit Coomassie Brilliantblau-Farbstoffen

Standardmethode mit Coomassie Brilliantblau R-250

Der Triphenylmethan-Farbstoff Coomassie Brilliantblau R-250 (Strukturformel s. Anhang J) bindet in saurem Medium hauptsächlich durch elektrostatische Wechselwirkung an freie geladene Amino- und Iminogruppen der Proteine. Dadurch ergibt sich eine signifikante Korrelation zwischen der Farbintensität und dem Anteil des jeweiligen Proteins an Lysin, Arginin und Histidinresten. Dies ist bei der quantitativen Auswertung von Elektropherogrammen (s. Kap. 2.6.4) und der quantitativen Bestimmung von Proteinen in Lösung (s. Bradford-Methode, Kap. 1.10) durch Wahl geeigneter Standards zu berücksichtigen. Die Nachweisgrenze dieser klassischen Färbemethode liegt bei 0,3 – 1 µg pro Proteinbande. Die Färbung kann in einem Schritt direkt in der Fixierlösung durchgeführt werden. Die starke Hintergrundsfärbung im Gel muß anschließend durch intensives Waschen entfernt werden.

- Schüttler
  Besonders geeignet für die Färbe- und Waschschritte sind Schüttler mit sanften Taumel- oder Kippbewegungen („Rocker")

- Filterpapier (z. B. Whatman Sorte 1 o. ä.)

- Schaumgummischwamm (z. B. aus Verpackungsmaterial)

- Färbeschalen (aus Glas oder Kunststoff)

- Saugflasche mit Filtrationsaufsatz

- Wasserstrahlpumpe oder Vakuumpumpe

- Coomassie Brilliantblau R-250 (z. B. SERVA Blau R)

- Methanol (techn.)

- Eisessig

Materialien

- Färbefixierlösung
  (0,2 % Coomassie Blau in 45 % Methanol, 10 % Essigsäure)

Vorbereitungen

Coomassie Brilliantblau R-250	0,4 g
Methanol (techn.)	90 ml
Eisessig	20 ml
dH_2O	90 ml

Farbstoff sorgfältig unter Rühren lösen, anschließend Lösung filtrieren.

- Entfärbelösung
  (5 % Methanol, 10 % Essigsäure)

Methanol (techn.)	10 ml
Eisessig	20 ml
dH_2O	170 ml

Durchführung

1. SDS-Gele nach Entfernung des Sammelgels in der Färbefixierlösung bei RT unter leichter Bewegung (Schüttler) inkubieren.
   Eine angemesse Färbezeit ist dabei abhängig von der Geldicke und der Acrylamidkonzentration. Für Gele bis zu 1 mm Dicke reichen meist 30 bis 60 min.

2. Färbelösung abgießen (kann mehrmals benutzt werden) und Gel ein- bis zweimal kurz mit dH$_2$O waschen.

3. Zur Entfärbung des Hintergrundes Gel durch mehrmaligen Wechsel in Entfärbelösung über mehrere Stunden inkubieren
   Ein Stückchen Plastikschwamm in der Entfärbelösung beschleunigt diesen Vorgang durch Binden des eluierten Farbstoffs. Bei Benutzung von kommerziellen Entfärbe-Apparaturen (z. B. Multiwash, Pharmacia Biotech) kann diese Zeit sogar auf weniger als 1 Std. verkürzt werden. Um anschließend eine Entfärbung der Proteine zu vermeiden, sollte die Entfärbelösung rechtzeitig durch 7%ige Essigsäurelösung ersetzt werden. Durch Filtration über Aktivkohle kann die gebrauchte Entfärbelösung wieder von Farbrückständen befreit werden, so daß sie für mehrmalige Entfärbevorgänge benutzt werden kann.

Die gefärbten Gele können anschließend photographiert (2.6.1, s. auch Abb. 26 – 28), densitometrisch vermessen (2.6.3) oder zur Molekulargewichtsbestimmung der aufgetrennten Proteine (2.6.2) benutzt werden. Die Gele können in 7 % Essigsäure in verschließbaren Schalen oder in Folien eingeschweißt aufbewahrt werden. Günstiger für die Konservierung ist jedoch eine Trocknung der Gele (Kap. 2.8).

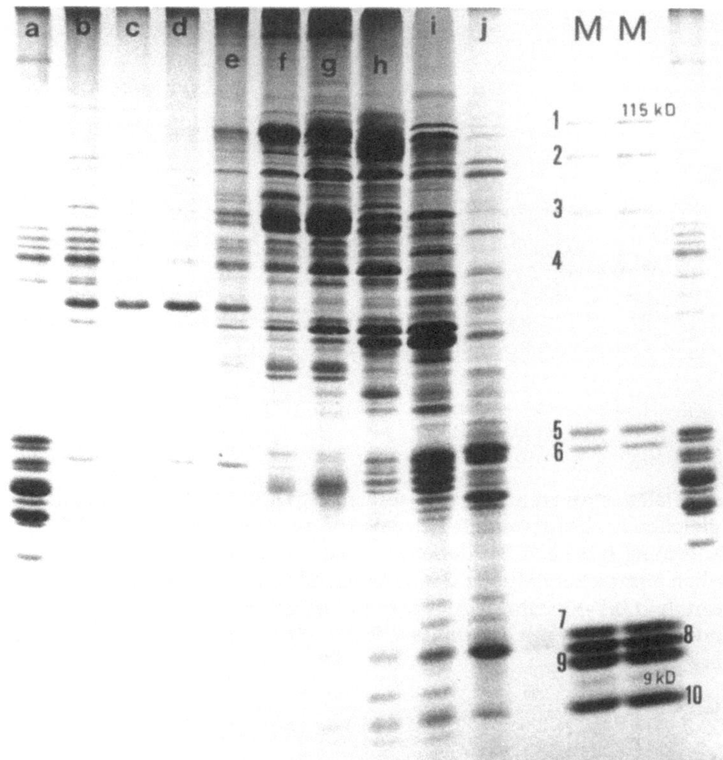

Abb. 26. Verschiedene Fraktionen eines Saccharose-Dichte-Gradienten nach 1D-SDS-PAGE (18%iges Gel, hergestellt nach Thomas und Kornberg 1975, s. Kap. 2.2) und Anfärbung mit Coomassie R-250 *(a-j)*. In den Spuren *M* sind verschiedene Referenzproteine zur Bestimmung der apparenten Molekulargewichte mit aufgetrennt worden. Man erkennt, daß zwischen Marker 1 mit 115 kDa (β-Galaktosidase) und Marker 10 mit nur 9 kDa (Histon 4) eine sehr gute Auftrennung von ca. 50 – 60 Proteinbanden erreicht wurde (Präparation J. Kleinschmidt, DKFZ, Heidelberg)

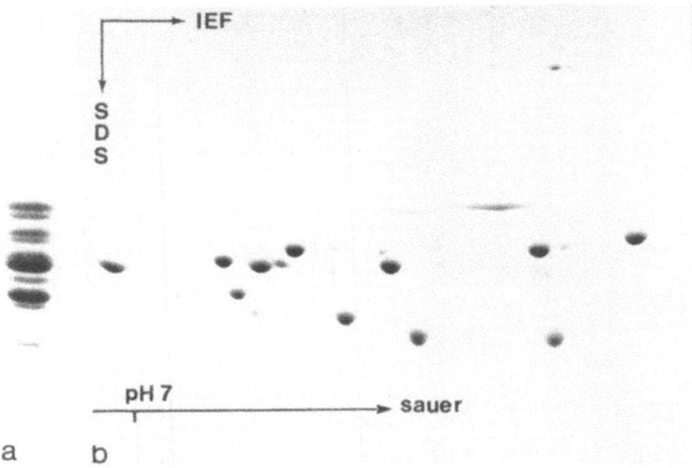

Abb. 27 a, b. Vergleich des Auftrennungsmusters nach 1D-SDS-PAGE (**a**) und 2D-PA-GE, IEF (**b**) der gleichen Probe (gereinigter Proteinkomplex, 20S Proteasom). Während bei der 1D-Auftrennung nur ca. 8 Banden erkennbar sind, wird bei der 2D-Auftrennung das wesentlich komplexere Muster der vorwiegend sauren Proteinuntereinheiten erkennbar, die mit dem IEF-Verfahren gut voneinander getrennt werden konnten. Die Färbung beider Gele erfolgte mit Coomassie R-250. (Präparation J. Kleinschmidt, DKFZ, Heidelberg)

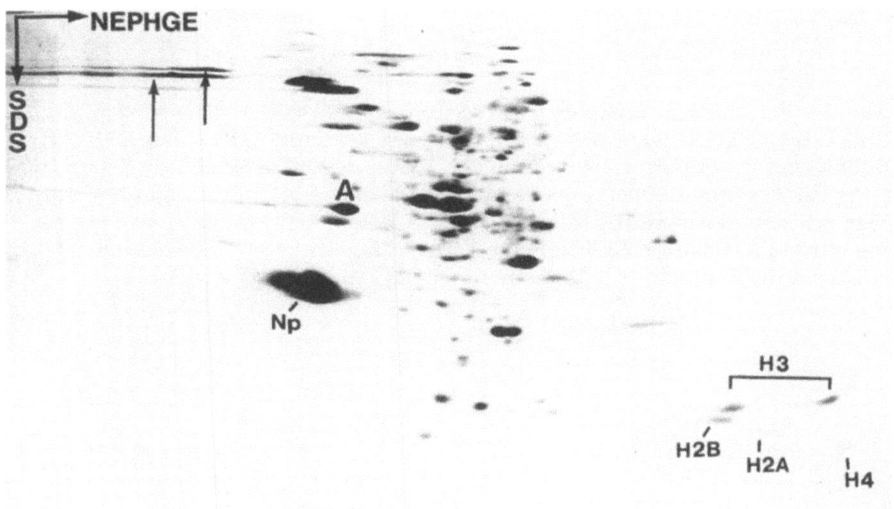

Abb. 28. 2D-PAGE von Oocytenkernextrakten nach dem NEPHGE-Verfahren. Die Auftrennung in der 2. Dimension *(SDS)* erfolgte in einem 18-%-Gel. Als Referenzprotein wurde zusätzlich Aktin (*A*, pI 5,5) mit aufgetragen. Man sieht, daß sowohl saure (z. B. *Np*, Nukleoplasmin) als auch basische Polypeptide (z. B. Histone *H2A, H2B, H3, H4*) gut aufgetrennt wurden. Die *Pfeile* deuten auf hochmolekulare, saure Proteinkomplexe, die nicht ausreichend solubilisiert wurden. Anfärbung erfolgte mit Coomassie R-250. (Präparation J. Kleinschmidt, DKFZ, Heidelberg)

Kolloidale Färbemethode mit Coomassie Brilliantblau G-250

Coomassie Brilliantblau G-250 ist eine methyl-substituierte Form im Vergleich zu R-250 (s. Anhang J) und besitzt deshalb eine reduzierte Löslichkeit z. B. in 12 % Trichloressigsäure (TCA). Der Farbstoff kann daher unter sauren Bedingungen hauptsächlich als kolloidale Dispersion auf das Gel aufgebracht werden. Der gelöste Anteil führt zur Anfärbung der Proteine, während die Hauptmasse des kolloidalen Farbstoffes nicht in das Gel eindringen kann. Dies führt zu einer beinahe hintergrundsfreien Anfärbung der Proteine, wodurch ein extensives Auswaschen von überschüssigem Farbstoff überflüssig ist. Die Methode ist etwas komplizierter, aber dafür deutlich empfindlicher als die beschriebene Standardmethode (Neuhoff et al. 1988), und sie eignet sich besser für anschließende densitometrische Auswertungen.

- Coomassie Brilliantblau G-250 (z. B. Serva Blue G)

- Ammoniumsulfat

- Methanol

- Ortho-Phosphorsäure (85 %)

- Trichloressigsäure (TCA)

- Färbeschalen

- Schüttler

- 12 % TCA-Lösung
  120 g in 1000 ml dH_2O

- Farbstoff-Stammlösung (5 %)
  5 g Serva Blue G in 100 ml dH_2O

- 2 % (w/v) o-Phosphorsäure (H_3PO_4)
  20 g 85 % H_3PO_4 in 1000 ml dH_2O

- Färbe-Stammlösung
  (0,1 % Coomassie Brilliantblau G-250 in 2 % H_3PO_4 und 10 % $(NH_4)_2SO_4$)
  100 g $(NH_4)_2SO_4$ langsam zu 980 ml 2 % H_3PO_4 geben und unter Rühren vollständig lösen. Dann 20 ml Farbstoff-Stammlösung zugeben und mischen. Lösung nicht filtrieren!

Durchführung

1. Gel in 200 ml 12 % TCA-Lösung 1 Std. bei RT fixieren.

2. Färbelösung (160 ml Färbestammlösung plus 40 ml Methanol) zusammenmischen und Gel 8 Std. – ü. N. unter leichtem Schütteln darin inkubieren.
   Färbeschale mit gut verschließbarem Deckel zur Verhinderung der Verdunstung des Methanol verwenden (Abzug!).

3. Gele nach der Färbung kurz in 25 % Methanol in dH_2O spülen.

4. Gele zur Fixierung und Stabilisierung des Protein-Farbstoffkomplexes in 20 % (w/v) Ammoniumsulfat in Wasser aufbewahren und trocknen (s. Kap. 2.8).

Literatur

Neuhoff V, Arold N, Taube D, Ehrhardt W (1988) Improved staining of proteins in polyacrylamide gels including isoelectric focusing gels with clear background at nanogram sensitivity using Coomassie Brilliant Blue G-250 and R-250. Electrophoresis 9:255-262

2.4.3
Färbung durch Silberimprägnierung

Färbung mit ammoniakalischer Silberlösung (nach Oakley et al. 1980)

Die hier vorgestellte Standardmethode modifiziert nach Oakley et al. (1980) benutzt die in Gegenwart von Ammoniak entstehenden Diaminkomplexe von Silbernitrat ($Ag(NH_3)_2NO_3$) zum Imprägnieren der vorher im Gel fixierten Proteine. Dabei kommt es zu einer elektrostatischen Interaktion der $Ag(NH_3)_2^+$-Kationen mit sauren und nucleophilen Gruppen der Polypeptide. Bei dem folgenden Waschschritt werden bevorzugt die Silberionen-Komplexe außerhalb der Proteinbanden entfernt. Die gebundenen Silberionen werden anschließend durch Formaldehyd in saurer Lösung zu metallischem Silber reduziert. Eine differentielle Beschleunigung dieses Prozesses am Ort der Proteine wird zusätzlich durch die Bildung von reduzierenden Aldehydgruppen bei der Bindung von Glutaraldehyd während des Fixierungsschrittes erreicht (sog. Sensitivierung; Dion und Pomenti 1983).

Materialien

- Schüttler

- Färbeschalen aus Glas (!)

- $AgNO_3$

- Methanol (techn.)

- Eisessig

- Glutaraldehyd (25 %, z. B. von Boehringer Ingelheim Bioproducts Partnership oder Kodak)

- Natriumthiosulfat ($Na_2S_2O_3$)

- NaOH-Plätzchen

- Citronensäure

- NaCl

- Formaldehyd (37 %, stabilisiert mit Methanol, z. B. von Merck)

- $CuSO_4$

- NH_4OH

- Vorfixierungslösung I (50 % Methanol, 10 % Essigsäure)   **Vorbereitungen**

Methanol (techn.)	250 ml
Eisessig	50 ml

mit ddH_2O auf 500 ml auffüllen

- Vorfixierungslösung II (10 % Methanol, 7 % Essigsäure)

Methanol (techn.)	50 ml
Eisessig	35 ml

mit ddH_2O auf 500 ml auffüllen

- Fixierungslösung (10 % Glutaraldehyd)

Glutaraldehyd (25 %)	100 ml

mit ddH_2O auf 250 ml auffüllen, Lösung bei 4° C unter N_2 lagern

- Citronensäure-Stammlösung (1 %)

1 g Citronensäure in 100 ml ddH_2O lösen

(Lösung kann mehrere Wochen bei RT aufbewahrt werden)

- Entwicklerlösung

Citronensäure-Stammlösung	1,25 ml
Formaldehyd (37 %)	130 μl

mit ddH_2O auf 250 ml auffüllen (frisch ansetzen!)

- Entfärbelösung

  - Lösung A
    37 g NaCl und 37 g CuSO4 in 850 ml ddH_2O lösen, konzentrierten Ammoniak (NH_4OH) unter einem Abzug zugeben, bis ein blauer Niederschlag entsteht, und auf 1 l ddH_2O auffüllen.
  - Lösung B
    436 g Natrium-thiosulfat in 1 l ddH_2O lösen

  Ansetzen der Entfärbelösung:
  50 ml Lösung A
  50 ml Lösung B und
  150 ml ddH_2O mischen

- Silbernitrat-Stammlösung (19,4 %)
  2 g $AgNO_3$ in 10 ddH_2O (in brauner Flasche aufbewahren)

- Natriumhydroxid-Stammlösung (3,6 %)
  3,6 g NaOH-Plätzchen in 100 ml ddH_2O

- Ammoniakalische Silbernitratlösung

Silbernitrat-Stammlösung	10	ml
Konzentrierter Ammoniak	3,5	ml
Natriumhydroxid-Stammlösung	5,25	ml

NaOH-Lösung und NH_4OH mischen und $AgNO_3$ tropfenweise unter Rühren zugeben. Ein kurzzeitig sich bildendes braunes Präzipitat löst sich wieder auf. Erst kurz vor Gebrauch in einem entsprechenden Glasgefäß (kein Kunststoff!) zusammenmischen und innerhalb von 20 min benutzen!

Durchführung

1. Gel 1 Std. in Vorfixierungslösung I bei RT inkubieren.

2. Mehrere Stunden bei 50° C oder ü. N. unter leichtem Schütteln bei RT in Vorfixierungslösung II inkubieren.

3. 1 Std. in Fixierlösung (10 % Glutaraldehyd) fixieren.

4. Gel in ca. 500 ml ddH_2O bei 4 x Wechsel 2 Std. bis ü. N. waschen.

5. Mit Ammoniakalischer Silbernitratlösung 15 min unter Schütteln imprägnieren.
Warnung: *Die ammoniakalische Silbernitratlösung nach Gebrauch in einer Flasche sammeln und später unter Zugabe eines Vol. 1 N HCl als AgCl$_2$ ausfällen und entsorgen! Nicht eintrocknen lassen – Explosionsgefahr!*

6. Gel 5 x 2 min in ddH$_2$O waschen.

7. Gel in Entwickler-Lösung überführen und warten, bis nach einigen Minuten die Proteinbanden (oder -flecken) erscheinen.

8. Wenn die gewünschte Färbeintensität erreicht ist, Gel mehrmals in ddH$_2$O waschen.

9. Gel photographieren (2.6.2) und u. U. zur Konservierung oder zur Durchführung einer Autoradiographie trocknen (s. 2.8 und 4.8).

10. Falls das Gel in Wasser noch etwas nachdunkelt, die Banden überfärbt sind oder sich auf der Oberfläche ein grauer Silberschleier gebildet hat, sollte das Gel kurz in Entfärbelösung getaucht werden.

Literatur

Dion AS, Pomenti AA (1983) Ammoniacal silver staining of proteins: Mechanism of glutaraldehyde enhancement. Anal Biochem 129:490-496
Oakley BR, Kirsch DR, Morris NR (1980) A simplified ultrasensitive silver stain for detecting proteins in polyacrylamide gels. Anal Biochem 105:361-363

Färbung mit Silbernitrat (nach Merril et al. 1981)

Bei dieser photochemischen Methode nach Merril et al. 1981 reagiert Silbernitrat mit Proteinen unter sauren Bedingungen. Die Silberionen werden vom Protein zu Protein-Silberkomplexen gebunden, wobei besonders die basischen und schwefelhaltigen Aminosäuren beteiligt sind. Die Imprägnierung wird in alkalischer Lösung in Gegenwart von Formaldehyd durchgeführt. Die dabei ablaufende Reduktion der Ag$^+$-Ionen zu elementarem Silber wird unterstützt durch die vorhergehende Oxidation der Hydroxyl- und Sulfhydrylgruppen durch Dichromat und die damit verbundene Änderung des Redoxpotentials der Proteine.

Materialien

- AgNO$_3$ (Silbernitat)
- K$_2$Cr$_2$O$_7$ (Kaliumdichromat)
- Essigsäure (100 %; Eisessig)
- Methanol

- Na_2CO_3 (Natriumcarbonat)

- Formaldehyd (37 %)

- Färbeschalen aus Glas

- Schüttler

- HNO_3 (Salpetersäure, 65 %)

Vorbereitungen

- 0,2 % Silbernitratlösung
  0,2 g Silbernitrat (AgNO3) in 100 ml ddH_2O lösen
  (bei RT in brauner Flasche bis zu 1 Monat haltbar)

- Fixierungslösung

250 ml	Methanol
60 ml	Essigsäure

mit ddH_2O auf 500 ml auffüllen

- Nachfixierungslösung

50 ml	Methanol
25 ml	Essigsäure

mit ddH_2O auf 500 ml auffüllen

- Oxidationslösung

0,3 g	$K_2Cr_2O_7$

in 300 ml ddH_2O mit 85 ml HNO_3 (65 %) lösen (Rühren!)

- Entwicklungslösung

28,5 g	Na_2CO_3
0,5 g	Formaldehyd (37 %)

mit ddH_2O auf 1000 ml auffüllen

- Stopplösung
  3 % (v/v) Essigsäure in ddH_2O

Durchführung

1. Gel in einer Färbeschale aus Glas in Fixierungslösung 20 – 60 min unter leichtem Schütteln inkubieren.

2. 3 x 10 min in Nachfixierungslösung waschen.

3. 5 min in Oxidationslösung inkubieren.

4. 4 x 1 min in ddH$_2$O waschen.

5. 30 min in Silbernitratlösung legen.

6. Gel unter 2maligem Wechsel kurz mit Entwicklungslösung behandeln, ein drittes Mal frische Entwicklungslösung zugeben und unter vorsichtigem Schütteln warten, bis die Silberimprägnierung die gewünschte Intensität erreicht hat.

7. Entwicklungsvorgang mit 3 % Essigsäure abstoppen.

8. Gel 2 x 10 min in H$_2$O waschen.
Die Gele können entweder in H$_2$O aufbewahrt oder in 3 % Glycerin inkubiert und anschließend getrocknet werden (s. 2.8).

Literatur

Merril CR, Goldman D, Sedman SA, Ebert MH (1981) Ultrasensitive stain for proteins in polyacrylamide gels shows regional variation in cerebrospinal fluid proteins. Science 211:1437-1438

Färbung mit Silbernitrat (nach Blum et al. 1987)

Bei dieser alternativ einsetzbaren Methode (Blum et al. 1987) wird Natriumthiosulfat zur Reduktion des Silbernitrats und Entfernung von überschüssigen Silberionen eingesetzt. Gegenüber den vorher beschriebenen Methoden scheint die Nachweisgrenze vor allem für kleine Proteine etwas herabgesetzt. Der Vorteil dieser Methode beruht jedoch in den schnell und unkompliziert auszuführenden Reaktionsschritten, einer Färbung mit geringem Hintergrund und einer guten Reproduzierbarkeit. Ein nach dieser Methode gefärbtes Gel ist in Abb. 29 gezeigt.

- AgNO$_3$ (Silbernitrat)

- Methanol (techn.)

- Eisessig

- Formaldehyd (37 %)

- Na$_2$S$_2$O$_3$ (Natriumthiosulfat)

- Na$_2$CO$_3$ · 5H$_2$O(Natriumcarbonat)

- Schüttler

- Färbeschalen aus Glas

Materialien

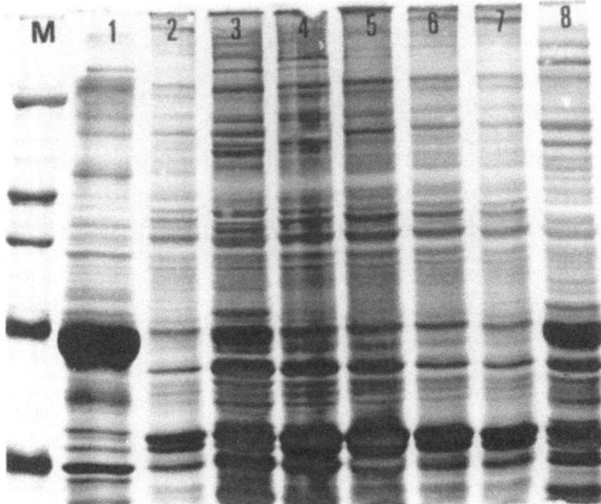

Abb. 29. Silberfärbung (nach Blum et al. 1987) von Fraktionen eines 100.000 x g-Überstandes von Humankeratinocyten (HaCat-Zellen). Die Fraktionierung erfolgte mit Hilfe eines Saccharosegradienten (20 – 45 %). Die gelelektrophoretische Auftrennung (1D-PAGE, 8 %, nach Laemmli 1970) wurde mit einem Mini-Gel ausgeführt. Bei einer Trennstrecke von 4,5 cm sind mehr als 50 aufgetrennte Banden erkennbar. Die Proteinkonzentration pro Spur betrug zwischen 45 (Spur 2) und 250 µg (Spur *4*). Molekulargewichtsstandards, Spur *M*, Bio-Rad "high range": Myosin 200 kDa, β-Galactosidase 116 kDa, Phosphorylase B 97 kDa, Serumalbumin 66 kDa, Ovalbumin 45 kDa. (Abbildung M. Demlehner, DKFZ Heidelberg)

Vorbereitungen

- Fixierungslösung

500 ml	Methanol
120 ml	Eisessig
0,5 ml	Formaldehyd (37 %)

mit ddH_2O auf 1000 ml auffüllen

- Waschlösung
  50 % Methanol in ddH_2O

- Vorbehandlungslösung (frisch ansetzen)
  0,2 g $Na_2S_2O_3$ in 1000 ml ddH_2O

- Imprägnierlösung/Silbernitratlösung

2 g	$AgNO_3$
0,75 ml	Formaldehyd (37 %)

in 1000 ml ddH_2O lösen

- Entwicklungslösung (frisch ansetzen)

60 g	Na_2CO_3
0,5 ml	Formaldehyd (37 %)
4 mg	$Na_2S_2O_3 \cdot 5H_2O$

in 1000 ml ddH_2O lösen

- Stopplösung

500 ml	Methanol
120 ml	Eisessig

mit ddH_2O auf 1000 ml auffüllen

Alle unten angegebenen Wasch- bzw. Inkubationsschritte sollten bei Raumtemperatur und unter leichtem Schütteln durchgeführt werden. Um eine gute Reproduzierbarkeit zu erreichen, sollten die Zeiten für die einzelnen Schritte möglichst genau eingehalten werden.   **Durchführung**

1. Gel in Fixierungslösung mindestens 60 min inkubieren.

2. 3 x 20 min in Waschlösung waschen.

3. Exakt 1 min mit Vorbehandlungslösung inkubieren.

4. 3 x exakt 20 sec mit ddH_2O waschen.

5. Für 20 min mit Imprägnierlösung behandeln.

6. 2 x 20 sec mit ddH_2O auswaschen.

7. Für 10 min mit Entwicklungslösung behandeln.

8. 2 x 2 min mit ddH_2O auswaschen.

9. Silberimprägnierung durch 10 min Inkubation in der Stopplösung abbrechen.

10. Für mindestens 20 min in Waschlösung waschen.

11. Um eine weitere Verfärbung des Gels zu verhindern, Gel im Dunkeln und bei 4° C aufbewahren oder Gel trocknen.

- Während der gesamten Prozedur müssen Handschuhe getragen werden (die Methode ist so empfindlich, daß leichteste Fingerabdrücke zu Artefakten führen). Die Handschuhe müssen puderfrei sein und sollten vor Benutzung mit dH_2O abgewaschen werden.   **Hinweise**

- Geringste Kontaminationen der Lösungen bzw. der benutzten Substanzen können die Sensitivität der Methode stark reduzieren oder zu Artefakten führen. Deshalb extrem saubere Glasgefäße und beste Wasserqualität benutzen und alle Lösungen vor Gebrauch filtrieren.

- Autoradiographie von ^{125}I- oder ^{32}P-markierten Proteinen ist nach Silberfärbung möglich, dagegen absorbiert das Silber einen Großteil der Strahlung bei ^{3}H- und ^{35}S-Fluorographie.

Literatur

Blum H, Beier H, Gross HJ (1987) Improved silver staining of plant proteins, RNA and DNA in polyacrylamide gels. Electrophoresis 8:93-99

2.5
Fehlersuche

Wenn die Lösungen korrekt angesetzt wurden, die Chemikalien von ausreichender Qualität waren und die Protokolle genau befolgt wurden, sollten keine Probleme bei der Gelherstellung auftreten. Es werden deshalb in den folgenden Tabellen 11 und 12 hauptsächlich Probleme erwähnt, die mit der Präparation und Applikation der Probe und der Durchführung der Elektrophorese zusammenhängen.

Tabelle 11. Häufig auftretende Fehler und deren Beseitigung bei der 1D-PAGE

Symptom	Mögliche Ursache	Abhilfe
Längsstreifen zwischen den Banden	ungelöstes partikuläres Material in der Probe	Proben zentrifugieren, eventuell auch Konzentration von SDS im Probenpuffer erhöhen (bis max. 5 %)
Dicke, ausgebeulte und schlecht getrennte Banden, meist mit „Schweif"	ungleichmäßige Wärmeverteilung über das Gel	Spannung reduzieren oder Kühlung (falls vorhanden) benutzen
Gekurvte Banden, „smiling", höhere Wanderungsgeschwindigkeit in der Mitte des Gels	Überladung des Gels	weniger Material auftragen
Banden der äußersten Spuren sind schief und unscharf	„Seiteneffekte"	wenn möglich, äußerste linke und rechte Spur nur mit Probenpuffer beladen

Tabelle 11 (Fortsetzung)

Symptom	Mögliche Ursache	Abhilfe
Unscharfe, diffuse Banden besonders im unteren Bereich	unzureichender „Siebeffekt" besonders für niedermolekulare Proteine	Gelkonzentration erhöhen oder Gradientengel benutzen
Banden uneben („zittrig verzerrt")	zuviel Salz in der Probe	Probe entsalzen (umfällen oder dialysieren)
	unebene Trennfläche zwischen Sammel und Trenngel	vorsichtigeres Überschichten des Trenngels
	Trenngel schlecht polymerisiert	länger polymerisieren lassen und/oder Lösung über Vakuumpumpe entgasen
Horizontale Streifen im MG-Bereich von ~ 65 – 55 kd	Kontamination durch Staub (Hautschuppen). Elektrophorese-Apparatur oder Puffersubstanzen verunreinigt (häufige Ursache!)	saubere Apparatur bzw. frische Chemikalien verwenden; evtl. Trenngel (ohne Sammelgel und Probe) 1 – 2 Std. vorlaufen lassen
Nebeneinanderliegende Spuren ungleich breit	stark voneinander abweichende Volumina oder Proteinkonzentrationen nebeneinander aufgetragen	möglichst gleiches Probevolumen oder veränderte Proteinkonzentrationen auftragen, evtl. zum Ausgleich Probenpuffer dazugeben
Spuren zeigen neben schlecht aufgelösten Banden eine fast gleichförmig von oben nach unten verlaufende Anfärbung	hohe DNA-Anteile in der Probe	DNA mechanisch oder enzymatisch vor dem Erhitzen der Probe zerkleinern bzw. entfernen
Keine Banden sichtbar	falsche Polung der Elektroden	Elektroden richtig polen

Tabelle 12. Häufig auftretende Fehler und deren Beseitigung bei der 2D-PAGE

Symptom	Mögliche Ursache	Abhilfe
Horizontale Streifen	schlechte Fokussierung	Fokussierungszeit verlängern Probe sorgfältiger bzw. länger in Lysispuffer vorbehandeln
	schlechte Solubilisierung einiger Proben	weniger Material lösen oder mehr Solubilisierungslösung verwenden

Tabelle 12 (Fortsetzung)

Symptom	Mögliche Ursache	Abhilfe
	Nucleinsäure-Kontamination	Probe bei 100.000 – 200.000 x g 1 – 2 Std. zentrifugieren oder über Gradient reinigen
Horizontale Streifen im MG-Bereich von ~ 65 – 55 kd	Kontamination durch Staub (Hautschuppen). Elektrophorese-Apparatur oder Puffersubstanzen verunreinigt (häufige Ursache!)	saubere Apparatur bzw. frische Chemikalien verwenden; evtl. Trenngel (ohne Sammelgel und Probe) 1 – 2 Std. vorlaufen lassen
Vertikale Streifen – ausgehend vom Sammelgel	einige Proteine nicht gelöst oder am Start präzipiert	weniger Material lösen, gelöste Probe abzentrifugieren
– innerhalb des Gels	Äquilibrierung im SDS-Puffer nicht effektiv genug (ungleichmäßge Beladung mit SDS)	Äquilibrierung verlängern, evtl. Konzentration des SDS erhöhen und/oder Temperatur erhöhen
	Gel schlecht polymerisiert, APS-Lösung zu alt	frische APS-Lösung verwenden
Vertikale Streifen nur an der Auftragsseite des Rundgels	kein Stromfluß, evtl. Luftblase am Röhrchenende	Stromfluß überprüfen, evtl. Luftblasen am Röhrchenende entfernen
Auffällige Kette von Flecken gleichen Molekulargewichts	Carbamylierung eines oder mehrerer Proteine	frische Harnstofflösung verwenden und Proben in Solubilisierungslösung keinesfalls über RT erwärmen

2.6
Dokumentation und Auswertung von 1D- und 2D-PAGE-Proteinauftrennungen

Für viele Fragestellungen reicht es aus, Gelauftrennungen visuell (qualitativ) zu analysieren und durch *Photographie* (2.6.1) zu dokumentieren. Eine grundsätzliche Methode der quantitativen Auswertung von Elektropherogrammen ist die *Bestimmung von Molekulargewichten* (2.6.2) anhand der relativen Mobilitäten (R_f-Werte) von unbekannten Proteinen im Vergleich zu parallel aufgetrennten Standardproteinen. Eine detailliertere quantitative Analyse von Proteinmustern ist der Vergleich der relativen Mengenverhältnisse der einzelnen Fraktionen durch Bestimmung der Lichtabsorption mit Hilfe von Densitometern (*Densitometrie*, 2.6.3).

2.6.1
Photographie von gefärbten Gelen

Die mit Coomassie Brilliantblau (2.4.2) oder durch Silberimprägnierung (2.4.3) gefärbten Gele können noch im feuchten Zustand oder getrocknet (2.8) auf einer Leuchtplatte bzw. im Auflicht photographiert werden. Falls eine Dunkelkammerausrüstung vorhanden ist, kann man eine 35 mm Kamera mit Gelb- bis Gelb-Orange-Filter (z. B. Kodak Wratten Nr. 8 oder 9) für Coomassie Blau bzw. ein Blaufilter (z. B. Kodak Wratten Nr. 58) für Silber-gefärbte Gele verwenden. Als Film benutzt man am besten einen panchromatischen Schwarz-Weiß-Film (z. B. Agfa-Pan 25, Agfa-Gevaert oder T-Max 400 von Kodak). Belichtungszeiten, Blenden und Abstände müssen für die jeweiligen Bedingungen durch Testversuche bestimmt werden. Die Filme werden nach photographischen Standardtechniken entwickelt und auf Positive kopiert (s. z. B. Häder und Häder 1993; Marchesi 1993). Alternativ, bzw. falls keine Dunkelkammerausrüstung zur Verfügung steht, empfiehlt sich die Benutzung einer Sofortbildkamera-Ausrüstung. Entweder eine herkömmliche Polaroidkamera (z. B. MP-4 oder CU-5) mit Packfilmen (Polaroid Typ 667; Filter s. oben) oder eines der modernen hochauflösenden und empfindlichen Videokamera-Systeme mit Bildschirm und Videoprintern (Bezugsquellen s. Anhang L). Letztere sind in der Anschaffung zwar teurer als Polaroidkameras, liefern jedoch Positive in vergleichbarer Qualität zu einem Bruchteil der Kosten von Polaroidbildern.

2.6.2
Bestimmung von Molekulargewichten und isoelektrischen Punkten

Die Molekulargewichte von Proteinen werden mit Hilfe von Kalibrierungskurven bestimmt, welche aus der Mobilität von Standardproteinen (s. Anhang G) im gleichen Gel konstruiert werden. Zumindest im mittleren Bereich sollte dabei eine lineare Beziehung zwischen dem R_f-Wert und dem Logarithmus der Molekulargewichte (M_r-Werte) bestehen (Abb. 30). Auftrennungen in linearen Gradientengelen erleichtern die M_r-Bestimmung dadurch, daß über einen weiten Bereich eine lineare Beziehung zwischen dem $\log M_r$ und $\log \% T$ (% Acrylamid-Konzentration an der Position des jeweiligen Proteins innerhalb des Gels) besteht (Abb. 31). Für die Bestimmung von pI-Werten müssen pI-Standardproteine als interne Marker der Probe zugegeben werden (solche Markerproteine sind als Mischung für verschiedene pI-Bereiche im Handel erhältlich: z. B. bei Bio-Rad oder Pharmacia Biotech). Besonders elegant und geeignet für die hochauflösende 2D-Elektrophorese

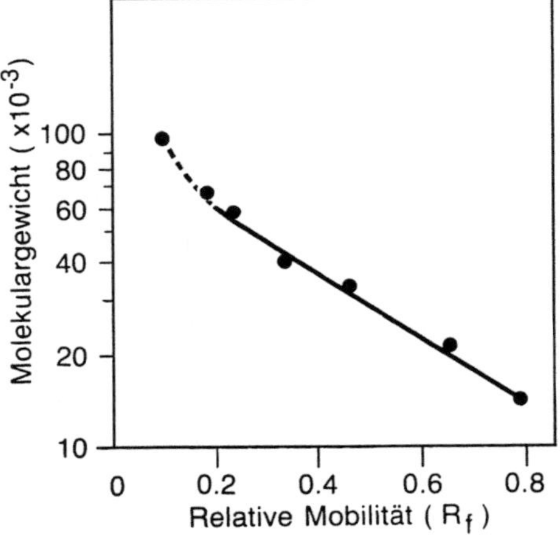

Abb. 30. Beispiel einer Kalibrierungskurve aus der Auftragung der relativen Mobilität (Rf-Werte) gegen den log der relativen Molekülmasse (log Mr). Auftrennung folgender Markerproteine in einem 12 %-Polyacrylamidgel: Phosphorylase B 97.400, Rinderserumalbumin 66.000, Anhydrase 31.000, Trypsin-Inhibitor 21.500, Lysozym 14.400

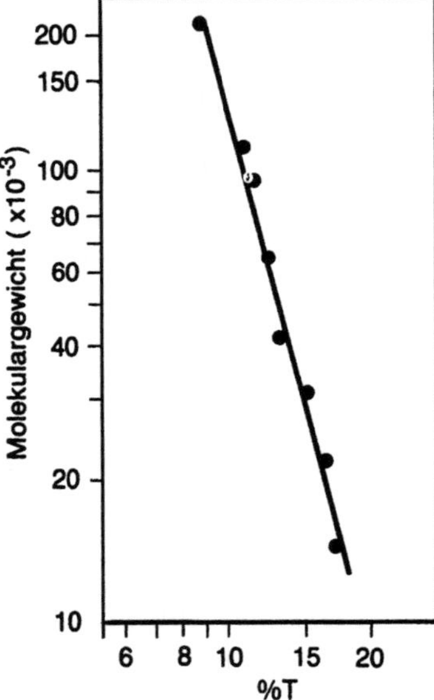

Abb. 31. Beispiel einer Kalibrierungsgeraden aus der Auftragung des log der relativen Molekülmasse (Mr) gegen die Position von Proteinen nach Elektrophorese in einem 5 – 20 % linearen Gradientengel (% T). Die Molekulargewichte der aufgetrennten Markermoleküle liegen zwischen 212.000 (Myosin) und 14.400 (Lysozym)

sind carbamylierte Proteine (z. B. von Pharmacia), die im 2D-Muster als charakteristische Fleckenreihe erscheinen. Die Bestimmung von pI-Werten anhand der Position von Standardproteinen setzt einen linearen pH-Gradienten über das 1D-IEF-Gel voraus.

Uniforme Gele

1. Nach der Färbung des Gels Sammelgel entfernen und Trenngel auf eine Leuchtplatte legen.

2. Wanderstrecke des Farbmarkers (Front!) und der Standardproteine innerhalb des Gels bestimmen (d.h. exakt die Strecke vom oberen Rand des Gels bis zur unteren Kante der jeweiligen Bande!).

Die relative Mobilität (R_f-Werte) der einzelnen Proteine nach

$$Rf = \frac{\text{Wanderstrecke des Proteins}}{\text{Wanderstrecke des Farbmarkers}} \quad \text{bestimmen}$$

3. Auf halblogarithmischem Papier den log M_r gegen R_f auftragen. (Die Punkte sollten zumindest im mittleren Bereich auf einer Gerade liegen! s. Abb. 30.)

4. Mit der konstruierten Kalibrierungsgeraden die M_r-Werte der unbekannten Proteine anhand ihres R_f-Wertes durch Interpolation bestimmen.

Für genaue Bestimmungen der M_r-Werte von unbekannten Proteinen sollten mehrere Auftrennungen, möglichst bei unterschiedlichen Acrylamidkonzentrationen, durchgeführt werden.

Lineare Gradientengele

1. Gel (ohne Sammelgel!) auf eine Glas- oder Leuchtplatte legen oder Photoabzug des Gels benutzen.

2. Länge des Gels (L) und Wanderstrecken (S) der Standardproteine vom oberen Rand des Gels bis zur Unterseite der Bande messen.

3. Aus der Position der Proteine, bezogen auf die Gesamtlänge des Gels $P = \dfrac{S}{L}$, die Acrylamidkonzentration am jeweiligen Ort unter der Annahme einer exakten Linearität des Gradienten bestimmen.

So beträgt z. B. bei einer Laufstrecke eines Proteins von 7 cm innerhalb eines 14 cm langen 5 – 20 % T Gradientengels P = 0,5, d. h. die erreichte Position liegt auf der Hälfte der Gellänge und damit bei einer Gelkonzentration von 12,5 % T. Bei P = 0,33 ist T = 10 % usw. Am besten kann man durch Anlegen eines entsprechenden Umwandlungsmaßstabes aus der Position der Proteine unmittelbar die lokale Gelkonzentration ablesen.

4. Die log M_r-Werte der Standardproteine auf doppelt-logarithmischem Papier gegen den log % T auftragen. (Alle Punkte sollten auf einer Geraden liegen! s. Abb. 31.)

5. Aus dem %-T-Wert der Position der unbekannten Proteine die entsprechenden M_r-Werte durch Interpolation mit Hilfe der Standardkurve bestimmen.

2.6.3
Densitometrie

Zur Analyse der Mengenverhältnisse von aufgetrennten Proteinen wird die Absorption der einzelnen, gefärbten Banden oder Flecken im Gel mit Hilfe von *Densitometern* bestimmt. Für eine *quantitative Densitometrie* sind einige methodische Voraussetzungen in Bezug auf die Durchführung der Gelelektrophorese und Färbung der Gele von Vorteil (Neuhoff et al. 1990).

- Die Geldicke sollte nicht mehr als 1 mm betragen.

- Die Gele dürfen nicht überladen sein, um Trennungsartefakte zu vermeiden.

- Eine optimale Probenvorbereitung sollte garantieren, daß möglichst alle Proteine vollständig in das Gel wandern können.

- Bei der Färbung mit Coomassie Brilliantblau ist die Kolloidalfärbung mit G-250 der klassischen Färbung mit R-250 vorzuziehen.

- Das jeweilige Farbreagens sollte lange genug einwirken, damit alle Proteine gleichmäßig über die gesamte Geldicke durchgefärbt sind.

Auch bei optimalen methodischen Voraussetzungen ist jedoch zu berücksichtigen, daß sowohl bei der Färbung mit Coomassie Brilliantblau als auch bei der Silberimprägnierung die Affinität der verschiedenen Proteine zum kontrastierenden Agens unterschiedlich ist (s. 2.4). Daher sollte die Mitauftrennung und Kalibrierung definierter Mengen von Standardproteinen zur Ermittlung von „Standardäquivalenten" der zu untersuchenden Proteine durchgeführt werden.

Die *klassischen*, z. T. noch im Gebrauch befindlichen *Densitometer* sind spezielle Photometer oder bestehen aus Scannerzusätzen zu Spektralphotometern, bei denen das Gel oder einzelne ausgeschnittene Gelspuren zwischen einer Lichtquelle mit definiertem Spalt und einer Photozelle vorbeitransportiert werden. Über einen Schreiber wird ein Kurvendiagramm der Lichtabsorption bei definierter Wellenläge über die vermessene Gelstrecke (*Densitogramm*) aufgezeichnet. Die Flächen unter den so erhaltenen und möglichst gut getrennten Absorptionsgipfeln vergleicht man am besten durch Ausschneiden aus dem Schreiberpapier und Wiegen auf einer Analysenwaage. Das Problem bei dieser Methode ist u. a. die genaue Festlegung der Basislinie (Hintergrund) und die Trennung eng zusammen liegender Absorptionsgipfel.

Moderne Densitometer sind Computer-unterstützt und mit vielseitigen Auswertungsprogrammen (Software) ausgestattet. Für viele Zwekke ist ein Video(CCD)-Kamera-System (*Video-Densitometer*) ausreichend, wobei jedoch die jeweilige Auflösung vom Abstand des Objektes (Gel) von der Kamera abhängig ist. Besonders bei der Aufnahme großer Gele (z. B. 2D-Gele) ist dies durch verringerte Auflösung und Randeffekte von Nachteil. Eine gleichmäßig hohe Auflösung pro Gelfläche unabhängig vom Format wird durch Flachbett-Scanner (*Scanner-Densitometer*) erreicht. Das Prinzip beider Systeme besteht darin, daß das optische Bild des Gels über ladungsgekoppelte Halbleiterelemente (charge coupled devices, CCD) in distinkte Bildpunkte (Pixel) gerastert und elektronisch digitalisiert wird. Das digitalisierte Bild wird im Speicher (RAM) eines PC als Matrix von Digitalzahlen für bis zu 256 Grauwerte zwischengespeichert. Die maximale Auflösung von Flachbett-Scannern beträgt zur Zeit üblicherweise zwischen 600 und 1200 Pixel pro Zoll (dots per inch, dpi), was ungefähr einem Abstand der Bildelemente von 42 bzw. 21 μm entspricht. Hochauflösende Videokameras rastern den erfaßten Bildausschnitt in ca. 440 000 (756 Pixel x 561 Zeilen) bis >10^6 (1024 x 1024) Pixel, wobei, wie oben erwähnt, die Auflösung bzw. der Abbildungsmaßstab vom Abstand des Objektes von der Kamera abhängt. Das gerasterte, digitalisierte und im PC gespeicherte Gelbild kann in vielfältiger Weise durch entsprechende Programme (Algorithmen, Auswertungssoftware) bearbeitet (digitale Bildverarbeitung s. Theorie und Übersichten z. B. bei Garrels 1989, Rickwood et al. 1990; Häder und Häder 1993), auf dem Bildschirm dargestellt und die Auswertungen über einen Drucker ausgegeben werden. Stichwortartig seien hier in bezug auf die Leistungsfähigkeit dieser Systeme für die Praxis nur die Hauptspezifitäten (Details und Bedienung, s. Anleitung zu den jeweiligen Geräten) angedeutet:

1D-Gelen

- Hintergrundkorrektur und geometrische Bildkorrektur (Nulliniensubtraktion und Kompensation für Bandenunregelmäßigkeiten).

- Festlegung der Spurbreiten und automatische Erkennung und Vermessung der Banden.

- Bestimmung von Mengen, Molekulargewichten bzw. pIs über Kalibrierungskurven von Standardmolekülen.

2D-Gelmustern

- Hintergrundsubtraktion und Bildkorrektur (z. B. Entfernung vertikaler und horizontaler Streifen).

- Automatische Spoterkennung, Quantifizierung und Bestimmung von Molekulargewichten und pIs.

- Vergleich verschiedener Gele anhand von typischen Spots als Landmarken (spot matching; gel matching).

- Anlegen von 2D-Gelprotein-Datenbanken für verschiedene Zwecke; z. B. Untersuchung von Zellproliferation und Differenzierung sowie Diagnostik von Veränderungen des Proteinmusters bei neoplastischer Transformation (Krebs) und anderer genetischer Krankheitsursachen (Celis et al. 1989, 1990, 1994; Dunn 1991).

Literatur

Celis JE, Gesser B, Dejgaard K, Honoré B et al. (1989) Two dimensional gel human protein databases offer a systematic approach to the study of cell proliferation and differentiation. Int J Dev Biol 33:407-416

Celis JE, Honoré B, Bauw G, Vandekerckhove J (1990) Comprehensive computerized 2D gel protein databases offer a global approach to the study of the mammalian cell. BioEssays 12:93-97

Celis JE, Rasmussen HH, Olsen E et al (1994) The human keratinocyte two-dimensional protein database (update 1994): Towards an integrated approach to the study of cell proliferation, differentiation and skin diseases. Electrophoresis 15:1349-1458

Dunn MJ (ed) (1991) Paper symposium: Biomedical applications of two-dimensional gel electrophoresis. Electrophoresis 12:459-606

Garrels JI (1989) The QUEST system for quantitative analysis of two-dimensional gels. J Bio Chem 264:5269-5282

Häder D-P, Häder M (1993) Moderne Labormethoden. Thieme, Stuttgart New York

Marchesi JJ (1993) Handbuch der Fotografie. Verlag Photographie, Schaffhausen

Neuhoff V, Stamm R, Pardowitz I, Arold N, Ehrhardt W, Tabue D (1990) Essential problems in quantification of proteins following staining with Coomassie Brilliant blue dyes in polyacrylamide gels, and their solution. Electrophoresis 11:101-117

Rickwood D, Chambers JAA, Spragg SP (1990) Two-dimensional gel electrophoresis. In: Hames BD, Rickwood D (eds) Gel electrophoresis of proteins, a practical approach. IRL, Oxford New York Tokyo, pp 1-147

2.7
Elution von Proteinen aus Polyacrylamidgelen

2.7.1
Allgemeine Einleitung und Überblick

Die ein- und vor allem die zweidimensionale PAGE (1D-, 2D-PAGE) von Proteinen ist eine hervorragende Isolierungs- bzw. Reinigungsmethode von Proteinen, die im präparativen Maßstab eingesetzt werden kann. Dazu müssen die in Form von Proteinbanden bzw. -flecken vorliegenden Proteine/Polypeptide durch Elution aus den zuvor herausgeschnittenen Gelstückchen gewonnen werden. Die so isolierten Polypeptide können dann nach entsprechender Konzentrierung oder Fällung (Teil 1) für Immunisierungen, Sequenzanalysen, Rekonstitutionsexperimente usw. eingesetzt werden, wobei natürlich bei den einzelnen Aufarbeitungsschritten Bedingungen (pH-Wert, Salzkonzentration etc.) eingehalten oder hergestellt werden müssen, die den Präparationszielen entsprechen.

Voraussetzung für die Elution spezifischer Proteinfraktionen ist deren Sichtbarmachung ohne irreversible Fixierung im Gel. Aus diesem Grund muß die übliche Färbemethode mit Coomassie Blau entsprechend modifiziert werden (2.7.2). Eine alternative Methode ist die Behandlung der Gele mit 4 M NaAcetat, wobei das freie SDS präzipitiert und die Proteinbanden als ungefärbte Regionen vor einem milchigen Hintergrund erscheinen (2.7.2). Aus den lokalisierten und ausgeschnittenen Gelregionen können die Proteine dann entweder durch Diffusion (2.7.3), oder effektiver durch Elektrophorese (2.7.2) eluiert werden. Die Ausbeute beträgt bei den beschriebenen Methoden etwa 50 – 90 %.

2.7.2
Elektrophoretische Elution

Bei dieser Methode wird die elektrische Spannung benutzt, um die geladenen Proteine aus intakten Gelstückchen in eine Pufferlösung zu eluieren. Für die hier beschriebene Methode wird eine Elutionsapparatur benutzt, die besonders für die Aufnahme größerer Mengen von Gelstückchen geeignet ist und eine Umwälzung der Puffer ermöglicht (s. Abb. 32). In gleicher Weise kann jedoch auch bei kleiner ausgelegten Apparaturen verfahren werden, die häufig noch dazu die parallele Elution unterschiedlicher Proteine erlauben.

- Elutionsapparatur (Cti, s. Abb. 32)   **Materialien**

- Schlauchpumpe

- Skalpell

- Leuchtplatte

- Färbewannen

- Kollodiumhülsen (Sartorius)

- Coomassie Brilliantblau R-250, alternativ Na-Acetat

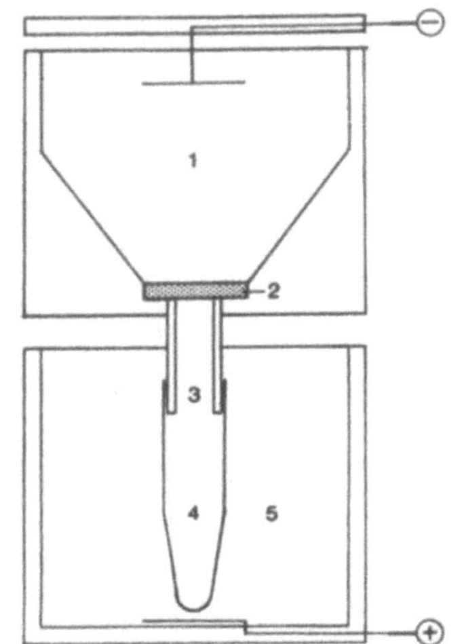
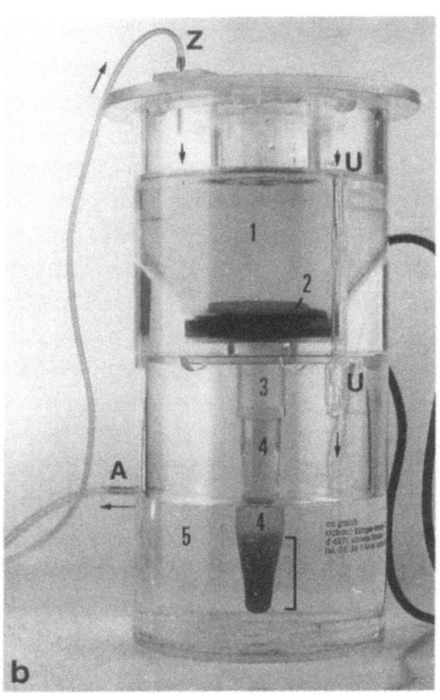

Abb. 32 a, b. Apparat für die elektrophoretische Elution von größeren Proteinmengen aus Gelstückchen (Elutionskammer EL2 von Cti). Die Schemazeichnung (**a**) zeigt den prinzipiellen Aufbau des Gerätes aus oberer Kathodenkammer *(1)* und unterer Anodenkammer *(5)*. Die ausgeschnittenen Gelstückchen werden in die Kathoden-Kammer *(1)* eingebracht, wobei eine lose eingelegte Sinterplatte *(2)* verhindert, daß die Gelstücke in die Kollodiumhülse *(4)* fallen. Die Kollodiumhülse ist an einem Rohr *(3)* befestigt, das in die Kathodenkammer gesteckt wird. Der Stromfluß erfolgt über die mit Elutionspuffer gefüllte Kathodenkammer und Kollodiumhülse, die in den Puffer in der Anodenkammer eintaucht. Nach Anlegen der Spannung wandern die Proteine aus den Gelstückchen durch die Sinterplatte in die Kollodiumhülse. Bei einer Ausschlußgrenze von 10 000 kDa (z. B. Typ SM 13200, Sartorius) kommt es zu einer Konzentration aller eluierten Proteine mit einem Molekulargewicht größer als 12 400 D. Da es während der Elution zu einer Abnahme der SDS-Konzentration im Kathodenpuffer kommt und damit zu einer stetig abnehmenden Effizienz der Elution (bzw. zur Abnahme der Wanderungsgeschwindigkeit), sollte die Apparatur so konstruiert sein, daß kontinuierlich Puffer aus der Anodenkammer zurück in die Kathodenkammer gepumpt werden kann. Die Bezeichnungen in (**b**) sind identisch mit (**a**); zusätzlich erkennt man die Ablauf *(A)*-, Zulauf *(Z)*- und Überlauf *(U)*-Vorrichtungen. Die *Klammer* deutet konzentriertes eluiertes Protein an

Zur Herstellung aller aufgeführten Stammlösungen (SL) s. Anhang B   **Vorbereitungen**

● 1 M Tris-Acetat-Stammlösung, pH 7,8

121,1 g	Tris

in ca. 500 ml ddH$_2$O lösen, pH mit Essigsäure (10 %) auf 7,8 einstellen und mit ddH$_2$O auf 1000 ml auffüllen

● Elutionspuffer

Endkonzentration	Ansatz
50 mM Tris-Acetat, pH 7,8	50 ml (aus 1 M SL)
1 mM DTT	1 ml (aus 1 M SL)
0,1 % SDS	1 µl

mit ddH$_2$O auf 1000 ml auffüllen

● Äquilibrierungspuffer

Endkonzentration	Ansatz
200 mM Tris-Acetat, pH 7,8	20 ml (aus 1 M SL)
15 mM DTT	1,5 ml (aus 1 M SL)
2 % SDS	2 g

mit ddH$_2$O auf 1000 ml auffüllen

● Färbelösungen
alternativ

1) 0,5 % Coomassie Brilliant Blau R in ddH$_2$O
2) 4 M Na-Acetat (328 g in 1000 ml ddH$_2$O)

1. Gele nach der Elektrophorese entweder   **Durchführung**

   a) ca. 30 min in wässrigem Coomassie Brilliantblau (0,5 %) inkubieren und anschließend mit H$_2$O so weit auswaschen, daß Banden bzw. Flecken erkennbar werden (Leuchtplatte), oder

   b) 10 min in 4 M Na-Acetat inkubieren.

2. Die gewünschten Banden/Flecken auf einer Leuchtplatte (Glasplatte unterlegen!) mit einem Skalpell ausschneiden (anschließend Na-Acetat 10 min mit ddH$_2$O auswaschen).

3. Die gesammelten Gelstückchen feucht (Elutionspuffer) halten.
   Falls nicht sofort mit der Elution begonnen werden soll bzw. falls durch weitere Auftrennungen noch mehr Material aufgetrennt werden soll, können die herausgeschnittenen Gelstückchen auch längere Zeit eingefroren werden.

4. Vor der Elution Kollodiumhülse 20 min in ddH$_2$O wässern.

5. Anodenkammer mit Elutionspuffer bis zum Überlauf füllen.

6. Kollodiumhülse mit Klemmring an Steckhülse befestigen (siehe Abb. 32), Steckhülse von unten an die Kathodenkammer einstecken.

7. Elutionspuffer etwa 1 cm hoch in die Kathodenkammer füllen (Kollodiumhülse füllt sich), Sinterplatte blasenfrei (!) einlegen.

8. Gelstückchen einbringen und mit Äquilibrierungspuffer bedecken, und ca. 30 – 60 min äquilibrieren.

9. Kathodenkammer bis zum Überlauf mit Elutionspuffer auffüllen.

10. Deckel aufsetzen, Elektroden an Netzgerät anschließen und mit 10 – 15 mA (V-constant) über Nacht möglichst bei 0 – 4° C eluieren.
    Dabei entweder im Kühlraum arbeiten oder Schläuche des Umwälzsystems durch ein Eisbad verlegen. Das eluierte Protein sammelt sich in der Kollodiumhülse und ist durch einen Meniskus mit unterschiedlicher Brechung zu erkennen.

11. Zur Entnahme Puffer aus der oberen Kammer absaugen, Steckhülse mit der Kollodiumhülse vorsichtig herausziehen und mit einer langen Pasteurpipette das eluierte Protein vom Boden der Hülse her absaugen.
    Dabei sollte die absinkende Phasengrenze beobachtet werden.

12. Die gesammelte Proteinlösung entweder durch Vakuum-Dialyse, Ultrafiltration, Lyophilisierung oder Fällung konzentrieren (siehe Kap. 1.9).

Hinweise
- Eine ungefähre Kalkulation über die zu erwartende Proteinausbeute kann folgendermaßen durchgeführt werden:

  1 Gelstückchen = 1 Proteinbande = ~1 – 10 µg
  Bei Verwendung eines Standardgels mit 12 Spuren entspricht dies ca. 12 – 120 µg: bei einer Ausbeute von 50 – 90 % entspricht dies 6 – max. 110 µg.

- Zur Erhöhung der Effizienz empfiehlt es sich, bei 1D-Auftrennungen ein sog. „Curtain"-Gel mit einer durchgehenden Tasche im

Sammelgel anzufertigen. Bei gleichmäßiger Verteilung der Probe auf dem Sammelgel erhält man nach dem Lauf quer über das Gel verlaufende Proteinstreifen (das Sammelgel sollte dabei nicht höher sein als der sonst übliche Abstand vom Taschenboden zum Trenngel).

● Um bei einer präparativen 2D-Auftrennung eine höhere Reinheit und Konzentration bestimmter Proteine zu erreichen, empfiehlt es sich, die entsprechenden Proteinbanden zunächst über eine 1D-PAGE-Elution anzureichern.

2.7.3
Elution durch Diffusion

Bei dieser Methode (Cowin und Garrod 1983) erfolgt die Gewinnung der Proteine aus den stark zerkleinerten isolierten Gelstückchen durch passive Elution in einem relativ großen Puffervolumen. Das Sichtbarmachen der Proteinbanden und das Ausschneiden erfolgt in gleicher Weise wie bei der elektrophoretischen Elution (2.7.2).

● Schüttler   **Materialien**

● 20-ml-Spritze

● 50-ml-Zentrifugenröhrchen

● Waschflasche

● Glassinternutsche

● Filterpapier

● SDS (Na-Dodecylsulfat)

● β-Mercaptoethanol (β-ME)

● HCl (1 N, s. Anhang B)

● Tris (hydroxymethyl)aminomethan

● SDS-Lösung   **Vorbereitungen**

0,05 % SDS	0,5 g

in 1000 ml ddH$_2$O lösen

● Dialyse-Puffer

5 mM Tris	0,6 g
10 mM β-ME	0,7 g

in 800 ml ddH$_2$O lösen, pH 7,6 mit HCl (1N) einstellen und auf 1000 ml auffüllen

Durchführung

1. Die isolierten Gelstücke durch eine 20-ml-Spritze drücken und in einem verschließbaren Zentrifugenröhrchen gut mit SDS-Lösung bedecken. Auf einem Schüttler über Nacht (Kühlraum) eluieren.

2. Elutionslösung mit Hilfe einer Glassinternutsche absaugen, bei - 70° C mindestens 30 min einfrieren und lyophilisieren (siehe Kap. 1.9.6).

3. Das lyophilisierte Material in wenig Dialyse-Puffer aufnehmen und zur Entfernung von Salzen 2 – 4 Std. gegen gleichen Dialysepuffer dialysieren (siehe Kap. 1.9.2).

Literatur

Cowin P, Garrod DR (1983) Antibodies to epithelial desmosomes show wide tissue and species cross-reactivity. Nature 302:148-150

2.8
Konservierung von gefärbten Polyacrylamidgelen durch Trocknung zwischen Zellophanfolien

Es gibt im wesentlichen drei Gründe, Polyacrylamidgele im Anschluß an die Elektrophorese von Proteinen zu konservieren:

a) zur Aufbewahrung von gefärbten Gelen für eventuelle spätere Kontrollen oder Experimente, die sich auch mit fixierten Gelen durchführen lassen (wie z. B. Proteinsequenzierung aus ausgeschnittenen Gelbanden bzw. Flecken),

b) zur permanten Konservierung für Dokumentationszwecke.

c) zum effektiven Nachweis von radioaktiv markierten Proteinen durch Fluorographie bzw. Autoradiographie (Kap. 4.8).

Für den unter a) genannten Zweck genügt im allgemeinen die Aufbewahrung in Schalen mit Fixier- bzw. Entfärbelösung oder die Aufbewahrung in verschlossenen Folienbeuteln mit geringen Mengen Entfärberlösung. Zur permanenten Konservierung (b) eignet sich am besten die Trocknung von Gelen zwischen Zellophanfolien (siehe unten). Die so getrockneten Gele erlauben eine spätere photographische Dokumentation oder Densitometrie (oder auch eine direkte Projektion mit Hilfe eines Overhead-Projektors für Laborseminare). Für die unter c) aufgeführte Fluorographie müssen die Gele speziell vorbehandelt (imprägniert) werden und anschließend mit beheizten und mit Vakuum arbeitenden Geltrocknern getrocknet werden (Kap. 4.8).

- Zellophanfolien (z. B. Art.-Nr. 5190, Biotrend)   **Materialien**

- Geltrocknungsrahmen (KEM-EN-TEC, Art.-Nr. 5030, Biotrend; Methode A, Abb. 33), alternativ eine Glas- oder Plastikplatte (Methode B)

- Glycerin

- 1 – 3 % Glycerin in ddH$_2$O (ca. 200 ml)   **Vorbereitungen**

- 5 % Glycerin in ddH$_2$O (ca. 500 ml)

1. Gefärbtes Gel vor dem Trocknen ca. 10 – 20 min in 1 – 3 % wässrigem Glycerin inkubieren.   **Durchführung**

2. Zwei Zellophanfolien in der 5%-Glycerinlösung einweichen.
   Diese Sättigung mit Glycerin reduziert die sonst bei der Trocknung auftretenden starken Spannungen.

Methode A (mit Geltrocknungsrahmen)

1. Den unteren Teil des aufgeklappten Rahmens auf einen Tisch legen (Abb. 33), vorbehandelte Zellophanfolie darüber legen und das Gel auflegen und mehrere ml 1 – 3 % wässriges Glycerin aufpipettieren.
   Vorhandene Luftblasen zwischen Folie und Gel mit einem Finger (Handschuhe!) vorsichtig herausdrücken.

2. Das Gel mit der zweiten Glycerin-benetzten Folie bedecken und die obere Rahmenhälfte auflegen, Luftblasen und übermäßige Flüssigkeit herausdrücken und mit dem unteren Rahmenteil zusammenfügen.
   Je mehr wässriges Glycerin zunächst mit aufgetragen wird, um so leichter lassen sich die Luftblasen entfernen.

3. Das Gel entweder in einem kalten Luftstrom (Fön) in ca. 2 Std. oder ü. N. unter dem Abzug trocknen lassen.

4. Gelrahmen öffnen und Gel-freie Seitenkanten des Zellophans mit einer Schere abschneiden.

Abb. 33. Geltrocknungsrahmen (KEN-EN-TEC) im augeklappten Zustand. Zwischen den beiden Rahmenhälften wird der Sandwich aus zwei vorbehandelten Zellophanfolien und dem Gel eingeklemmt und zum Trocknen aufgestellt

Methode B (mit einfacher Glas- oder Plastikplatte)

1. Glas- oder Plastikplatte (mindestens 3 bis 5 cm größer an allen Kanten als das Gel) am besten auf eine kleine, stabile Unterlage legen.

2. Eine Glycerin-getränkte Zellophanfolie darüber legen, das Gel auflegen und mehrere ml 1 – 3 % Glycerinlösung darübergießen.

3. Lufblasen vorsichtig zu den Seiten hin ausdrücken.

4. Nochmals mehrere ml Glycerinlösung auf das Gel geben, so daß die Gelkanten gut bedeckt sind und die zweite Folie auflegen. Luftblasen seitlich ausstreifen.

5. Beide Folien unter die Plattenkanten nacheinander umschlagen und mit einer Klammer befestigen (dabei Folien nur wenig spannen).

6. Gel im Luftstrom (kalter Fön) oder im Abzug über Nacht vollständig trocknen lassen.
   Falls sich das Gel nach dem Beschneiden der Seitenkanten noch etwas wölbt, in einem Buch über Nacht pressen.

Hinweis Polyacrylamidgele, besonders wenn sie radioaktiv markiert sind und durch Fluorographie oder Autoradiographie ausgewertet werden sollen, können auch in speziellen Geltrocknern unter Benutzung von Vakuum getrocknet werden (s. Kap. 4.8.2).

Transfer von Proteinen aus Polyacrylamidgelen auf Trägermembranen (Protein- oder Western-Blotting)

3.1
Allgemeine Einleitung und Überblick

Ziel dieser Methodik ist es, die durch 1D- oder 2D-PAGE aufgetrennten Proteine aus dem Gel möglichst vollständig auf eine synthetische Membran zu übertragen, so daß ein genaues Abbild (Replika) des Elektrophoresemusters entsteht. Die auf der Membrantextur gebundenen Moleküle[1] sind dann leicht zugänglich z. B. für einen immunologischen Nachweis mit spezifischen Antikörpern[2]. Diese Technik ermöglicht somit, das hohe Auflösungsvermögen der Gelelektrophorese mit der Nachweisspezifität immunologischer Sonden zu kombinieren (Teil 4).

Der Transfer von biologischen Makromolekülen aus Gelen auf Membranen wurde 1975 von Ed Southern für DNA-Fragmente eingeführt (Southern 1975) und ab 1977 (Alwine et al. 1977) auch für die Charakterisierung spezifischer RNA mit DNA-Sonden eingesetzt. Bei diesen ursprünglichen Methoden wurde der Transfer mit Hilfe eines kapillaren Flüssigkeitsstromes erreicht, der durch einen Stapel saugfähiger Filterpapiere (Löschpapier; engl. blotting paper) erzeugt wurde. Daher der Begriff *Blotting* oder Blotten für diese Transfermethode. Speziell für Proteingemische nach Auftrennung durch die SDS-PAGE wurde von Towbin et al. (1979) dann eine effektivere elektrophoretische Transfermethode entwickelt. In Anlehnung an das *Southern Blotting* von DNA (Methode nach Southern 1975) wurde der RNA-Transfer scherzhaft als *Northern Blotting* und der Protein-Transfer als *Western Blotting* (Burnette 1981) bezeichnet. Letzterer Begriff hat sich trotz gewisser Einwände gegen eine solche „semigeographische Terminologie" (z. B. Heegard und Bjerrum 1988) für das Protein-Blotting eingebürgert. Wenn sich an

---

[1] Die äußere Oberfläche der Membranen beträgt dabei nur einen Bruchteil der inneren Oberfläche in den „Poren" der Membrantextur.
[2] Neben Antikörpern werden auch andere Liganden als Sonden für die Detektion von Proteinen auf Blot-Membranen benutzt (z. B. Lectine, Enzymsubstrate, Hormone, Toxine, Nucleinsäuren etc.; s. Übersichten bei Gershoni und Palade 1983; Bleisiegel 1986).

den Transfer ein immunologischer Nachweis distinkter Antigene auf dem Protein-Blot (Membran mit transferierten Proteinen) anschließt, wird dies allgemein als *Immun(o)blotting* bezeichnet (Towbin und Gordon 1984; Heegard und Bjerrum 1988; Bjerrum und Heegard 1989).

Es gibt heute im wesentlichen zwei verschiedene Elektro-Blotting-Methoden für Proteine: (a) das Tank- oder Naß(zellen)-Blotting und (b) das Filter- oder SemiDry-Blotting.

Beim *Tank- oder Naßzellen-Blotting-Verfahren* wird der elektrophoretische Transfer in großen Puffertanks mit entsprechend großen Puffermengen (3 – 5 l) durchgeführt (Towbin et al. 1979; Bittner et al. 1980; Burnette 1981). Die Elektroden sind vertikal angeordnet und bestehen meist aus mäanderförmig gebogenem Platindraht, der auf Kunststoffplatten befestigt ist. Zwischen diese Elektroden werden eine oder mehrere Kassetten aus gitterförmigen oder durchlöcherten Kunststoffplatten plaziert. Diese umschließen den Gel-Transfermembran-Sandwich, welcher von Filterpapieren und elastischen Schaumstoffschwämmen umgeben ist (s. Schema in Abb. 34). Aufgrund des relativ großen Abstandes und der Art der Elektroden ist für einen effektiven Transfer eine relativ hohe Stromstärke und elektrische Leistung notwendig, was zu einer entsprechenden Wärmeentwicklung führt. Daher muß der Puffer in vielen Fällen während des Betriebs gekühlt werden. Die üblichen Transferzeiten betragen einige Stunden bis über Nacht.

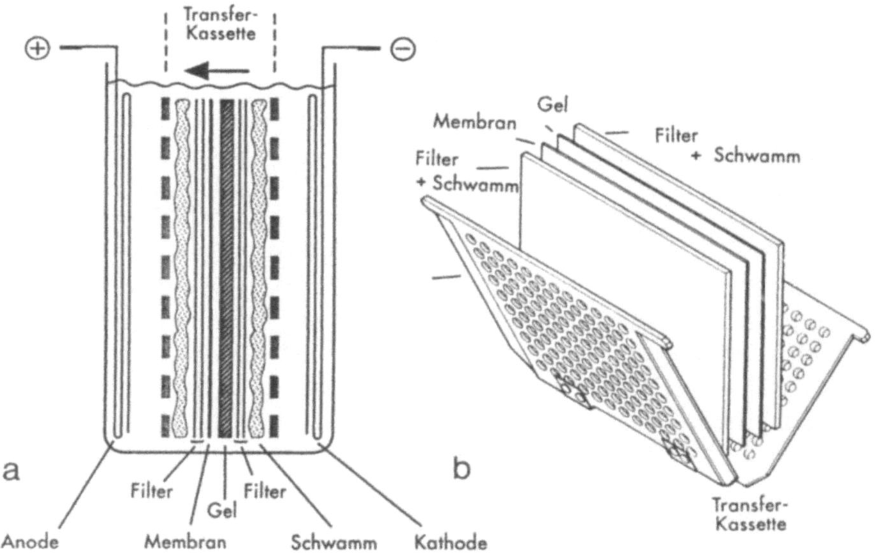

Abb. 34 a, b. Querschnitt durch eine Transfer-Kammer zur Durchführung des Tank-Blotting-Verfahrens (**a**). Die Detailansicht (**b**) zeigt die Transferkassette im herausgezogenen und teilweise aufgeklappten Zustand (verändert nach Katalog der Fa. BioRad)

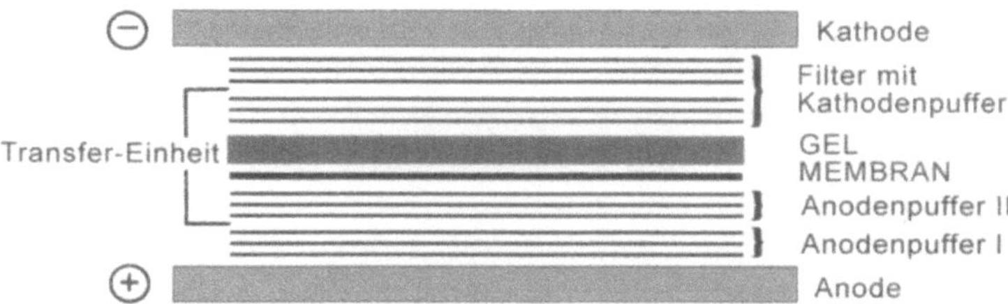

Abb. 35. Querschnitt durch den Aufbau einer einfachen Transfer-Einheit bei Anwendung eines diskontinuierlichen Puffersystems in einem SemiDry-Blotting Gerät

Beim *Filter-* oder *SemiDry-Blotting-Verfahren*, einer von Kyhse-Andersen (1984) entwickelten Methode, ist der Gel-Membran-Sandwich zwischen horizontalen Plattenelektroden (z. B. aus Graphit) angeordnet. Die Puffermenge ist auf getränkte Filterpapiere zwischen den Elektroden und dem Transfersandwich begrenzt (daher die Bezeichnung „SemiDry"; s. Schema in Abb. 35). Aufgrund der Geometrie und des geringen Abstandes der Elektroden sind relativ starke und homogene elektrische Felder bei geringer Stromstärke und Leistung erreichbar. Dies verkürzt die Transferzeit und macht eine Kühlung des Systems überflüssig. Außerdem können bei dieser Blotting-Methode zur Verbesserung der Transfereffizienz verschiedene Puffer nebeneinander eingesetzt werden (s. unten).

Die für das Tank-Blotting benutzten Puffer leiten sich meist von dem niedermolaren Tris-Glycin-Puffer der diskontinuierlichen Elektrophorese ab (Übersichten bei Gershoni und Palade 1983; Towbin und Gordon 1984; Bleisiegel 1966; Gershoni 1987; Garfin und Bers 1989). Diesem Transfer-Puffer wird meist 10 – 20 % Methanol zugesetzt, um die Bindungseffizienz der Proteine an Nitrocellulose-(NC)-Membranen, die auch heute noch hauptsächlich für das Protein-Blotting benutzt werden, zu erhöhen. Die Bindungskapazität für NC-Membranen unter diesen Bedingungen wird für verschiedene Proteine mit 80 – 200 μg/cm^2 angegeben (Übersicht bei Nyholm und Ramlau 1988). Obwohl noch keine abgeschlossene Theorie der Bindung von Proteinen an NC-Membranen existiert, werden hauptsächlich hydrophobe Wechselwirkungen (neben schwachen elektrostatischen Kräften) angenommen (Übersicht bei Nyholm und Ramlau 1988). Dafür spricht auch die Tatsache, daß Proteine durch apolare Lösungsmittel (z. B. Acetonitril oder Pyridin) von den NC-Membranen eluiert werden können (Parekh et al. 1985; Montelaro 1987; s. auch Kap. 3.5). Der positive Effekt von Methanol auf die Bindung ist in diesem Zusammenhang nicht ausreichend zu erklären. Angenommen wird einmal, daß durch Entfernung des SDS aus den SDS-Proteinkomplexen durch Methanol die hydrophoben Wechselwirkungen mit der Membran verstärkt werden. Andere Erklärungen sind die Präzipitationseigenschaften von Alkoholen für Proteine (Nyholm und Ramlau 1988) oder die Reduktion der Oberflächenspannung des Mediums und die damit verbundene Erhöhung der freien Energie der Adhäsion (van Oss et al. 1987). Neben dem positiven Einfluß auf die Bindungseffizienz der Proteine an die Membran führt Methanol auf der anderen Seite durch Reduktion der Hydratisierung zu einer leichten Schrumpfung des Gels und dadurch zu einer Erschwerung der Elution besonders von hochmolekularen und stark basischen Proteinen.

Im SemiDry-Blotting-System besteht die Möglichkeit, die Bedingungen für die Elution der Proteine aus dem Gel auf der Kathodenseite zu optimieren (Kathodenpuffer ohne Methanol und mit niedrigen Konzentrationen an SDS, vgl. Svoboda et al. 1985; Lissilour und Godinot 1990), ohne die Bindungsbedingungen an der Membran zu beeinträchtigen (Anodenpuffer mit Methanol und ohne SDS). Eine andere Möglichkeit der Erhöhung der Transfereffizienz im SemiDry-System ist die Benutzung eines diskontinuierlichen Puffersystems (Kyhse-Andersen 1984), wobei durch den Isotachophorese-Effekt ein relativ gleichmäßiger Transfer aller Proteine unabhängig von Ladung und Größe erreicht werden soll.

Die für NC-Membranen geschilderten Bindekriterien gelten im wesentlichen auch für die neueren hydrophoben Polyvinylidendifluorid(-CH_2-CF_2-)$_n$-Membranen (PVDF; Pluskal et al. 1986; Gültekin und Heermann 1988; Lissilour und Godinot 1990; Modzanowski et al. 1992). Diese Membranen haben eine ähnliche Bindungskapazität wie NC-Membranen (170 – 200 µg/cm^2), aber eine sehr viel höhere mechanische und chemische Stabilität, weshalb sie vor allem auch für die Mikrosequenzierung von transferierten Proteinen eingesetzt werden können (Matsudaira 1987; Übersicht bei LeGendre 1990).

Die z. T. auch für das Protein-Blotting benutzten positiv geladenen Membranen auf Nylon-(Polyamid)-Basis besitzen besonders für SDS-beladene Proteine in Abwesenheit von Methanol (!) eine sehr hohe Bindungskapazität (> 400 µg/cm^2) aufgrund starker elektrostatischer Wechselwirkung (Gershoni und Palade 1982; Peluso und Rosenberg 1987; Übersichten in Gershoni und Palade 1983; Bleisiegel 1986; Gershoni 1987; Garfin und Bers 1989; Torey und Baldo 1989). Diese Eigenschaft erschwert jedoch beim anschließenden Nachweis mit immunologischen Sonden die Unterdrückung unspezifischer Bindungen und macht zudem eine reversible Anfärbung der Membran mit anionischen Farbstoffen (3.4.1) unmöglich. Nylonmembranen bieten sich deshalb für das Immunoblotting nur in speziellen Fällen an, wenn z. B. eine quantitative Bindung von niedermolekularen oder stark sauren Proteinen erwünscht ist (Peluso und Rosenberg 1987; Ramlau 1988) oder wenn als

Detektionsmethode ein Chemilumineszenznachweis mit Dioxetan-Substraten (4.7.5) eingesetzt wird.

3.2
Tank-Blotting

Das konventionelle Tank-Blotting bietet sich als Methode der Wahl an, wenn:
- eine größere Flexibilität in bezug auf die Transferbedingungen (variable Feldstärken, pH-Werte, Transferzeiten etc.) benötigt wird[3] oder
- häufig mehrere Gele gleichzeitig geblottet werden und eine gute Reproduzierbarkeit multipler Transfers erwünscht ist[4]. Weiterhin bietet sie sich
- speziell für PVDF-Membranen an, mit denen allgemein bessere Transfereffizienzen mit der Tank-Methode erreicht werden (Mozdznowski et al. 1992).

- Transferkammer für Tank-Blotting (s. Abb. 36, Bezugsquellen s. Anhang L) **Materialien**

- Netzgeräte für relativ hohe Stromstärken (bis mindestens 400 mA)

- Nitrocellulosemembranen einfach oder vliesverstärkt (0,2 oder 0,4 µm Porengröße) oder alternativ PVDF-Membranen (0,45 µm Porengröße): z. B. Immobilon P (Millipore) oder PVDF (Bio-Rad) oder evtl. Nylonmembranen (s. o.)

- Filterpapier (Blotting-Papier): z. B. 3MM oder Nr. 4 (Whatman), GB004 (Schleicher und Schuell)

- Filterpinzette (z. B. von Millipore)

- Glycin

- Tris-(hydroxymethyl)-aminomethan (Tris)

- Methanol (technisch)

---

[3] Bei den hohen Feldstärken im SemiDry-System besteht die Gefahr, daß kleine Proteinmoleküle „durchgeblottet" werden, ohne an die Transfermembran zu binden.
[4] Beim gleichzeitigen Blotten von mehreren Gelen in einem Stapel beim SemiDry-Blotten nimmt die Transfereffizienz in Richtung der Kathode ab.

Vorbereitungen   Transfer-Puffer

		Ansatz	
Endkonzentration	3 L	4 L	5 L
25 mM Tris	9 g	12 g	12 g
192 mM Glycin	43,2 g	57,6 g	72
20 % Methanol	600 ml	800 ml	1000 ml

Der pH stellt sich auf 8,1 - 8,4 ein. Nicht mit HCl titrieren!

Durchführung

1. Gele im Anschluß an die Elektrophorese je nach Dicke (0,75 oder 1,5 mm) 6 bis 10 min im Transfer-Puffer äquilibrieren. (Reduktion des freien SDS im Gel!)

2. Während dieser Zeit eine auf etwa Gelgröße zugeschnittene NC-Membran kurz auf der Oberfläche von ddH$_2$O strecken und vollsaugen lassen, dann über eine Kante ca. 2 min untertauchen.
   PVDF-Membranen müssen zunächst 1 – 2 sec in 100 % Methanol getaucht und dann 5 min in ddH$_2$O gespült werden.

3. Transfermembranen dann einige min in Transfer-Puffer legen, die Filterpapiere und die Schaumstoffschwämme ebenfalls vollständig mit Transfer-Puffer vollsaugen lassen.
   Bei der Herstellung des Transferstapels immer Handschuhe tragen!

4. Gel-Transfermembran-Sandwich in folgender Weise arrangieren (siehe auch Abb. 34, S. 144):

   Transfer-Kassette aufklappen und auf die Kathodenseite nacheinander stapeln:

   - einen Schaumstoffschwamm,
   - je nach Dicke 2 – 3 Filterpapiere,
   - das Gel,
   - die Transfermembran,
   - 2 – 3 Filterpapiere,
   - einen weiteren Schaumstoffschwamm
     Dabei alles sehr feucht halten bzw. möglichst keine Luftblasen produzieren!
     Es ist wichtig, daß die Transfermembran nur einmal korrekt auf das Gel gelegt wird, da sofort die Adsorption von Proteinen beginnt. Am besten man faßt die Membran an beiden Enden an und läßt sie vorsichtig Kontakt mit dem durchgebogenen mittleren Teil aufnehmen. Von da aus wird sie nach beiden Seiten aufgelegt

*und eventuelle Luftblasen werden mit **feuchten** Handschuhen sehr vorsichtig herausgestrichen oder mit einem Handroller sanft herausgewalzt.*

5. Kassette schließen und in der richtigen Orientierung in den Tank einhängen (Membran zur Anodenseite, Gel zur Kathodenseite!)

6. Falls herausnehmbar, Elektroden im entsprechenden Abstand (s. Anleitung der Hersteller!) in den Tank einsetzen.

7. Tank mit Transfer-Puffer füllen und alle Luftblasen entweichen lassen.

8. Eventuell Kühlvorrichtung (Kühlschlange) einsetzen (s. Anleitungen) und an Wasserleitung, Eisbad oder Kühlthermostat anschließen und Puffer zur besseren Wärmeableitung durch ein Magnetrührstäbchen in Bewegung setzen (evtl. im Kühlraum arbeiten).

9. Elektroden an das Netzgerät anschließen und folgende Transferbedingungen einstellen:

   - Standard-Transfer:
     60 V (7 V/cm) bzw. 200 – 300 mA, 2 – 3 Std.

   - Transfer bei niederer Feldstärke:
     20 V (3,75 V/cm) bei etwa 100 mA, 6 Std., eventuell über Nacht

   - Transfer bei hoher Feldstärke:
     100 V (12,5 V/cm) bei ca. 350 mA, 1 Std.

10. Nach dem Transfer Membran entnehmen, eventuell Orientierung markieren, feucht belassen und nach Kap. 3.4. weiterbehandeln.

Modifikation

Alternativ zu dem oben beschriebenen Tank-Blotting mit einem Tris-Glycerin-Puffer bietet sich ein Verfahren an, das noch höhere Stromstärken erlaubt und daher in kürzerer Zeit einen effektiven Transfer ermöglicht. Der bei dieser Methode benutzte Borat-Puffer (20 mM NaBorat; 1 mM EDTA; 0,1 mM DTT, pH 8,8 – 9,5) zeichnet sich außerdem durch seine guten Proteinlösungseigenschaften aus, da er ohne Zusatz von Methanol eingesetzt wird (Herrmann und Wiche 1987). Die Vorbehandlung der NC-Membranen, die Äquilibrierung in Boratpuffer und der Aufbau des Transferstapels ist identisch mit der oben beschriebenen Methode. Der Transfer beginnt zunächst für 5 min bei 100 mA, dann wird etwa alle 5 min schrittweise die Stromstärke um 100 mA erhöht, bis 500 mA erreicht sind. Anschließend wird der Transfer noch für 1 Std. bei 500 mA durchgeführt.

Hinweise

- Mehrere Gele gleichzeitig werden in getrennten Kassetten transferiert (bei den kommerziellen Geräten können 2 – 4 Kassetten eingesetzt werden).

- Niedermolekulare Proteine sollten bei niederer Feldstärke (< 5 V/cm) transferiert werden, um ein teilweises „Durchblotten" zu verhindern.

- Beim gleichzeitigen Transfer von sehr großen (>100.000 MG) und kleinen Proteinen wird ein Transfer in 2 Stufen empfohlen: 1 – 2 Std. bei niedriger Feldstärke und dann einige Stunden oder über Nacht bei hoher Feldstärke (Otter et al. 1987).

3.3
SemiDry-Blotting

Die einfache und sichere Handhabung des SemiDry-Blotting-Verfahrens bietet sich vor allem für problemlose Routine-Transfers an (Torey und Baldo 1987). Zudem weist es noch einige besondere Vorteile auf, wie z. B.:
- schneller Transfer bei konstant hoher Feldstärke,
- geringe Puffermengen (ca. 300 ml pro Transfer),
- gleichmäßiger Transfer unterschiedlichster Proteine durch Benutzung diskontinuierlicher Puffersysteme,
- keine Kühlung notwendig.

Materialien

- SemiDry-Blotting-Apparatur („Semi Dry-Blotter")
  Die kommerziell erhältlichen Geräte unterscheiden sich neben dem Design hauptsächlich durch die benutzten Elektroden: die Standard-Graphitelektroden sind noch enthalten im Nova Blot-Gerät von Pharmacia und in den Transfergeräten SD 2 und SD 3 von Cti. Die Trans-Blot-SD-Zelle von Bio-Rad und das Semiphor-Gerät (TE 70 von Hoeffer) enthält eine Anode aus Platin-beschichtetem Titan und eine Kathode aus Edelstahl. Die Transfer-Blot-Kammer SD 1 von Cti (Abb. 36) benutzt Glaskohlenstoffelektroden, welche gegenüber den herkömmlichen Graphitelektroden den Vorteil einer wesentlich höheren Haltbarkeit haben. Außerdem ist ein Eindringen von Elektrolyten, wie bei der porösen Struktur des Graphit, nicht möglich.

- *Netzgerät* für niedrige Spannungen und Stromstärken bis zu mindestens 250 mA

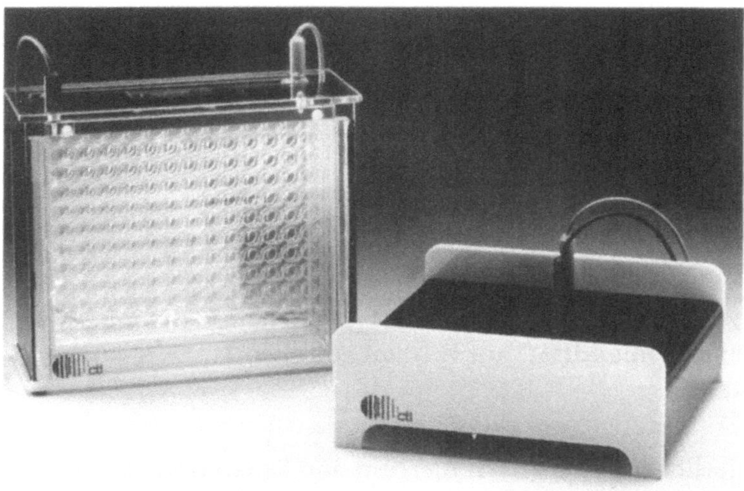

Abb. 36. Kommerziell erhältliche Transferkammern (Cti) zur Anwendung des Tank-Blotting- *(links)* oder SemiDry-Blotting-Verfahrens *(rechts)*

- *Nitrocellulosemembranen* (0,2 oder 0,45 µm Porengröße) oder *PVDF-Membranen*: z. B. Immobilon P (Millipore) oder PVDF (Bio-Rad), oder evtl. *Nylonmembranen* (s. S. 146, 147 u. Kap. 4.7.5)

- *Filterpapier* (Blotting-Papier): z. B. 3MM Chr (Whatman) oder GB004 (Schleicher und Schuell)

- Tris-(hydroxymethyl)-aminomethan (Tris)

- Methanol

- DL-Norleucin

- Glycin

- Natriumdodecylsulfat (SDS)

- Diskontinuierlicher Puffer (nach Kyhse-Andersen 1984):   **Vorbereitungen**

Anodenpuffer I

Endkonzentration	Ansatz
300 mM Tris-HCL, pH 10,4	36,3 g
20 % Methanol (v/v)	200 ml

Anodenpuffer II

| 25 mM Tris-HCL, pH 10,4 | 3,03 g |
| 20 % Methanol (v/v) | 200 ml |

Kathodenpuffer

| 25 mM Tris-HCL, pH 9,4 | 3,03 g |
| 40 mM DL-Norleucin | 5,24 ml |

Substanzen jeweils in ca. 500 ml ddH_2O lösen, den pH mit 1N HCl einstellen und mit ddH_2O auf 1000 ml auffüllen.

Alternativ:

● Kontinuierlicher Puffer (nach Bjerrum und Schafer-Nielsen 1986)

Endkonzentration	Ansatz
48 mM Tris	5,8 g
39 mM Glycin	2,9 g
0,0375 % SDS	0,375 g
20 % Methanol (v/v)	200 ml

mit ddH_2O auf 1000 ml auffüllen.

Durchführung Das hier beschriebene Protokoll bezieht sich auf das diskontinuierliche Puffersystem nach Kyhse-Andersen (1984).

1. Gel nach Beendigung der Elektrophorese (und Abtrennung des Sammelgels) ca. 5 min in Kathodenpuffer inkubieren.

2. Bei Graphitelektroden: Die untere Elektrodenplatte (Anode) mit Anodenpuffer I gut anfeuchten.

3. Den Transferstapel (Transfer-Einheit) wie folgt aufbauen (siehe auch Schema Abb. 35, S. 145):

   - Zwei (S&S GB004) bzw. drei (Whatman 3MM) zugeschnittene Filterpapiere (an allen Kanten größer als das Gel) einzeln in eine Wanne mit 100 – 200 ml Anodenpuffer I eintauchen. Vollsaugen lassen, herausnehmen und leicht abtropfen lassen und nacheinander glatt und luftblasenfrei übereinander auf die Basiselektrode legen,
   - darüber nacheinander 2 – 3 Filterpapiere getränkt in Anodenpuffer II legen,

- darauf die zugeschnittene Transfermembran getränkt in Anodenpuffer II plazieren.
  *PVDF-Membranen müssen vorher 1 – 2 sec in 5 – 10 ml 100 %
  Methanol getaucht werden und anschließend 5 min in ddH2O gewaschen werden.*
- Darüber das äquilibrierte Gel (s. oben) legen.
  *Zwischen Gel und Transfermembran besonders sorgfältig eventu-
  ell vorhandene Luftblasen durch mehrmaliges Auftippen mit einem Finger (feuchte Handschuhe!) oder mit einem Handroller
  oder einer Pipette vorsichtig und ohne Druck ausrollen.*
- Über das Gel 6 (3MM) bzw. 3 (GB004) Lagen Filterpapier getränkt mit Kathodenpuffer einzeln stapeln.
- Die obere Elektrode (Kathode) als Deckel plan auflegen (bei Graphit vorher mit Kathodenpuffer sättigen, s. oben).

4. Elektroden an das Netzgerät anschließen und bei konstanter Stromstärke (0,8 – 1 mA/cm^2 Filterpapierfläche; d. h. 180 – 220 mA bei üb-
   licher Gelgröße) transferieren.
   *Bei kurzen Transferzeiten (30 – 60 min) kann die Stromstärke auf
   das Doppelte erhöht werden. Die Transferdauer beträgt je nach Größe und Eigenschaften der zu transferierenden Proteine 30 – 120 min
   bei RT.*

5. Nach Beendigung des Transfers das Netzgerät abschalten, Filterpapier und Gel entfernen (eventuell zur Kontrolle der Elution Gel mit
   Coomassie Blau anfärben, Kap. 2.4.2).

6. Transfermembran entnehmen und entsprechend der Orientierung
   des Gels markieren, feucht belassen und nach Kap. 3.4 weiterbehandeln.

● Wenn mehrere Gele gleichzeitig mit einem Gerät geblottet werden   **Hinweise**
  sollen, können mehrere Transfer-Einheiten übereinander gestapelt
  werden (max. 6). Diese müssen dann jedoch durch Dialysiermembranen voneinander getrennt werden (s. Schema in Abb. 37).

● Bei schlecht eluierenden, besonders hydrophoben Proteinen kann
  man dem Kathodenpuffer 0,01 – 0,05 % SDS (w/v) zusetzen.

● Für viele Routinetransfers hat sich das kontinuierliche Puffersystem
  nach Bjerrum und Schafer Nielsen (1986) als ausreichend herausge-
  stellt. In diesem Fall werden alle Filterpapiere über und unter dem
  Gel-Membran-Sandwich mit dem einheitlichen Puffer getränkt.

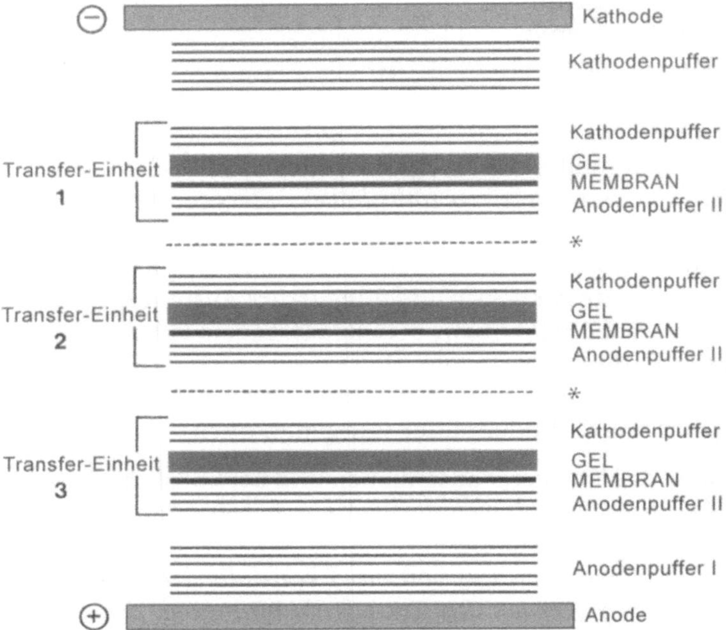

Abb. 37. Aufbau der einzelnen Transfer-Einheiten in einem SemiDry-Blotter bei Anwendung eines diskontinuierlichen Puffersystems. Dargestellt sind drei übereinander gestapelte Einheiten mit dazwischen liegenden Dialysiermembranen *(Sternchen)*. Da unterhalb der dritten Transfereinheit kein weiteres Gel bzw. keine weitere NC-Membran mehr folgt, kann hier auf die Dialysiermembran verzichtet werden

- Es ist besonders wichtig, daß der Transferstapel gut mit Feuchtigkeit getränkt ist (tropfnaß) und nicht durch Anpressen der Kathode ausgepresst wird. Trockene Bereiche im Stapel führen zu lokalen Erwärmungen und damit zu gesteigerter Verdunstung und zu weiter steigender Erwärmung und Austrocknung!

3.4
Färbung von Proteinen auf Blot-Membranen[5]

Die unspezifische Anfärbung aller Proteine auf der Blot-Membran dient einmal der Kontrolle der Transfereffizienz und darüber hinaus meist der Korrelation des Gesamtproteinmusters mit den Signalen der nachfolgenden immunchemischen Detektion spezifischer Antigene (Teil 4).

---

[5] Bei allen folgenden Methoden werden die Trägermembranen mit den durch Blotting transferierten Proteinen als „Blot-Membranen" bezeichnet.

Reversibel angefärbte Proteinfraktionen können außerdem für präparative Zwecke von der Membran eluiert werden (Kap. 3.5).

3.4.1
Färbung mit Ponceau S

Die Färbung mit dem sauren Azofarbstoff Ponceau S (Strukturformel s. Anhang J) hat den Vorteil, daß sie reversibel ist (Salinowich und Montelaro 1986), und deshalb nicht bei nachfolgenden immunchemischen Nachweisen mit Farbreaktionen stört. Außerdem wird im Gegensatz zu anderen Färbemethoden (Parekh et al. 1985) die Elution von Proteinen aus der Membran mit organischen Lösungsmitteln nicht gehemmt (Montelaro 1987). Die Färbung mit Ponceau S hat jedoch den Nachteil, daß sie nicht sehr empfindlich ist (Nachweisgrenze: 250 – 500 ng/Proteinfleck oder -bande; Montelaro 1987). Die schwach rosa gefärbten Proteinmuster sind wenig kontrastreich und damit relativ schlecht photographisch zu dokumentieren (Abb. 38). Deshalb dient die Färbung meist nur der visuellen Kontrolle des Transfers und der Markierung der Position der Referenzproteine.

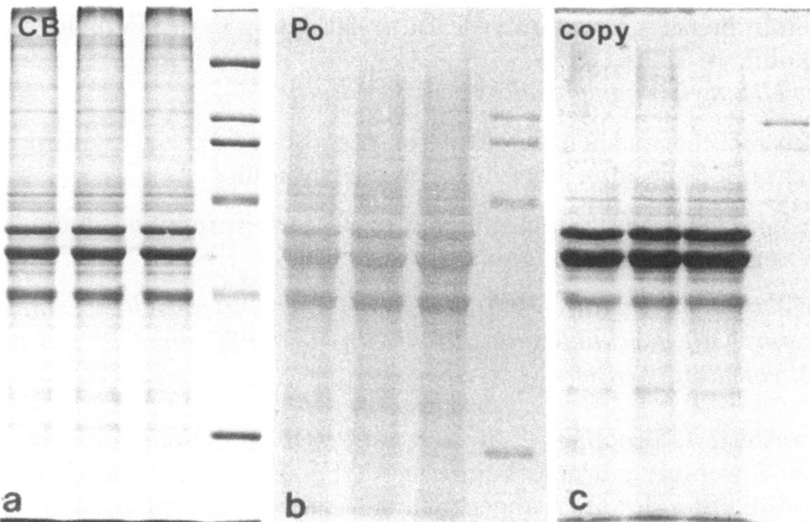

Abb. 38 a, b, c. Vergleich der Farbintensität eines mit Coomassie Brilliantblau gefärbten Mini-Gels (**a**) mit dem entsprechenden Muster nach elektrophoretischem Transfer und Anfärbung mit Ponceau (**b**, *Po*). In (**c**) ist der mit Tusche gefärbte kurzzeitige Abdruck auf eine NC-Membran (*copy*, Copy-Verfahren, s. Kap. 3.4.3) des Gels dargestellt, das anschließend für den in (**b**) gezeigten elektrophoretischen Transfer benutzt wurde

Materialien

- Färbeschalen
- Filterpinzette
- Ponceau S
- Trichloressigsäure
- Sulfosalicylsäure

Vorbereitungen

Färbelösung

Endkonzentration	Ansatz
0,2 % Ponceau S	2 g
3 % Trichloressigsäure	30 g
3 % Sulfosalicylsäure	30 g

mit ddH$_2$O auf 1000 ml auffüllen
Die Lösung ist bei RT stabil!

Durchführung

1. Nitrocellulosemembranen nach dem Transfer kurz in ddH$_2$O spülen.

2. Membranen 1 – 3 min unter leichter Bewegung in der Färbelösung inkubieren.
   Die Lösung kann mehrmals verwendet werden.

3. Zum Sichtbarmachen der Proteine Membran kurz (2 – 3 min) in leicht mit Essigsäure angesäuertem ddH$_2$O spülen.

4. Muster eventuell photographieren bzw. Markerproteine mit einem wasserfesten Stift markieren.

   Die Färbung wird durch Waschen in dH$_2$O (ca. 10 min) bzw. schneller durch die anschließenden Waschschritte in PBS oder TBS (s. Kap. 4.3) vollständig entfernt.

Hinweise

- Transferierte Proteine lassen sich auf PVDF-Membranen mit Ponceau S weniger gut anfärben; eine Verbesserung kann durch eine Modifikation des oben angegebenen Rezeptes erreicht werden, indem man 0,1 – 0,2 % Ponceau S in 10 % Essigsäure löst. Klar und deutlich wird das Protein-Muster auf den PVDF-Membranen nach Ponceau-Färbung jedoch erst nach Trocknung der Membranen (Abb. 39 a).

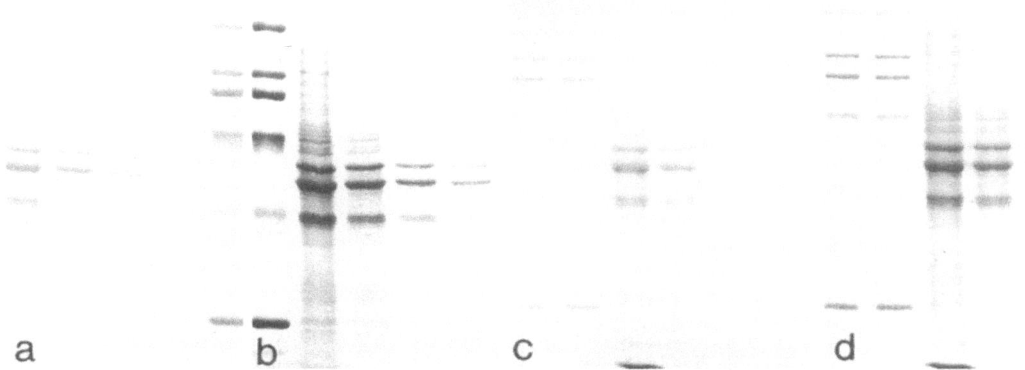

Abb. 39 a - d. Farbintensitäten der Transfermuster identischer Proteinmengen auf PVDF-Membranen nach Anfärbung mit Ponceau (**a**) und mit Coomassie Blau (**b**) nach Trocknung der Membranen. Demonstration der Steigerung des Farbkontrastes einer mit Coomassie Blau gefärbten, noch feuchten (**c**) PVDF-Membran und nach deren Trocknung (**d**)

- Auf Nylonmembranen transferierte Proteine können mit dem anionischen Farbstoff Ponceau S aufgrund hoher Hintergrundsfärbung nicht analysiert werden (spezielle Färbemethoden für diese Membranen s. Moeremans et al. 1988).

3.4.2
Färbung mit Coomassie Brilliantblau R-250

Coomassie Brilliantblau R-250 eignet sich als sehr sensitiver Farbstoff hervorragend zur Darstellung von Proteinen, die auf PVDF-Membranen transferiert wurden (Nuwaysir und Stults 1993). Da bei der Differenzierung der Banden die Entfärbung des Hintergrundes auch sehr schnell in die Entfärbung der Proteinbanden bzw. -flecken übergeht, sollte zur optimalen Darstellung der aufgetrennten Proteine die Entfärbung bei noch leicht blauem Hintergrund unterbrochen werden. Diese leichte Hintergrundsfärbung verschwindet fast vollständig, wenn die PVDF-Membranen getrocknet werden. Gleichzeitig mit dem Trocknen der Membranen erfolgt dabei eine deutliche Verstärkung der Proteinbanden(-flecken)-Schärfe (s. Abb. 39 c,d).

Materialien

- Färbeschale

- Schüttler

- Coomassie Blau R-250 (z. B. von BioRad oder Boehringer IngelheimBioproducts Partnership)

- Methanol p.a.

- Essigsäure

Vorbereitungen

- Färbelösung

Methanol	40 ml
Essigsäure	2 ml
Coomassie Brilliantblau	0,2 g

mit ddH$_2$O auf 100 ml auffüllen und die Lösung filtrieren.
Die Lösung kann mehrere Male benutzt werden.

- Entfärbelösung

50 % Methanol, 1 % Essigsäure in ddH$_2$O

Durchführung

1. PVDF-Membranen 1 – 5 min in Färbelösung unter leichtem Schütteln inkubieren.

2. Färbelösung abgießen und durch Entfärbelösung ersetzen. Schütteln.

3. Entfärbungsvorgang unter Beobachtung so lange fortsetzen (wenige min), bis Banden deutlich sichtbar werden. Bei noch leicht blauem Hintergrund Membran herausnehmen und trocknen lassen.

4. Für die Durchführung eines Immunnachweises PVDF-Membran zunächst kurz in 100 % Methanol eintauchen und anschließend direkt in Puffer- bzw. Blockierungslösung überführen (s. Kap. 4.3).
Bei diesem Vorgehen bleibt die Proteinfärbung zum großen Teil erhalten. Da sie die anschließende Immunreaktion nicht stört, ist später eine direkte Zuordnung der Signale mit spezifischen Proteinbanden möglich. Alternativ kann die Membran durch Inkubation in 100 % Methanol (mit mehrmaligem Wechsel) auch wieder vollständig entfärbt werden.

Hinweis

- Trotz der hohen Empfindlichkeit von Coomassie Brilliantblau beim Nachweis von transferierten Proteinen auf PVDF-Membranen, sind manche Proteine nur schlecht oder gar nicht anfärbbar. Ein Nachweis solcher „unsichtbarer" Proteine gelingt dann evtl. durch die Anfärbung mit dem ansonsten relativ insensitiven Farbstoff „Amido Black" (Färbelösung: 0,03 % Amido Black z. B. von BioRad, 50 % Methanol, 5 % Essigsäure). Entfärbelösung und die Durchführung sind analog dem oben angegebenen Protokoll.

3.4.3
Färbung mit Tusche („india ink")

Die Färbung von Blot-Membranen mit Tusche (Hancock und Tsang 1983) beruht auf der differentiellen Adsorption von Kohlenstoffpartikeln an die immobilisierten Proteine. Die unspezifische Bindung an die Membran muß durch die Gegenwart eines nicht-ionischen Detergens verhindert werden. Die Methode ist sehr empfindlich (Nachweisgrenze 6 – 10 ng pro Proteinbande; Glenney 1986; Hughes et al. 1988), annähernd vergleichbar mit der Sensitivität der Silberfärbung in Gelen. Diese hohe Sensitivität bedeutet aber auch, daß bei den üblichen Proteinmengen, die mit Ponceau S gut darstellbar sind, eine totale Schwärzung des Transfermusters eintritt (siehe dazu eine alternative „Copy Methode" unter „Modifikationen"). Die Färbung mit Tusche ist nicht reversibel, stört nach Glenney (1986) kaum die anschließende Bindung von Antikörpern an Antigene, wobei jedoch eine starke Farbstoffkonzentrierung sehr störend sein kann. Sie eignet sich daher im wesentlichen nur, wenn die Detektion der Immunkomplexe durch Autoradiographie oder Luminographie erfolgt (Kap. 4.8) und bei der erwähnten „Copy Methode". Gefärbte Präzipitate von enzymgekoppelten Immunnachweisen lassen sich zwar vor dem grau-schwarzen Hintergrund der Tuschefärbung visuell erkennen, können aber nicht mit Schwarz-Weiß-Photographie dokumentiert werden. Es ist jedoch unter bestimmten Bedingungen möglich, im Anschluß an einen enzymatischen Immunnachweis das Gesamtprotein mit Tusche anzufärben (Ono und Tuan 1990).

- Färbeschale

- Schüttler

- Pelikan Füllhalter-Tinte „Fount India" oder Faber-Castell Higgins Zeichentusche Nr. 40479 oder Blotblack als Stammlösung (Cti)

- Tween 20

- NaCl

- Na_2PO_4

- $NaHPO_4$

Materialien

- PBS-Tween (0,05 %)

  0,5 ml Tween 20 mit PBS (s. Anhang B) auf 1000 ml auffüllen

Vorbereitungen

● Färbelösung

100 ml Tusche oder 1 ml Blotblack in

100 ml PBS-Tween lösen und filtrieren (entfällt bei Blotblack)

Die Lösung sollte nicht wiederbenutzt werden.

Durchführung

1. Membranen 1 – 3 x 10 min in PBS-Tween unter leichtem Schütteln inkubieren.

2. 3 Std. bis über Nacht in Färbelösung legen.

3. Mehrmals kurz (5 min) in PBS-Tween waschen, bis der Hintergrund akzeptabel ist.

4. Gefärbte Membranen photographieren und für den immunologischen Nachweis von Antigenen weiterbehandeln (Kap. 4.3).

Modifikationen

● Um auch bei höheren Proteinkonzentrationen mit der empfindlichen „Tuschemethode" eine spätere Korrelation zwischen Proteinmuster im Originalgel und reaktiven Banden auf dem Immunoblot herstellen zu können, empfiehlt sich eine einfache und schnelle „Copy Methode":

Dazu wird nach Beendigung der Elektrophorese das Gel sowie eine entsprechend zugeschnittene NC-Membran und ein Stück Filterpapier kurz (1 – 2 min) in dem beim SemiDry-Blotting benutzten Kathodenpuffer (s. Kap. 3.3) inkubiert. Anschließend wird erst das Filterpapier, dann die NC-Membran noch gut feucht auf eine Glasplatte gelegt und darauf das Gel luftblasenfrei aufgebracht (*Position nicht mehr korrigieren!*) und nochmals mit einigen Tropfen Puffer angefeuchtet. Dann überträgt man den Filterpapier/NC-Membran/Gel-Sandwich vorsichtig auf 2 – 3 Lagen trockenes Filterpapier und blottet für ca. 1 min. Anschließend hebt man die NC-Membran mit aufliegendem Gel ab und läßt das Gel im Kathodenpuffer abschwimmen (dazu evtl. NC-Membran/Gel-Sandwich so drehen, daß das Gel nach unten zu liegen kommt). Die NC-Membran herausnehmen, wenige Minuten in PBS waschen und anschließend (wie beschrieben) mit Tusche anfärben (s. Abb. 38c). Das Gel zur Durchführung des elektrophoretischen Proteintransfers, wie üblich, weiterbenutzen (Kap. 3.2 oder 3.3).

● Die Färbung mit Tusche kann durch Vorbehandlung der Protein-Blots mit Alkali intensiviert werden (Sutherland und Sheritt 1986). Dazu werden die Membranen 5 min 1 % KOH bei RT inkubiert und dann, wie oben beschrieben, in PBS-Tween gewaschen und gefärbt.

3.5
Elution von Proteinen von NC- und PVDF-Membranen

Die reversible Anfärbung von Proteinen auf NC- oder PVDF-Membranen ermöglicht die Lokalisation und Elution vor allem hydrophiler Proteine (Montelaro 1987). Die dafür unten aufgeführten Konzentrationen der Acetonitrillösungen können je nach Bindungsverhalten der Proteine variiert werden. Um eine irreversible Präzipitation der Proteine zu vermeiden, sollte das Elutionsverhalten der Proteine zunächst mit möglichst geringen (ab ~10 %) Acetonitrilkonzentrationen untersucht werden.

- Mikrolitergefäße (Eppendorf-Typ)

- Vakuum-Konzentrations-Zentrifuge (Speed-Vac-System)

- Mikroliterzentrifuge

- Acetonitril (Methylcyamid p. a., z. B. von Sigma oder Merck)

- Ammonium-Acetat

- Elutionslösung
  20 % bis ca. 40 % Acetonitril (v/v) in 0,1 M Ammonium-Acetat, pH 8,9

Materialien

Vorbereitungen

1. Im Anschluß an die Färbung (Kap. 3.4.1 bzw. Kap. 3.4.2) die zu eluierenden Proteinbanden oder -flecken ausschneiden, durch 10 min Inkubation in ddH$_2$O unter leichtem Schütteln entfärben und in ein Reaktionsgefäß überführen.

2. Mit 0,5 ml Elutionslösung (pro cm^2 Membranfläche) versetzen und 3 Std. bei 37° C eluieren.

3. Membranschnipsel mit einer Pinzette entfernen und das Eluat 5 min in einer Mikroliterzentrifuge bei 10.000 x g zentrifugieren.

4. Überstand in ein neues Gefäß pipettieren und in einer Vakuum-Konzentrations-Zentrifuge trocknen (s. Kap. 1.9.5).
   Das getrocknete Protein kann für Analyse- oder Immunisierungszwecke verwendet werden.

Durchführung

3.6
Fehlersuche

Tank-Blotting

Problem	Mögliche Ursache(n)	Gegenmaßnahme(n)
Kein Transfer: Proteine aus dem Gel eluiert, aber nicht auf der Blot-Membran zu erkennen	Blot-Membran auf der falschen Seite des Gels bzw. Kassette falsch herum in den Tank eingesetzt	Membran muß auf der Anodenseite des Gels liegen (Transferrichtung von SDS-beladenen Proteinen von der Kathode zur Anode!)
Schlechter Transfer: besonders hochmolekulare Proteine sind teilweise im Gel verblieben	Gelstruktur	Besonders bei höherprozentigen (% T) Gelen eventuell % des Vernetzers (% C) reduzieren oder Gele nach Tab. 6, S. 82 herstellen.
	Methanol im Puffer	Methanol um 50 % reduzieren oder weglassen
	Kein SDS im Puffer	SDS (0,01 - 0,05 %) in den Puffer geben
	Transferzeit zu kurz	Transferzeit verlängern
	Feldstärke zu niedrig	Feldstärke erhöhen
Ausfälle im Transfermuster („Schweizer-Käse-Effekt")	Schlechter Kontakt durch Luftblasen im Transfer-Sandwich	Luftblasen beim Stapeln des Sandwich bei jeder Schicht sorgfältig entfernen
Niedermolekulare Proteine sind weder im Gel noch auf der Membran	Feldstärke zu hoch, Proteine wurden z. T. ohne zu binden durch die Membran geblottet	Feldstärke auf $\leq$ 5 V/cm reduzieren
	Porengröße der Membran zu groß	Membranen mit kleinerer Porengröße (0,1 – 0,2 μm) benutzen

SemiDry-Blotting

Problem	Mögliche Ursache(n)	Gegenmaßnahme(n)
Kein Protein auf der Blot-Membran	Falsche Strompolung	Untere Elektrode (Anode) an positiven Pol anschließen
	Transfersandwich falsch zusammengebaut; Membran auf der falschen Seite des Gels	Transfermembran muß auf der Anodenseite des Gels liegen (!)
Transfer nicht komplett (besonders große Moleküle bleiben im Gel)	Schlechte Elution großer hydrophober Proteine	Methanol in den Puffern weglassen und/oder SDS (0,01 - 0,05 %) zum Kathodenpuffer dazugeben
Vollständige Elution aller Proteine aus dem Gel, aber ineffiziente Bindung, besonders der niedermolekularen Proteine an die Membran	Kleine Proteine sind ohne zu binden durch die Membran geblottet worden	Eventuell Feldstärke und Transferzeit etwas reduzieren oder Membranen mit kleineren Poren (0,1-0,2 μm) benutzen. Falls ohne deutlichen Effekt, Transfer bei niederer Feldstärke oder im Zweistufenverfahren im Tank blotten
Runde bis ellipsoide Ausfälle im Transfermuster	Luftblasen im Transfersandwich	Luftblasen beim Stapeln des Sandwich zwischen jeder Schicht sorgfältig entfernen
Unregelmäßiger Transfer	Stromfluß unregelmäßig, weil Transfersandwich nicht vollständig und gleichmäßig mit Puffer gesättigt war	Beim Aufbau des Transferstapels auf gleichmäßige Benetzung der Filterpapiere achten, nicht anpressen
	Die empfohlene Stromstärke wurde deutlich überschritten. Wärmeentwicklung und teilweises Verdampfen der Puffer	Stromstärke reduzieren

3.7
Literatur

Alwine JC, Kemp DJ, Stark GR (1977) Method for detection of specific RNAs in agarose gels by transfer to diazobenzyloxymethyl-paper and hybridization with DNA probes. Proc Natl Acad Sci USA 74:5350-5354

Bittner M, Kupferer P, Morris CF (1980) Electrophoretic transfer of proteins and nucleic acids to diazobenzyloxymethyl cellulose or nitrocellulose sheets. Anal Biochem 102:459-471

Bjerrum OJ, Heegaard NHH (eds) (1989) Handbook of immunoblotting of proteins. CRC, Boca Raton, Florida

Bjerrum OJ, Schafer-Nielsen C (1986) Buffer systems and transfer parameters for semidry electroblotting with a horizontal apparatus. In: Dunn MJ (ed) Electrophoresis '86. VCH, Weinheim, pp 315-327

Bleisiegel U (1986) Protein blotting. Electrophoresis 7:1-18

Burnette WH (1981) Western blotting: Electrophoretic transfer of proteins from SDS-polyacrylamide gels to unmodified nitrocellulose and radiographic detection with antibody and radioiodinated protein A. Anal Biochem 112:195-203

Garfin DE, Bers G (1989) Basic aspects of protein blotting. In: Baldo BA, Torey ER (eds) Protein blotting. Karger, Basel, pp 5-38

Gershoni JM (1987) Protein blotting: A tool for the analytical biochemist. In: Chrambach A, Dunn MJ, Radola BJ (eds) Advances in electrophoresis. VCH, Weinheim, Vol 1, pp 153-175

Gershoni JM, Palade GE (1982) Electrophoretic transfer of proteins from sodium dodecyl sulfate-polyacrylamide gels to a positively charged membrane filter. Anal Biochem 124:396-405

Gershoni JM, Palade GE (1983) Protein blotting: Principles and applications. Anal Biochem 131:1-15

Glenney J (1986) Antibody probing of Western blots which have been stained with india ink. Anal Biochem 156:315-319

Gültekin H, Heermann KH (1988) The use of polyvinylidenedifluoride membranes as a general blotting matrix. Anal Biochem 172:320-329

Hancock K, Tsang VCW (1983) India ink staining of proteins on nitrocellulose paper. Anal Biochem 133:157-162

Heegard NHH, Bjerrum OJ (1988) Immunoblotting - General principles and procedures. In: Bjerrum OJ, Heegard NHH (eds) CRC handbook of immunoblotting of proteins. CRC, Boca Raton, Florida, Vol I, pp 1-25

Herrmann H, Wiche G (1987) Plectin and IFAP-300k are homologous proteins binding to microtubule-associated proteins 1 and 2 and to the 240 kDa subunit of spectrin. J Biol Chem 262:1320-1325

Hughes JH, Mack K, Hampavian VV (1988) India ink staining of proteins on nylon and hydrophobic membranes. Anal Biochem 173:18-25

Kyhse-Andersen J (1984) Electroblotting of multiple gels: a simple apparatus without buffer tank for rapid transfer of proteins from polyacrylamide to nitrocellulose. J Biochem Biophys Meth 10:203-209

LeGendre N (1990) Immobilon-P™ transfer membrane: Applications and utility in protein biochemical analysis. BioTechniques 9 (Suppl):788-805

Lissilour S, Godinot C (1990) Influence of SDS and methanol on protein electrotransfer to Immobilon P membranes in semidry blot systems. BioTechniques 9:397-401

Matsudaira P (1987) Sequence from picomole quantities of proteins electroblotted onto polyvinylidene difluoride membranes. J Biol Chem 262:10035-10038

Moeremans M, Daneels G, de Raeymaeker M, de Mey J (1988) Colloidal metal staining of blots. In: Bjerrum OJ, Heegard NHH (eds) Handbook of immunoblotting of proteins. CRC, Boca Raton, Florida, Vol I, pp 137-144

Montelaro RC (1987) Protein antigen purification by preparative protein blotting. Electrophoresis 8:432-438

Mozdznowski J, Hembach P, Speicher DW (1992) High yield electroblotting onto polyvinylidene difluoride membranes from polyacrylamide gels. Electrophoresis 13:59-64

Nuwaysir LM, Stults JT (1993) Electrospray ionization mass spectrometry of phospho-peptides isolated by on-line immobilized metal-ion affinity chromatography. J Am Soc Mass Spectrom 4:662-669

Nyholm L, Ramlau J (1988) Nitrocellulose membranes as a solid phase in immunoblotting. In: Bjerrum OJ, Heegard NHH (eds) Handbook of immunoblotting of proteins. CRC, Boca Raton, Florida, Vol I, pp 101-108

Ono T, Tuan RS (1990) Double staining of immunoblots using enzyme histochemistry and india ink. Anal Biochem 187:324-327

Otter T, King SM, Witman GB (1987) A two-step procedure for efficient electrotransfer of both high-molecular-weight (>400 000) and low-molecular-weight (<20 000) proteins. Anal Biochem 162:370-377

Parekh BS, Mehta HB, West MD, Montelaro RC (1985) Preparative elution of proteins from nitrocellulose membranes after separation by sodium-dodecyl-sulfate-poly-acrylamide gel electrophoresis. Anal Biochem 148:87-92

Peluso RW, Rosenberg GH (1987) Quantitative electrotransfer of proteins from sodium dodecyl sulfate-polyacrylamide gels onto positively charged nylon membranes. Anal Biochem 162:389-398

Pluskal MG, Przekop MB, Kavonian MR (1986) Immobilon™ PVDF transfer membrane. A new membrane substrate for Western blotting of proteins. BioTechniques 4:272-283

Ramlau J (1988) Protein binding to charge-derivatized membranes in blotting procedures - a critical study. In: Bjerrum OJ, Heegard NHH (eds) Handbook of immunoblotting of proteins. CRC, Boca Raton, Florida, Vol I, pp 109-111

Salinowich O, Montelaro R (1986) Reversible staining and peptide mapping of proteins transferred to nitrocellulose after separation by SDS-PAGE. Anal Biochem 156:341-347

Southern EM (1975) Detection of specific sequences among DNA fragments separated by gel electrophoresis. J Mol Biol 98:503-517

Sutherland MW, Skerritt JH (1986) Alkali enhancement of protein staining on nitrocellulose. Electrophoresis 7:401-406

Svoboda M, Meuris S, Robyn C, Christophe J (1985) Rapid electrotransfer of proteins from polyacrylamide gel to nitrocellulose membrane using surface-conductive glass as anode. Anal Biochem 151:16-23

Torey ER, Baldo BA (1987) Comparison of semidry and conventional tank-buffer electrotransfer of proteins from polyacrylamide gels to nitrocellulose membranes. Electrophoresis 8:384-387

Torey ER, Baldo BA (1989) Protein binding to nitrocellulose, nylon and PVDF membranes in immunoassays and electroblotting. J Biochem Biophys Meth 19:169-184

Towbin H, Gordon J (1984) Immunoblotting and dot immunobinding - Current status and outlook. J Immun Meth 72:313-340

Towbin H, Staehelin T, Gordon J (1979) Electrophoretic transfer of proteins from polyacrylamide gels to nitrocellulose sheets: Procedure and some applications. Proc Nat Acad Sci USA 76:4350-4354

van Oss CJ, Good RJ, Chaudhury MK (1987) Mechanism of DNA (Southern) and protein (Western) blotting on cellulose nitrate and other membranes. J Chromatogr 391:53-65

Nachweis von Proteinen auf Blot-Membranen mit immunchemischen Methoden

4.1
Allgemeine Einleitung und Überblick

Theorie der Bindung von Antikörpern an Proteinantigene

Proteine besitzen meist eine Vielzahl verschiedener antigener Determinanten (*Epitope*), mit denen dagegen gerichtete Antikörper über entsprechende Bindungsstellen (*Paratope*) in Wechselwirkung treten können. Die Antigenbindungsstellen werden bekanntlich von den variablen Bereichen der schweren und leichten Ketten der Antikörper, und hier speziell von den hypervariablen Regionen (Komplementarität-determinierende Regionen; CDRs), gebildet (s. Lehrbücher der Immunologie). Komplementarität bedeutet, daß die räumlichen Strukturen und Ladungsverteilungen zwischen Paratop und Epitop mehr oder weniger zueinander passen („Schlüssel-Schloß-Prinzip"). Ein Maß für die Genauigkeit dieser Übereinstimmung und das Ausmaß der dadurch möglichen nicht-kovalenten Wechselwirkungen (wie z. B. H-Brücken, van-der-Waals-Kräfte, hydrophobe und ionische Wechselwirkungen) ist die Affinitätskonstante:

$$K_A \rightleftharpoons [Ak - Ag] / [Ak] [Ag],$$

wobei $[Ak - Ag]$ die molare Konzentration des Antikörper-Antigen-Komplexes im chemischen Gleichgewicht darstellt. $[Ak]$ ist die molare Konzentration des freien Antikörpers, bzw. genauer die Konzentration der freien Antigenbindungsstellen (Paratope), und $[Ag]$ entsprechend die molare Konzentration der freien Epitope im Gleichgewicht[1].

Die *Affinität* ist damit ein Maß für die Bindungsstärke *eines* Paratops an *ein* Epitop. Die Werte von K_A liegen üblicherweise zwischen $10^5 M^{-1}$ (niedrig-affin) und $10^{11} M^{-1}$ (hoch-affin). Da die Antikörper jedoch mehrere Paratope (Valenzen) besitzen (z. B. die Hauptklassen IgG = 2

---

[1] Wie bei allen Gleichgewichtreaktionen ist K_A auch abhängig von der Temperatur, dem pH-Wert und der Art des Lösungsmittels (z. B. Polarität und Ionenstärke).

und IgM = 10) und darüber hinaus polyklonale Antiseren Antikörper gegen verschiedene Epitope eines komplexen Antigens enthalten, kommt es je nach Bedingungen zu bi- und multivalenten Bindungen zwischen Antikörpern und Antigenmolekülen. Die Gesamtstabilität solcher multimerer Komplexe in einem bestimmten Versuchsansatz wird als *Avidität* definiert. Die Avidität ist dabei nicht nur abhängig von der Valenz und den Affinitäten der beteiligten Antikörper sowie von der Art und Anzahl der verschiedenen Epitope, sondern auch von der geometrischen Anordnung der Reaktionspartner. Dies ist für den Erfolg und die Empfindlichkeit verschiedener immunchemischer Methoden von entscheidender Bedeutung: So ist die Wahrscheinlichkeit der Ausbildung von multivalenten Bindungen polyklonaler Antikörper an benachbarte Epitope sehr hoch, wenn das Antigen konzentriert auf einen eng begrenzten Bereich vorliegt (z. B. gebunden an eine Matrix wie beim Immunoblotting). Außerdem ist die Chance dann sehr groß, daß dissoziierende niedrig-affine Antikörper sofort wieder an benachbarte Epitope binden.

Bei polyklonalen Antiseren wird häufig auch der *Titer* als Ausdruck der Gesamtreaktivität (Gesamtbindungswert) der Antikörpermischung definiert. Der Titer beinhaltet theoretisch die Σ (Einzelaffinitäten x jeweiliger Konzentration) derjenigen Antikörper im Serum, welche spezifisch für die verschiedenen Epitope des Antigens sind (Ramlau 1988)[2]. Der Titer ist somit ein Maß für die in einem Serum enthaltene Menge an spezifischen Antikörpern und deren Avidität. Monoklonale Antikörper erkennen mit ihren Paratopen nur eine einzige antigene Determinante (Epitop) und haben deshalb, bei vergleichbarer Affinität, eine geringere Avidität als polyklonale Antikörper.

Markierte sekundäre Antikörper und Antiköper-spezifische Liganden als immunologische Sonden zum indirekten Nachweis von Proteinen auf Blot-Membranen

Der Hauptanwendungsbereich des Protein-Blotting ist die Identifizierung von Antigenen auf Blot-Membranen mit spezifischen Antikörpern. Zu diesem Zweck können die Antikörper chromatographisch gereinigt und direkt als immunologische Sonden markiert und nach Bindung an das entsprechende Antigen nachgewiesen werden (direktes Detektionsverfahren; spezielle Anwendung und Vorteile s. Harlow und

---

[2] In der Praxis der Immunchemie wird der Titer üblicherweise als diejenige Menge Antigen definiert, die pro Milliliter Antiserum präzipitiert werden kann. In der klinischen Diagnostik bezeichnet man als Titer die stärkste Serumverdünnung bei der mit der jeweiligen Nachweismethode noch eine erkennbare Antikörper-Antigen-Reaktion vorhanden ist.

Lane 1988). In den meisten Fällen wird der immunologische Nachweis jedoch indirekt in zwei oder mehr Stufen durchgeführt:

1. Bindung eines unmarkierten Primärantikörpers an das Antigen.

2. Bindung eines markierten Sekundärantikörpers oder eines Antikörper-spezifischen Liganden an den (primären) Antigen-Antikörper-Komplex.

3. In speziellen Fällen werden an modifizierte Sekundärantikörper in einem weiteren Schritt markierte (tertiäre) Antikörper (z. B. bei der Peroxidase-anti-Peroxidase (PAP)-Technik (Ogata 1988) und Alkalische Phosphatase-anti-Alkalische Phosphatase (APAAP)-Technik; Cordell et al. 1984) oder spezifische Liganden (z. B. (Strept)Avidin-Detektor-Komplexe) gebunden und mit entsprechenden Detektionsmethoden nachgewiesen.

Der *Vorteil* der indirekten immunologischen Nachweismethoden besteht darin, daß:

- die unmarkierten monoklonalen oder polyklonalen Primärantikörper nicht unbedingt gereinigt werden müssen, es können meist verdünnte Antiseren, Aszitesflüssigkeit (die Produktion von Aszitesflüssigkeit ist in der BRD jedoch nur in Ausnahmefällen erlaubt), oder Überstände von Hybridoma-Zellkulturen verwendet werden;

- mit einem markierten Sekundärantikörper bzw. den bakteriellen Proteinen A oder G (s. unten) alle Antigenkomplexe einer oder mehrerer Antikörperklassen oder Subklassen nachgewiesen werden können,

- meist eine Verstärkung des Signals und damit eine entsprechende Zunahme der Empfindlichkeit des Nachweises erreicht wird;

- die sekundären und tertiären immunologischen Sonden hochgereinigt und in allen gebräuchlichen Formen markiert kommerziell erhältlich sind.

Die *Spezifität* der indirekten immunologischen Nachweismethoden hängt hauptsächlich von der Qualität der Primärantikörper ab. *Polyklonale Antiseren* enthalten neben maximal 25 – 30 % an spezifischen Antikörpern überwiegend unspezifische Immunglobuline bezogen auf das Immunogen. Dadurch besteht eine gewisse Gefahr, daß es zu „unspezifischen" Reaktionen mit anderen Proteinen kommt. Außerdem können zufällige Kreuzreaktionen der spezifischen Antikörper mit Epitopen auf anderen Proteinen auftreten. Diese *„ungewollten"* Signale können durch entsprechende Verdünnung des Antiserums, durch „Blockierungslösungen" und stringente Waschbedingungen (s. Kap. 4.3) meist minimiert werden. Bei anhaltenden Problemen mit Kreuzreaktionen empfiehlt sich eine Affinitätsreinigung des Antiserums (z. B. wie in Anhang H beschrieben). Obwohl *monoklonale Antikörper*, je nach Präparation, in mehr oder weniger reiner Form vorliegen und nur gegen eine einzige antigene Determinante gerichtet sind, sind sie nicht frei von Kreuzreaktionen. Dies beruht darauf, daß sie verglichen mit den einzelnen Komponenten eines polyklonalen Antiserums häufig in höherer Konzentration eingesetzt werden und deshalb noch leichter Bindungen schwacher Affinität mit ähnlichen Epitopen eingehen. Ein anderes Problem beim Immunoblotting mit monoklonalen Antikörpern ist gerade ihre Monospezifität. Da die Proteine auf Blotmembranen durch die vorausgegangene SDS-PAGE oft denaturiert sind, binden nur solche Antikörper, die denaturierungsresistente oder konformationsunabhängige (sequenzielle) Epitope erkennen. Bei monoklonalen Antikörpern besteht immer die Gefahr, daß ihr spezifisches Epitop unter den vorausgegangenen denaturierenden Bedingungen zerstört wurde. In polyklonalen Seren dagegen sind solche Antikörper praktisch immer enthalten, und sie eignen sich deshalb besonders gut für das Immunoblotting nach SDS-PAGE. Die Eignung von monoklonalen Antikörpern für das Immunoblotting kann in Vorversuchen auf Dot-Blots getestet werden. Eventuell kann bei einem negativen Ergebnis auch eine elektrophoretische Auftrennung der Proteine unter nicht-denaturierenden Bedingungen versucht werden (s. Kap. 2.2, S. 91 und Best und Speicher 1995). In Einzelfällen kann auch versucht werden, durch Inkubation des Geles oder der Transfermembran in Puffern mit Harnstoff oder Guanidinhydrochlorid eine Renaturierung der Proteine zu erreichen (eine Renaturierungsmethode unter Benutzung von Harnstoffpuffer ist in Anhang I beschrieben).

Die *Sensitivität* der indirekten immunologischen Nachweismethoden ist abhängig vom Titer der Primär- und Sekundärantikörper sowie vom Verstärkereffekt und der Empfindlichkeit des Detektionssystems (Ramlau 1987). Aufgrund der hohen lokalen Konzentration des Antigens auf der Oberfläche der Blot-Membran ist die Avidität der Bindung mit den Primärantikörpern hoch, so daß auch Antikörper mit geringer Affinität noch gut binden ($10^6 - 10^7 M^{-1}$). Die als Sekundärantikörper benutzten polyklonalen Anti-Immunglobulin-Antikörper, die gegen die Klasse oder Subklasse der Primärantikörper gerichtet sind (z. B. anti-Maus IgG aus Ziege oder anti-Mensch IgG_3 aus Maus), sind meist hoch-affin und binden an verschiedene Epitope, so daß multimere Komplexe mit dem Primärantikörper gebildet werden können. Unter optimalen Bedingungen können 5 – 10 Sekundärantikörper pro Primärantikörper binden (vgl. Schema in Abb. 40). Dagegen binden die alternativ als sekundäre Liganden benutzten bakteriellen Ig-Rezeptoren Protein A aus Staphylococcus (Goding 1978) und Protein G aus Streptococcus (Akerstrom et al. 1985) nur im Verhältnis 1 : 1 an den Fc-Teil von gebundenen Immunglobulinen (Gruhn und McDuffie 1979). Aus diesem Grund ist die Sensitivität der Detektion mit diesen sekundären immunologischen Agentien auch entsprechend geringer als mit Anti-Ig-Antikörpern. Sie bieten aber den Vorteil größerer Flexibilität, da sie an die Ig-Klassen vieler Organismen binden (s. Tabelle 2, 3 in Teil 1). Um als *immunologische Sonden* zu fungieren, werden die Sekundärantikörper bzw. Ig-spezifischen Liganden *markiert*, und zwar entweder

- durch chemische Kopplung (Konjugation) mit Enzymen, oder

- mit radioaktiven Isotopen (meist ^{125}I), oder

- durch Adsorption an Schwermetalle (z. B. kolloidalem Gold), oder

- durch Biotinylierung (Kopplung mit Biotinresten).

Die markierten immunologischen Sonden können dann nach Bindung an die spezifischen Immunkomplexe auf der Membran durch geeignete Detektionsmethoden nachgewiesen werden. Dies sind im wesentlichen:

- Enzym-gekoppelte Immunnachweise mit chromogenen oder luminogenen Substraten (Kap. 4.7),

- Radioimmunnachweise durch Autoradiographie auf Röntgenfilmen (Kap. 4.8),

- Immun-Gold-Detektion durch Silberverstärkung (Kap. 4.9) sowie die

- Detektion von biotinylierten Sekundärantikörpern über das Biotin-(Strept)Avidin-System (Kap. 4.6).

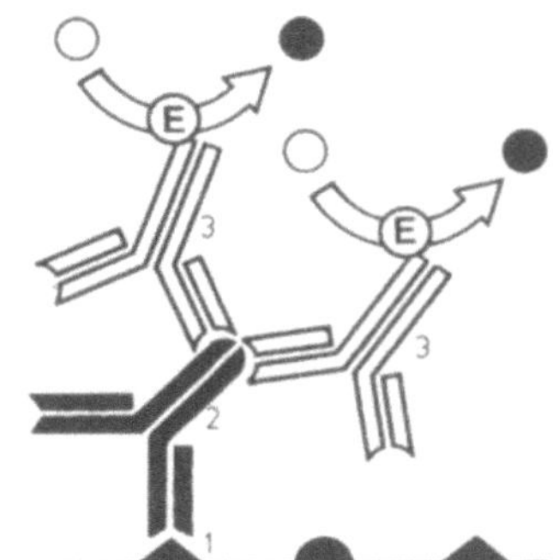

Abb. 40. Schematische Darstellung des indirekten Immunnachweises mit Sekundärantikörper-Enzymkonjugaten. Der unmarkierte Primärantikörper *(2)* bindet an das spezifische Antigen auf der Blot-Membran *(1)*. Die enzymmarkierten Sekundärantikörper *(3)* erkennen verschiedene Epitope auf dem F_C-Teil des Primärantikörpers und können deshalb in Mehrzahl an diesen binden. Symbolisch angedeutet ist die enzymatische Umwandlung *(E)* eines farblosen Chromogens in einen Farbniederschlag. (Verändert nach Peters und Baumgarten 1990)

Letzteres System beinhaltet einen Zwischenschritt (Bindung von markiertem Streptavidin oder Avidin als Brückenreagenzien an multiple Biotinreste der Sonde) vor der endgültigen Detektion über eine der oben genannten Methoden. Dies führt zu einer weiteren deutlichen Verstärkung (Amplifikation) des Meßsignals (s. Schema in Abb. 41, 42). Mit diesem Verstärkersystem und dem hochempfindlichen Nachweis von Alkalischer Phosphatase durch Chemilumineszenz können unter optimalen Bedingungen weniger als 1 pg eines durchschnittlichen Proteins durch Immunoblotting nachgewiesen werden (Gillespie und Hudspeth 1991).

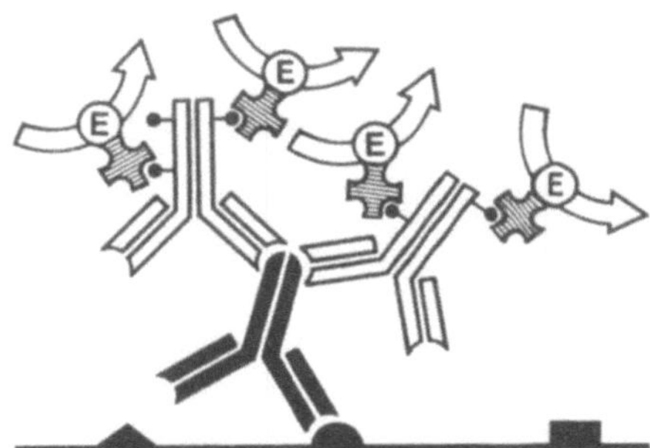

Abb. 41. Nachweis biotinylierter Sekundärantikörper über (Strept)Avidin-Enzymkonjugate. Jeder Sekundärantikörper kann über Biotinreste mehrere Enzymkonjugate binden. Die enzymatische Nachweisreaktion ist durch *Pfeile* angedeutet. (Schema in Anlehnung an Peters und Baumgarten 1990)

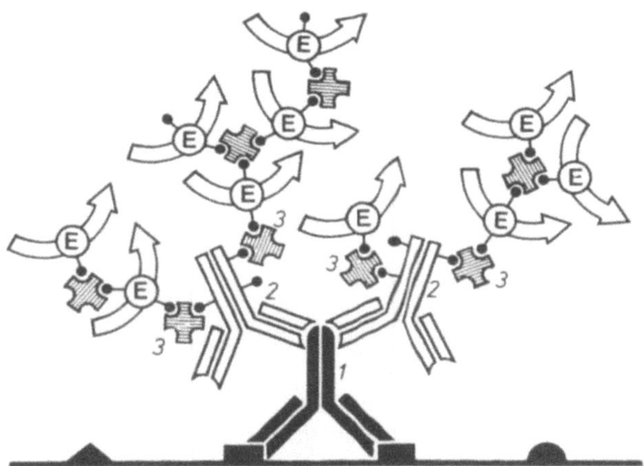

Abb. 42.   Nachweis biotinylierter Sekundärantikörper *(2)* durch vorgeformte (Strept)Avidin-biotinylierte Enzymkomplexe („Avidin Biotinylated Complexes", ABC-Technik). Aufgrund der multivalenten Bindungskapazität des (Strept)Avidins *(3)* können eine Vielzahl von biotinylierten Enzymmolekülen *(E)* in die einzelnen Nachweiskomplexe integriert sein, *(1)* Primärantikörper (Schema in Anlehnung an Peters und Baumgarten 1990)

Literatur

Akerstrom B, Brodin T, Reis K, Bjorck L (1985) Protein G: A powerful tool for binding and detection of monoclonal and polyclonal antibodies. J Immunol 135:2589-2592

Best S, Speicher DW (1995) Electrophoresis. In: Coligan JE, Dunn BM, Ploegh HL, Speicher DW, Wingfield PT (eds) Current protocols in protein science. John Wiley, New York, pp 10.0.1-10.8.7

Cordell JL, Falini B, Erber WN, Gosh AK, Abdulaziz Z, MacDonald S, Pulford KAF, Stein H, Mason DY (1984) Immunoenzymatic labeling of monoclonal antibodies using immune complexes of alkaline phosphatase and monoclonal anti-alkaline phosphatase (APAAP complexes). J Histochem Cytochem 32:219-229.

Gillespie PG, Hudspeth AJ (1991) Chemiluminescence detection of proteins from single cells. Proc Natl Acad Sci USA 88:2563-2567

Goding JW (1978) Use of staphylococcal protein A as an immunological reagent. J Immunol Methods 20:241-253

Gruhn WB, McDuffie FC (1979) Measurement of immunoglobulin binding to synovial fibroblast monolayers: Comparison of staphylococcal protein A binding to cytotoxic assay methods. J Immunol Methods 29:227-236

Harlow E, Lane D (1988) Antibodies: A laboratory manual. Cold Spring Harbor Laboratory, New York

Ogata K (1988) Immunovisualization with peroxidase labeled antibodies, the peroxidase antiperoxidase, and biotin-streptavidin methods. In: Bjerrum OJ, Heegard NHH (eds) CRC Handbook of immunoblotting of proteins. CRC, Boca Raton, Florida, Vol I, pp 167-175

Peters JH, Baumgarten H (eds) (1990) Monoklonale Antikörper: Herstellung und Charakterisierung, 2nd edn. Springer, Berlin Heidelberg New York

Ramlau J (1987) Use of secondary antibodies for visualization of bound primary reagents in blotting procedures. Electrophoresis 8:398-402

Ramlau J (1988) Protein binding to charge-derivatized membranes in blotting procedures - a critical study. In: Bjerrum OJ, Heegard NHH (eds) CRC handbook of immunoblotting of proteins. CRC, Boca Raton, Florida, Vol I, pp 109-111

4.2
Verlaufsübersicht der immunchemischen Detektion von Antigenen auf Blot-Membranen

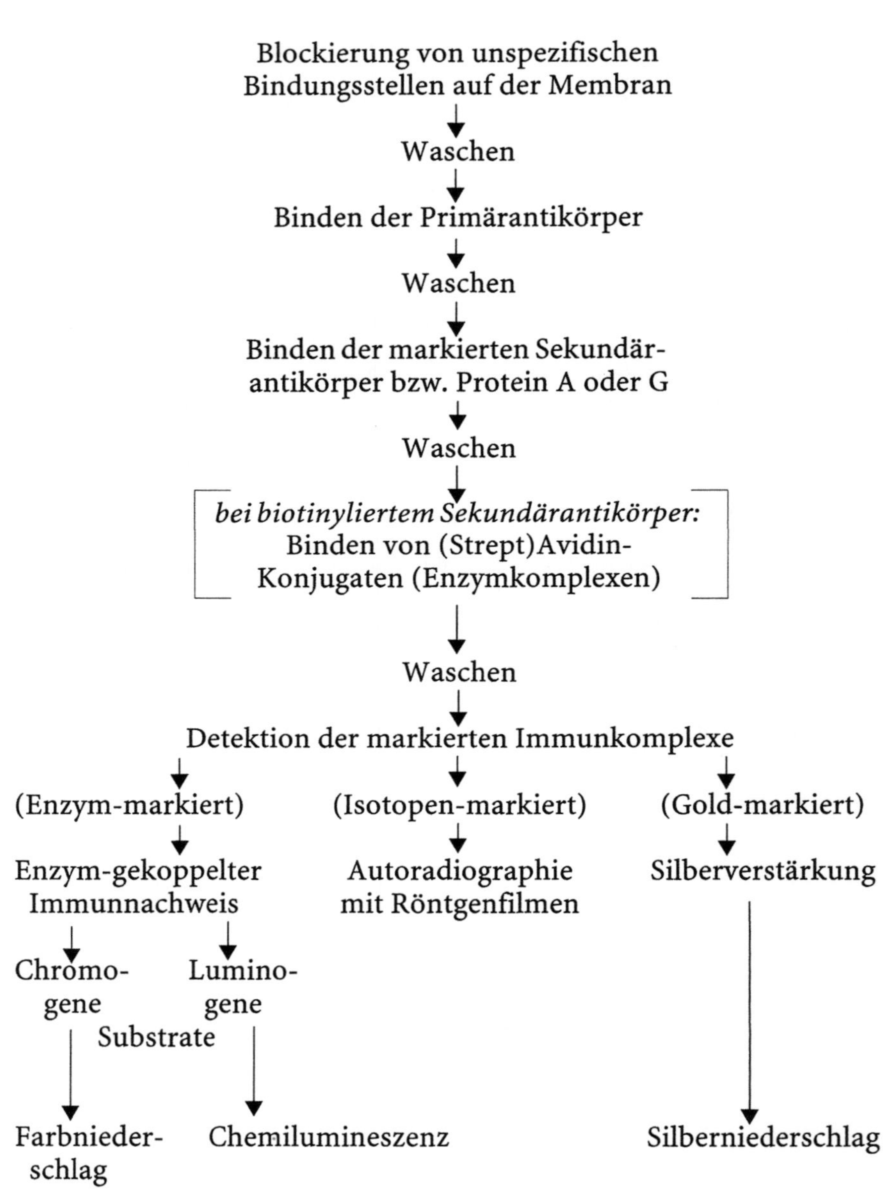

4.3
Blockierung von unspezifischen Bindungsstellen auf der Blot-Membran

Zur Vermeidung unspezifischer Hintergrundsreaktionen müssen vor der Durchführung der Immunreaktionen unspezifische Bindungsstellen für die immunologischen Reagentien auf der Blot-Membran möglichst vollständig abgesättigt (blockiert) werden. Das ideale Agens, das für die verschiedenen Anwendungen gleichermaßen eine vollständige Blockierung der unspezifischen Bindungsstellen erreicht, ohne das spezifische Signal zu beeinflussen, ist bis jetzt noch nicht gefunden. In der Praxis geht man nach zwei Prinzipien vor, die – einzeln oder kombiniert eingehalten – eine befriedigende Lösung des Problems ergeben:

a) Die Absättigung der unspezifischen Bindungsstellen mit irrelevanten Proteinen, die möglichst keine Reaktion mit den Reagentien des Immunnachweises zeigen, und/oder

b) die Blockierung der hydrophoben Wechselwirkungen der Reaktanden mit der Membran durch nicht-ionische Detergentien.

Als unspezifische Proteingemische werden häufig benutzt:

- Magermilchpulver (BLOTTO, bovine lacto transfer technique optimizer; Johnson et al. 1984; Bers und Garfin 1985),

- Casein (Milcheiweiß; Gershoni und Palade 1982),

- heterologe Seren (z. B. fötales Kälberserum oder Pferdeserum; Towbin et al. 1979; Hawkes et al. 1982; Towbin und Gordon 1984),

- Ovalbumin oder Serumalbumin (z. B. Towbin et al. 1979; Burnette 1981; Spinola und Cannon 1985; Wedege und Svenneby 1986),

- Gelatine (Savaris 1984).

Als Detergens wird meist Tween 20 verwendet (Blatteiger et al. 1982; Bers und Garfin 1985), oft in Kombination mit heterologem Protein (Spinola und Cannon 1985; Baldo et al. 1986; s. Übersicht bei Garfin und Bers 1989).

Das optimale Blockierungsgemisch für den jeweiligen Versuchsansatz und das benutzte Detektionssystem sollte in Vorversuchen (s. unten) ermittelt werden. Für viele Anwendungen auf NC-Membranen genügt ein Puffer mit Tween 20 ohne heterologe Proteine für eine ausreichende Reduzierung des Hintergrundes. Das Detergens sollte routinemäßig jedoch nicht in einer Konzentration von über 0,1 % angewendet werden, da sonst die Gefahr der Elution von gebundenen Proteinen von der Membran besteht (Hoffman und Jump 1986), zumal das Detergens meist auch Bestandteil des Bindungs- und Wasch-Puffers ist. Die Benutzung von Tween allein ohne heterologe Proteine hat den Vorteil, daß das Gesamtproteinmuster auf der Blot-Membran auch nach einem immunchemischen Nachweis mit Ponceau S oder Tusche (Kap. 3.4) angefärbt werden kann.

Falls Tween 20 als alleiniges Blockierungsagens nicht effektiv genug ist, sollte man das Detergens in Kombination mit einer unspezifischen Proteinmischung benutzen. Dabei braucht und sollte bei NC- und PVDF-Membranen die Proteinkonzentration nicht über 5 % (meist genügt 1 %; s. auch Garfin und Bers 1989) liegen. Bei höheren Konzentrationen besteht die Gefahr des Austausches mit spezifischen Proteinen bzw. der Beeinflussung der spezifischen Wechselwirkungen zwischen Antigenen und immunologischen Sonden (Den Hollander und Befus 1989). Positiv geladene Nylonmembranen benötigen jedoch für eine effektive Blockierung 10 % Gelatine, Rinderserumalbumin (BSA) oder BLOTTO bei längeren Inkubationszeiten und erhöhter Temperatur (Gershoni und Palade 1982; Garfin und Bers 1989).

Materialien

- Blot-Membranen (NC- oder PVDF-Membranen; s. Kap. 3.1)

- Schüttler mit sanften Kipp- oder Taumelbewegungen

- flache Plastikschalen

- stumpfe Pinzette (z. B. MF-Filterpinzette; Millipore)

  zur Blockierung alternativ:

- Tween 20

- Magermilchpulver (gereinigt bei einigen Firmen erhältlich, z. B. bei Bio-Rad, sonst in Drogerien und Reformhäusern, z. B. von Glücksklee). BLOTTO/Magermilchpulver ist ein sehr effektives und preisgünstiges Blockierungsgemisch. Magermilchpulver aus dem Handel kann jedoch Biotin enthalten und sollte deshalb nicht bei Biotin-(Strept)Avidin-Detektionsmethoden benutzt werden!

- Casein (z. B. gereinigt unter dem Namen I-Block, Tropix, erhältlich über Boehringer Ingelheim Biosystems Partnerships)

- Rinderserumalbumin (BSA; Fraktion V, IgG-frei, z. B. von Sigma)

- Fisch-Gelatine (Amersham). Fisch-Gelatine hat gegenüber Säugetier-Gelatine den Vorteil, daß sie bei niedrigen Temperaturen (bis ca 4° C) nicht geliert.

Puffer

- PBS oder TBS (letzteren besonders bei anschließendem Nachweis von Alkalischer Phosphatase (Kap. 4.7.3) und bei Gold-Konjugaten, Herstellung s. Anhang B)

Blockierungslösungen (alternativ) für NC- und PVDF-Membranen

- 0,05 – 0,1 % Tween 20 in PBS oder TBS (PBST bzw. TBST)

- 1– 5 % Magermilchpulver in PBST oder TBST

- 1 – 5 % BSA (Fraktion V) in PBST oder TBST

- 0,2 – 2 % gereinigtes Casein in PBST oder TBST

- 1 – 5 % Fisch-Gelatine in PBST oder TBST

für Nylonmembranen

- 5 – 10 % Gelatine, BLOTTO, BSA oder Casein in PBS oder TBS plus 1 % PVP (Polyvinylpyrrolidon)

Ein zusammenfassendes Kurzprotokoll aller Schritte der Immunreakti-
on und Detektion befindet sich am Ende von Teil 4 (4.10).

1. Blot-Membranen zur Überprüfung des Transfers mit Ponceau S an-färben (s. 3.4.1). PVDF-Membranen evtl. mit Coomassie Blau anfär-ben (s. 3.4.2).

2. Ponceau bis zur Farblosigkeit der Membran mit PBS oder TBS aus-waschen. Coomassie Blau aus PVDF-Membranen mit Methanol auswaschen (s. dazu in 3.4.2).

3. Alternativ, bei Verzicht auf Färbung, Blot-Membran direkt nach dem Transfer 5 – 10 min in PBS oder TBS waschen.

4. Zur Blockierung der unspezifischen Bindungsstellen NC- oder PVDF-Membranen 15 – 60 min in Blockierungslösung unter sanf-tem Schütteln in einer flachen Schale bei RT inkubieren (Nylon-membranen evtl. länger).

- Bei Benutzung von PVDF-Membranen sind in der Regel kombinier-
te und höher konzentrierte Blockierungslösungen (speziell mit Fischgelatine) notwendig als beim Einsatz von NC-Membranen.

- Eine möglichst vollständige Blockierung von unspezifischen Bin-dungsstellen ist Voraussetzung für die erfolgreiche Durchführung der hochempfindlichen immunchemischen Detektion mit lumino-genen Substraten (z. B. ECL, s. Kap. 4.7.4).

- Blockierungslösungen mit Protein sollten jeweils frisch angesetzt werden. Falls erforderlich, können sie bis zu einer Woche bei 4° C aufbewahrt werden, dann sollte 0,02 % NaN_3 (Azid) als Konservierungsmittel gegen Bakterien und Pilze zugesetzt werden. Azid-haltige Blockierungslösungen können jedoch nicht bei Einsatz von Peroxidase als Markerenzym benutzt werden (Hemmung!).

- Routinemäßig kann bei NC-Membranen zunächst die Blockierung mit Tween-Pufferlösung ohne Protein probiert werden. Nur wenn der Hintergrund nicht befriedigend „sauber" ist, sollten die alternativen Blockierungslösungen ausgetested werden.

Literatur

Baldo BA, Torey ER, Ford SA (1986) Comparison of different blocking agents and nitrocelluloses in the solid phase detection of proteins by labelled antisera and protein A. J Biochem Biophys Meth 12:271-179

Bers G, Garfin D (1985) Protein and nucleic acid blotting and immunobiochemical detection. BioTechniques 3:276-288

Blatteiger B, Newhall WJV, Johnes RB (1982) The use of Tween 20 as a blocking agent in the immunological detection of proteins transferred to nitrocellulose membranes. J Immunol Methods 55:297-307

Burnette NW (1981) „Western Blotting": Electrophoretic transfer of proteins from sodium dodecylsulfate-polyacrylamide gels to unmodified nitrocellulose and radiographic detection with antibody and radioiodinated protein A. Anal Biochem. 112:195-203

Den Hollander N, Befus D (1989) Loss of antigens from immunoblotting membranes. J Immunol Methods 122:129-135

Garfin DE, Bers G (1989) Basic aspects of protein blotting. In: Baldo BA, Tovey ER (eds) Protein blotting. Karger, Basel, pp 5-38

Gershoni JM, Palade GE (1982) Electrophoretic transfer of proteins from sodium dodecylsulfate-polyacrylamide gels to a positively charged membrane filter. Anal Biochem 124:396-405

Hawkes R, Niday E, Gordon J (1982) A dot-immunobinding assay for monoclonal and other antibodies. Anal Biochem 119:142

Hoffman WL, Jump AA (1986) Tween 20 removes antibodies and other proteins from nitrocellulose. J Immunol Methods 94:191-196

Johnson DA, Gautsch JW, Sportsman JR, Elder JH (1984) Improved technique utilizing nonfat dry milk for analysis of proteins and nucleic acids transferred to nitrocellulose. Gene Anal Tech 1:3-8

Savaris GA (1984) Improved blocking of nonspecific antibody binding sites on nitrocellulose membranes. Electrophoresis 5:54-55

Spinola SM, Cannon JG (1985) Different blocking agents cause variation in the immunologic detection of proteins transferred to nitrocellulose membranes. J Immunol Methods 81:161-165

Towbin H, Gordon J (1984) Immunoblotting and dot immunobinding – current status and outlook. J Immunol Methods 72:313-340

Towbin H, Staehelin T, Gordon J (1979) Electrophoretic transfer of proteins from po-
    lyacrylamide gels to nitrocellulose sheets: Procedure and some applications. Proc
    Natl Acad Sci USA 76: 4350-4354
Wedege E, Svenneby G (1986) Effects of blocking agents bovine serum albumin and
    Tween 20 in different buffers on immunoblotting of brain proteins and marker pro-
    teins. J Immunol Methods 88:233-237

4.4
Binden des Primärantikörpers

Das Ausmaß und die Geschwindigkeit der Bindung des Primärantikörpers an das Antigen auf der Blot-Membran hängt von den jeweiligen Affinitäten und Konzentrationen ab. Die notwendigen Affinitäten für ausreichende bis sehr gute Signale liegen beim Immunoblotting bei 10^6 –
$10^8 M^{-1}$, was auch den Affinitäten der Hauptmasse der spezifischen Antikörper in Antiseren entspricht (Harlow und Lane 1988; Ramlau 1988).
Aus den entsprechenden Dissoziationskonstanten ($K_D = 1/K_A$) kann
man die effektiven Konzentrationen für eine optimale Absättigung der
spezifischen Bindungsstellen auf dem Antigen abschätzen (bei ca. 3- bis
5fachem Überschuß an Antikörper). Dieser Konzentrationsbereich
wird meist mit 1 – 50 µg spezifische Antikörper pro ml Lösung angegeben (Harlow und Lane 1988). Er entspricht im Falle ungereinigter mo-
noklonaler Antikörper einem unverdünnten bis 1 : 100 verdünnten
Überstand von Hybridomakulturzellen oder einer 1 : 500 bis 1 : 10000
Verdünnung von Aszitesflüssigkeit aus der Bauchhöhle der Maus. Für
polyklonale Antiseren liegen die Verdünnungen meist im Bereich von
1 : 100 – 1 : 5000. Diese Werte sind jedoch nur Richtwerte für die Bestimmung der optimalen Antikörperkonzentration für den jeweiligen
Ansatz in Vorversuchen. Dabei sollte in entsprechenden Verdünnungs-
reihen (Titrationen) die minimale Konzentration an Antikörper bestimmt werden, die ein deutliches Signal bei möglichst geringem Hintergrund (d. h. ein optimales Signal-/Hintergrundsverhältnis) ergibt.

Die Verdünnung der Antikörper für die Bindungsreaktion kann mit
Blockierungslösung durchgeführt werden. Der sich an die Inkubation
anschließende Waschvorgang mit detergenshaltigen Puffern dient der
möglichst vollständigen Entfernung von nicht-gebundenen oder unspezifisch gebundenen Antikörpern.

Zusätzlich zu den Materialien in Kap. 4.3 werden benötigt: **Materialien**

- Polyklonale oder monoklonale Antikörper (s. Vorbereitungen)

- Folienschweißgerät (z. B. Polystar 100 GE; für viele Zwecke reichen
  auch preisgünstige Haushaltsgeräte)

- Folienschlauch

- Schüttler: bevorzugt sog. Überkopfschüttler

Vorbereitungen

- Gewinnung und Charakterisierung von Antiseren und monoklonalen Antikörpern (siehe entsprechende Spezialmethodenbücher: z. B. Harlow und Lane 1988; Catty 1989; Hudson und Hay 1989; Peters und Baumgarten 1990). Eine Vielzahl von Antikörpern für die Zell- und Molekularbiologie sind kommerziell erhältlich (eine Auswahl von Firmen s. Anhang J).

- Verdünnte Antikörperlösung
  Die Verdünnung wird in Blockierungspuffer, d. h. PBS- oder TBS-Tween mit oder ohne Proteinzusatz (s. 4.3.2) durchgeführt. Für übliche Membrangrößen (100 – 150 cm^2) reichen 6 – 10 ml, in die die entsprechende Menge an Serum, Aszitesflüssigkeit oder Hybridoma-Kulturüberstand verdünnt wird (die optimale Verdünnug sollte in Vorversuchen ermittelt werden). Kulturüberstand kann eventuell unverdünnt verwendet werden.

- Waschpuffer: PBST oder TBST (s. 4.3)

- Hinweise für die Lagerung und den Gebrauch von Antikörpern

  - Ungereinigte Antikörper können in Serum oder Aszitesflüssigkeit bei –20° C aufbewahrt werden. Häufiges Auftauen und Einfrieren sollte durch geeignetes Portionieren vermieden werden. Hybridoma-Kulturflüssigkeit sollte für die Lagerung durch Zugabe von 1/20 Vol. 1M Tris-HCl (pH 8) gepuffert werden.
  - Gereinigte Antikörper sollten in PBS in relativ hohen Konzentrationen (≥ 1 mg/ml) bei –20° C gelagert werden.
  - Verdünnungen in Bindungspuffer (Blockierungspuffer) können unter Zusatz von 0,02 % NaN$_3$ kurze Zeit bei 4° C aufbewahrt werden.
  - Zur Entfernung von eventuell vorhandenem partikulärem Material (Zellüberstand) oder von Ig-Aggregaten sollten die Antikörperlösungen vor Gebrauch zentrifugiert werden (10–15 min, x 10.000 g).

Durchführung[3]

Wenn ausreichende Mengen an Antikörper-Lösung zur Verfügung stehen, kann die Inkubation der Blot-Membran in einer flachen Plastik- oder Glasschale durchgeführt werden (Kipp- oder Taumelschüttler be-

---

[3] Ein zusammenfassendes Kurzprotokoll aller Schritte der Immunreaktion und Detektion befindet sich am Ende von Teil 4 (4.10).

nutzen!). Für einen sparsamen Einsatz von Antikörperlösungen hat sich in der Praxis folgende Methode bewährt:

1. Blot-Membran nach der Inkubation in Blockierungslösung evtl. kurz mit PBS oder TBS waschen.

2. Blot-Membran abtropfen lassen, in einen aufgeschnittenen Folienbeutel legen, dreiseitig zuschweißen und Antikörperlösung hinzugeben. Vor dem Zuschweißen der vierten Seite Luftblasen so weit wie möglich herausdrücken.

3. Folienbeutel durch leichtes Drücken auf allseitige Dichtigkeit prüfen, auf einem Überkopfmischer (evtl. auch auf einem Schüttler mit großem Kippwinkel) mit Klebebändern befestigen und 1 – 2 Std. bei RT oder ü. N. im Kühlraum bewegen.

4. Beutel aufschneiden, Membran herausnehmen und in einer Schale 3 x 10 min mit PBST oder TBST (100 – 200 ml) waschen. Evtl. nochmals mit Blockierungslösung behandeln.

- Membran in ein passendes Hybridisierungsgefäß, Rollergefäß oder ein Falkonröhrchen einlegen. Nach Zugabe von Antikörperlösung z. B. in einem Hybridisierungsofen oder Roller-Apparatur (Thomas et al. 1988) rotieren lassen.

- Ein sehr sparsamer Einsatz von Antikörperlösung ist mit folgender Methode möglich:
  In eine „feuchte Kammer" (Plastikschale ausgelegt mit angefeuchtetem Filterpapier) ein Stück Parafilm legen (der Parafilm sollte an allen Kanten mindestens 5 mm breiter als die Blot-Membran sein). Blot-Membran mit der Transferseite nach oben auf den Parafilm legen. So viel Antikörperlösung auf die Membran geben, daß ein deutlich sichtbarer Flüssigkeitsfilm entsteht. Antikörperlösung durch vorsichtiges Neigen der Kammer (evtl. unter sanfter Schüttelbewegung auf einem Schüttler mit kleinem Kippwinkel) auf der Membran hin- und herbewegen.

Alternative Durchführung der Antikörperinkubation

Literatur

Catty D (ed) (1989) Antibodies: a practical approach, Vol I and II. IRL, Oxford Washington DC
Harlow E, Lane D (1988) Antibodies: A laboratory manual. Cold Spring Harbor Laboratory, New York
Hudson L, Hay FC (1989) Practical immunology. Blackwell, Oxford
Peters JH, Baumgarten H (eds) (1990) Monoklonale Antikörper: Herstellung und Charakterisierung, 2nd edn. Springer, Berlin Heidelberg New York

Ramlau J (1988) Protein binding to charge-derivatized membranes in blotting procedures – a critical study. In: Bjerrum OJ, Heegard NHH (eds) CRC handbook of immunoblotting of proteins. CRC, Boca Raton, Florida, Vol I, pp 109-111
Thomas N, Jones CN, Thomas PL (1988) Low volume processing of protein blots in
rolling drums. Anal Biochem 170:393-396

4.5
Binden der markierten Sekundärantikörper bzw. von Protein A oder G

Wie schon in der Einleitung (Kap. 4.1) beschrieben, handelt es sich bei
den kommerziell erhältlichen markierten Sekundärantikörpern um af-
finitäts-chromatographisch gereinigte, hoch-affine (10^8–10^{10} M^{-1}),
meist polyklonale speziesspezifische Anti-Ig-Antikörper. Die optimalen Konzentrationen für die Bindung an den Primärantikörper (bei ca.
10fachem Überschuß!) liegen zwischen 0,2 und 2 µg/ml. Die übliche
Verdünnung der Ausgangspräparate (meist ~1 mg/ml) beträgt daher
zwischen 1 : 500 und 1 : 5000. Da die Antikörper vorgetestet sind, wird
von den Firmen in der Regel die optimale Verdünnung oder ein enger
Verdünnungsbereich für das Immunoblotting angegeben. Für ^{125}I-
markierte Sonden wird eine Radioaktivität von 1 – 5 x 10^5 cpm pro ml
empfohlen. Bei der Benutzung von Protein A oder Protein G muß die
unterschiedliche Affinität zu dem Typ des jeweiligen Primärantikörpers
berücksichtigt werden (Tabelle 2, Kap. 1.7). Für polyklonale Antikörper
von Mensch, Kaninchen und Meerschweinchen hat man allgemein eine
sehr gute Bindung mit Protein A. Bei monoklonalen Primärantikörpern
muß die Bindungseigenschaft von Protein A an die jeweilige Subklasse
berücksichtigt werden (Tabelle 3, Kap. 1.7). Protein G bindet fast alle
Subklassen von IgG gut bis sehr gut, aber dafür im Gegensatz zu Protein
A keine anderen Ig-Klassen. Die Affinitäten von Protein A und G zu den
Immunglobulinen bei guter bis sehr guter Bindung liegen zwischen 10^8
und $10^9 M^{-1}$ und damit in der gleichen Größenordnung wie die sehr guter Antikörper beim Immunoblotting. Dies bedeutet, daß die gleichen
Inkubations- und Waschbedinungen wie bei Antikörpern benutzt werden können.

Materialien   Siehe vorhergehende Kapitel (Kap. 4.3 und 4.4); zusätzlich werden benötigt:

- Speziesspezifische, gegen die Klasse oder Suklasse des Primärantikörpers gerichtete markierte Anti-Ig-Antikörper oder markiertes
bakterielles Protein A bzw. Protein G (rekombinant[4]; Bezugsquellen

---

[4] Protein G aus Streptokokken besitzt eine Albuminbindungsstelle und kann deshalb
nicht mit BSA als Blockierungsagens benutzt werden. Bei dem rekombinanten Protein
G ist diese Bindungsregion deletiert.

für immunologische Reagenzien und Detektionssysteme s. Anhang L). Die Anti-Ig-Antikörper werden in verschiedenen Sub-Spezifitäten angeboten, u. a. als

- *anti IgG (H+L):* Das Antiserum wird durch Immunisierung mit IgG-Gesamtmolekülen gewonnen. Es enthält Antikörper, die sowohl gegen die schwere (H-)Kette als auch gegen die leichten (L-)Ketten gerichtet sind. Damit können sowohl die IgG-Subklassen als auch IgM, IgA und IgE der entsprechenden Spezies detektiert werden.
- *anti-IgG (Fc):* Immunisierung mit aufgereinigtem IgG-Fc-Fragment. Die Antikörper sind hochspezifisch für die L-Kette (γ) und weisen ausschließlich IgG nach.
- *anti-IgM:* Die Antikörper sind spezifisch gegen die schweren Ketten von IgM (μ) gerichtet.
- *anti-IgG F(ab')$_2$ bzw. Fab:* Immunisierung mit den aufgereinigten Spaltprodukten ohne Fc-Anteil. Das Antiserum enthält praktisch ausschließlich Antikörper gegen L-Ketten. Damit können alle Ig-Klassen und Subklassen nachgewiesen werden. Manchmal sind diese Fragmente der Sekundärantikörper von Vorteil, wenn mit dem Gesamtantikörper nicht eliminierbare unspezifische Bindungen auftreten.

Alternativ können eingesetzt werden:

- Enzym-gekoppelte Anti-Immunglobulin-Antikörper oder Protein A/G
  z. B. Anti-IgG-Peroxidase-Konjugate, Anti-IgG-Alkalische-Phosphatase-Konjugate, Protein-A/G-Peroxidase, Protein-A/G-Alkalische Phosphatase

- Isotopen-markierte Anti-Immunglobulin-Antikörper oder Protein A/G
  ^{125}I-markierte Anti-Immunglobuline gegen Maus, Ratte, Kaninchen und Mensch sowie ^{125}I-markiertes Protein A und G sind bei Amersham erhältlich. Bei routinemäßigem Einsatz von ^{125}I-markierten immunologischen Sonden ist es, bei Vorhandensein der entsprechenden Schutzräume und Ausrüstung, auch aus ökonomischen Gründen ratsam, die Jodierung der Sonden selbst durchzuführen (s. Anhang E).

- Gold-markierte Anti-Immunoglobuline oder Protein A/G für Blotting Verfahren
  (10 – 20 nm Gold-Konjugate; z. B. von Boehringer Ingelheim Bioproducts Partnership, Amersham, Biotrend)

● Biotin-markierte Anti-Immunglobulin-Antikörper
z. B. Anti-IgG-Biotin-Konjugate gegen Maus, Ratte, Mensch, Kaninchen etc.

Vorbereitungen

● Herstellung der Inkubationslösung durch Verdünnung der markierten Sekundärantikörper bzw. Protein A/G in ca. 10 ml PBS-Tween (Jod- und Peroxidase-Markierung) bzw. TBS-Tween (AP- und Gold-Konjugate) jeweils mit oder ohne Proteinzusatz, entsprechend der verwendeten Blockierungslösung (s. Kap. 4.3). Der Grad der Verdünnung sollte sich nach Angaben des Herstellers oder entsprechend eigener Vorversuche richten.

Durchführung

Ein zusammenfassendes Kurzprotokoll aller Schritte der Immunreaktion und Detektion befindet sich am Ende von Teil 4 (4.10).

1. Inkubationslösung mit entsprechend verdünntem Sekundärantikörper in einer flachen Schale zur Blot-Membran geben. Unter sanftem Schütteln 30 – 120 min bei RT inkubieren. Für alternative Inkubationsmethoden siehe S. 181.

2. Membran anschließend 3 x 10 min in je 100 – 200 ml PBST bzw. TBST waschen.

Hinweise

● Nach der Inkubation mit radioaktiven Sonden wird eine intensivere Waschprozedur empfohlen:

– PBS-Tween plus 0,1 % Triton X-100	15 – 20 min
– PBS-Tween plus 0,5 % Triton X-100	15 – 20 min
– PBS-Tween mit 0,5M NaCl	15 – 20 min
– PBS-Tween	15 – 20 min

Hintergrundstrahlung jeweils mit einem Strahlenmonitor kontrollieren! (Radioaktive Inkubationslösung und erste Waschlösungen sammeln und entsprechend den Vorschriften entsorgen!)

● Falls mehrere unterschiedlich vorbehandelte Blot-Membranen (z. B. mit verschiedenen Primärantikörpern) mit dem gleichen Sekundärantikörper zur Reaktion gebracht werden sollen, kann die Inkubation im allgemeinen gemeinsam erfolgen. Treten jedoch unerwünschte Nebenreaktionen auf, so muß die Inkubation der einzelnen Blot-Membranen mit dem Sekundärantikörper getrennt durchgeführt werden.

Die *anschließende Detektion* von
– Biotin-markierten Sekundärantikörpern,
– Enzym-gekoppelten Sekundärantikörpern,

– Radioaktiv markierten Immunkomplexen sowie
– Gold-markierten Sekundärantikörpern bzw. Protein A/G ist in den
  Kapiteln 4.6 bis 4.9 beschrieben.

4.6
Bindung von (Strept)Avidin-Konjugaten oder (Strept)Avidin-biotinylierten Enzymkomplexen an Biotin-gekoppelte Sekundärantikörper

Das Prinzip dieser Bindung beruht auf der extrem hohen Affinität von Streptavidin (SA), einem Protein aus dem Bakterium *Streptomyces avidinii* (M_r 60 kD), zu dem Vitamin (H) Biotin ($K_A = 10^{15} M^{-1}$; Chaiet und Wolf 1964). Diese Eigenschaft hat SA gemeinsam mit Avidin, einem Protein des Eiklars, welches zuerst als Indikatorprotein für Biotin-markierte Biomoleküle eingesetzt wurde (Avidin-Biotin-Technologie; Übersichten bei Wilchek und Bayer 1988, 1990; Savage et al. 1994). SA wird jedoch heute besonders beim Immunoblotting bevorzugt, da es nicht glykosiliert ist und einen pI im Neutralbereich (gegenüber pH 10 von Avidin) hat. Durch diese Eigenschaften hat SA eine deutlich geringere Tendenz als Avidin, unspezifisch an Blot-Membranen bzw. andere Proteine zu binden. SA und Avidin besitzen je 4 Bindungsstellen für Biotin. Auf dieser multivalenten Bindungseigenschaft und der Tatsache, daß Proteine (z. B. Antikörper oder Enzyme) mit mehreren der relativ kleinen Biotinmoleküle (M_r 244 D) gekoppelt werden können (meist über einen mehr oder weniger langen Spacerarm), beruht der Verstärkereffekt des Streptavidin- bzw. Avidin-Biotin-Systems zum empfindlichen Nachweis von Antigenen (s. Schemata in Abb. 41 und 42, S. 172).

Avidin oder SA (Abk. (Strept)Avidin) kann als Sonde zur Detektion von Biotin-gekoppelten Sekundärantikörpern entweder

- direkt mit einer Detektorkomponente gekoppelt werden (z. B. als Enzymkonjugat; s. Schema Abb. 41), oder

- als vorgefertigter Komplex aus biotinylierten Enzymmolekülen und Avidin bzw. SA eingesetzt werden (Schema in Abb. 42). Diese sog. ABC (<u>A</u>vidin-<u>B</u>iotin-<u>C</u>omplex)-Technik führt zu einer weiteren Verstärkung des Meßsignals.

- Avidin- oder Streptavidin-Konjugate bzw. Avidin-Biotin(AB)-Komplexe. Alternativ können verwendet werden: *Streptavidin- bzw. Avidin-Enzym-Konjugate* (AP- oder HRP-konju-   **Materialien**

giert, z. B. von Dako, Boehringer Mannheim, Sigma)
Präformierte Streptavidin-Enzymkomplexe, wie z. B. Strept(AB) Komplex, HRP (von Amersham, Biotrend oder Dako) oder Strept(AB) Komplex, AP (von Biotrend oder Dako)
(Strept)Avidin-Gold-Konjugate für Immunoblotting (z. B. Auro Probe BL plus Streptavidin (Amersham), ExtrAvidin-Gold (Sigma)

- weitere benötigte Materialien wie in Kap. (4.3) und (4.4)

Vorbereitungen
- Verdünnungen der entsprechenden Konjugate in PBS-Tween oder TBS-Tween (AP- und Gold-Konjugate) evtl. mit 0,25 % Gelatine oder BSA bzw. nach Angaben der Hersteller durchführen.

Durchführung

1. Blot-Membran mit verdünnter Avidin- bzw. SA-Konjugat- oder -Enzymkomplexlösung für 30 – 60 min (oder gemäß Angaben des Herstellers) bei RT unter Schütteln inkubieren (wie im Detail in Kap. 4.5 beschrieben).

2. Membran anschließend mindestens 3 x 10 min in PBS-Tween bzw. TBS-Tween waschen.

3. Die anschließende *Detektion* der gebundenen
   - Enzym-Konjugate oder -Komplexe bzw.
   - Gold-Konjugate
   ist in den Kapiteln 4.7 bzw. 4.9 beschrieben.

Literatur

Chaiet L, Wolf FJ (1964) The properties of streptavidin, a biotin-binding protein produced by streptomycetes. Anal Biochem Biophys 106:1-5
Savage MD, Mattson G, Desai S, Nielander GW, Morgensen S, Conklin EJ (eds) (1994) Avidin-biotin chemistry: A handbook. Pierce Chemical Company, Rockford USA
Wilchek M, Bayer EA (1988) The avidin-biotin complex in bioanalytical applications. Anal Biochem 171:1-32

4.7
Detektion von Enzym-markierten Immunkomplexen auf Blot-Membranen

4.7.1
Allgemeine Einleitung und Überblick

Es werden hauptsächlich zwei Detektionssysteme für den Enzym-gekoppelten Immunnachweis auf Blot-Membranen eingesetzt:

- der *colorimetrische Nachweis*, d. h. die Umwandlung einer löslichen chromogenen Substanz in ein gefärbtes unlösliches Produkt am Ort der Enzymaktivität, und

- der *luminometrische Nachweis*, wobei eine luminogene Substanz (Luminophor) in ein elektronisch angeregtes, Photonen emittierendes Produkt umgewandelt wird.

Letztere ist eine relativ neue Technik, die sich aller Voraussicht nach sehr bald als Standardmethode etablieren wird. Dies hat mehrere Gründe; u. a. die

- deutlich höhere Empfindlichkeit verglichen mit den bisherigen Nachweismethoden mit chromogenen Substraten,

- dauerhafte Dokumentation („hard copies") der Versuchsergebnisse außerhalb der Membran auf Röntgenfilmen,

- Möglichkeit der Mehrfachexposition und quantitative Auswertung der Ergebnisse durch Densitometrie sowie die

- problemlose Wiederverwendung der Blot-Membranen für weitere immunologische Nachweise.

- Außerdem entfällt im Vergleich zur Benutzung von radioaktiven Isotopen die spezielle Entsorgung der Abfälle und das Arbeiten unter Vorsichtsmaßnahmen an speziell dafür eingerichteten Arbeitsplätzen bzw. in Isotopenlaboratorien.

Das Prinzip einer katalysierten Chemilumineszenzreaktion besteht darin, daß im Zuge einer enzymatischen Reaktion eine luminogene Substanz (Luminophor) in ein energiereiches, instabiles Zwischenprodukt umgewandelt wird. Dieses zerfällt in einem stark exergonischen Prozeß, wodurch eines der Produkte in einen elektronisch angeregten (Singulett) Zustand überführt wird. Diese Anregungsenergie wird bei der Rückkehr in den elektronischen Grundzustand in Form eines charakteristischen Fluoreszenzlichts abgestrahlt. Da diese Lumineszenz das Ergebnis einer chemischen Reaktion ist, spricht man von Chemi- oder Chemolumineszenz (s. Übersicht bei Albrecht et al. 1990; Kricka 1992).

Literatur

Albrecht S, Brandl H, Adam W (1990) Chemilumineszenz-Reaktionen. Anwendungen in der klinischen Chemie, Biochemie und Medizin. Chemie i. u. Zeit 5:227-238
Kricka LJ (ed) (1992) Nonisotope DNA Probe Techniques. Academic Press, San Diego

4.7.2
Colorimetrischer Nachweis von Peroxidase

Das empfindlichste und am häufigsten benutzte Nachweisreagens für Meerrettich-Peroxidase (horse radish peroxidase HRP; EC 1.11.1.7) in Immunkomplexen auf Blot-Membranen ist 3,3'-Diaminobenzidin (DAB). Diese Substanz wird in Gegenwart des Enzyms und H_2O_2 durch oxidative Polymerisierung (1) und Zyklisierung (2) in ein braungefärbtes unlösliches Phenazin-Polymer umgewandelt (Seligman et al. 1968).

Reaktionsschema

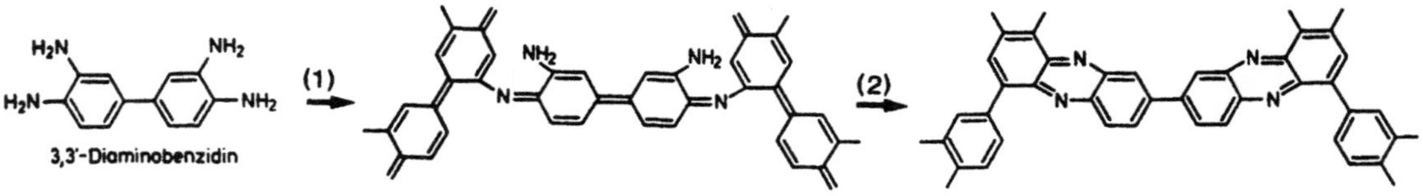

Die Intensität des Farbniederschlags wird durch Ni- und Co-Ionen verstärkt und in einen schiefergrauen Farbton umgewandelt, der gut photographisch zu dokumentieren ist (De Blas und Cherwinski 1983). Die Empfindlichkeit (Nachweisgrenze) wird mit 100 – 500 pg Protein pro Bande angegeben. Die Reaktion kann äußerst schnell verlaufen, so daß es leicht zu einer „Überentwicklung" mit hohem Hintergrund kommen kann. Eine genaue Beobachtung und rechtzeitiges Abstoppen der Reaktion ist deshalb notwendig.

Materialien

- flache Färbeschale

- Pinzette mit stumpfer Spitze für Filter (z. B. von Millipore)

- Whatman Filterpapier Nr. 1 (o. ä.)

- DAB (3,3' Diaminobenzidin-Tetrahydrochlorid; z. B. von Sigma oder Boehringer Ingelheim Bioproducts Partnership)

- $NiSO_4$ oder $NiCl_2$

- 30 % H_2O_2 (stabilisierte Lösung von Sigma oder Merck)

Vorbereitungen

- PBS (s. Anhang B)

● Färbelösung (kurz vor Gebrauch in der angegebenen Reihenfolge ansetzen):

20 ml	PBS
1,2 ml	1 % $NiSO_4$ oder $NiCl_2$
1 Spatelspitze	DAB ($\sim$10 – 15 mg)
20 µl	30 % H_2O_2

Filtrieren durch Whatman Nr. 1 o. ä.

Durchführung

1. Blot-Membran nach Inkubation und Auswaschen der ungebundenen HRP-markierten Sekundärantikörper bzw. (Strept)Avidin-Komplexe (Kapitel 4.5 oder 4.6) einmal kurz in PBS (ohne Tween!) spülen.

2. Membran in die DAB-Lösung überführen und leicht mit einer Pinzette hin- und herbewegen.
   Beim Umgang mit DAB sollte man Vorsicht walten lassen. Die Substanz ist ein Mutagen und deshalb potentiell carcinogen. Eine entsprechende Entsorgung ist notwendig.

3. Wenn die positiven Signale eine ausreichende Farbintensität erreicht haben (nach 2 – 5 min), Membran in PBS überführen und 2 x kurz spülen (Abstoppen durch Auswaschen des H_2O_2!).

4. Entwickelte Blot-Membran alsbald photographieren, da der Farbstoff innerhalb von Stunden am Licht ausbleicht (zwischenzeitlich lichtgeschützt aufbewahren!).

Literatur

DeBlas AL, Cherwinski HM (1983) Detection of antigens on nitrocellulose paper immunoblots with monoclonal antibodies. Anal Biochem 133:214-219

Seligman AM, Karnovsky MJ, Wasserkrug HL, Hanker JS (1968) Nondroplet ultrastructural demonstration of cytochrome oxidase activity with a polymerizing osmiophilic reagent diaminobenzidine (DAB). J Cell Biol 38:1-14

4.7.3
Colorimetrischer Nachweis von Alkalischer Phosphatase

Der sensitivste colorimetrische Nachweis von Alkalischer Phosphatase (AP; EC 3.1.3.1) auf Blot-Membranen benutzt als chromogenes Substrat 5-Brom-4-Chlor-3-Indolyl-Phosphat (Abk.: BCIP oder X-Phosphat) zusammen mit Nitroblau-Tetrazolium (NBT; Blake et al. 1984). Das Enzym katalysiert die Abspaltung des Phosphatrestes von BCIP und wandelt es in das entsprechende Indoxylderivat (ein lösliches Leucoindigo) um. Der farbbildende Prozeß ist eine Redoxreaktion:

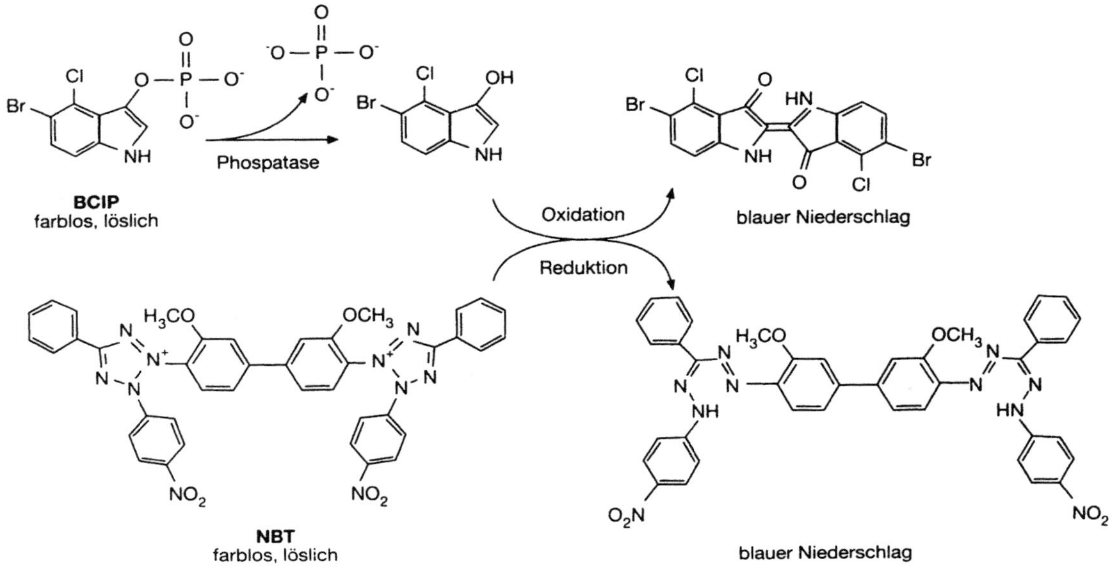

Das Indoxylderivat wird durch NBT oxidiert und dimerisiert zu dem tiefblauen unlöslichen 5,5'-Dibrom-4,4'-Dichlor-Indigo. NBT wird dabei als Wasserstoff-Akzeptor zu einem intensiv purpur gefärbten Diformazan reduziert und verstärkt so die Intensität des Farbniederschlages (Franci und Vidal 1988). Die Reaktion ist empfindlicher als der colorimetrische Nachweis von Peroxidase (Nachweisgrenze 10 – 50 pg!). Außerdem bleicht der Farbniederschlag nicht aus.

Materialien
- flache Färbeschale
- Pinzette mit stumpfer Spitze für Filter (z. B. von Millipore)
- BCIP (5-Brom-4-Chlor-3-Indolyl-Phosphat), Dinatriumsalz
- NBT (Nitroblau-Tetrazolium)
- N,N-Dimethylformamid
- NaCl, $MgCl_2$
- EDTA (Ethylendiamin-Tetraessigsäure Dinatriumsalz Dihydrat)

Vorbereitungen
- BCIP-Stammlösung

0,5 g BCIP	in 10 ml 100 % Dimethylformamid

- NBT-Stammlöung

0,5 g NBT	in 10 ml 70 % Dimethylformamid

Diese Lösungen sind mindestens 1 Jahr bei 4° C stabil.

- AP-Puffer

Endkonzentration	Ansatz
100 mM NaCl	5,84 g
5 mM $MgCl_2$	0,48 g (oder 5 ml aus 1 M Stammlösung, s. Anhang B)
100 mM Tris	12,1 g

in ca. 800 ml ddH_2O lösen, mit 1 N HCl pH auf 9,5 einstellen und auf 1 l auffüllen

- TBS (s. Anhang B)

- TBS mit 20 mM EDTA

(50 ml TBS und 0,2 ml 0,5 M EDTA-Stammlösung, s. Anhang B)

- Färbelösung

Diese muß unmittelbar vor dem Enzymnachweis wie folgt angesetzt werden:

66 μl	NBT-Stammlösung mit
10 ml	AP-Puffer gut mischen und
33 μl	BCIP-Stammlösung dazugeben.

Lösung innerhalb einer halben Stunde benutzen.

1. Die nach Kapitel 4.5 oder 4.6 mit Alkalischer Phosphatase markierten immunologischen Reagentien behandelten Blot-Membranen 1 x kurz in TBS (ohne Tween!) waschen und dann in der Substratlösung unter leichter Bewegung inkubieren.   **Durchführung**

2. Wenn die gewünschte Farbintensität der (positiven) Signale erreicht ist (üblicherweise nach 2 – 15 min), die Reaktion durch Spülen der Membran in TBS mit 20 mM EDTA (Komplexierung der für die Enzymaktivität notwendigen Mg^{2+}-Ionen) abstoppen.

3. Membran trocknen und photographieren (als Beispiel s. Abb. 43).

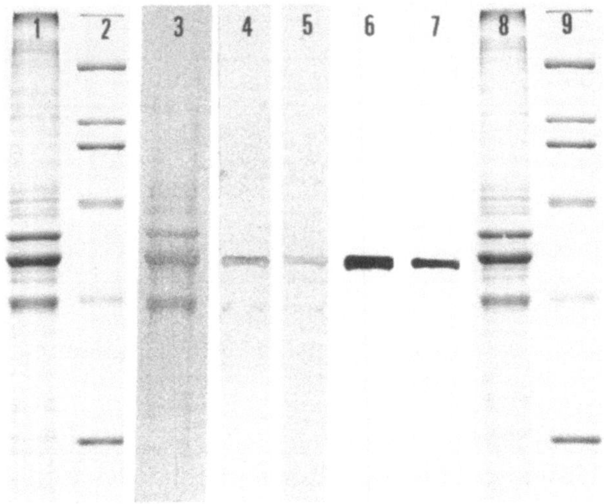

Abb. 43. Vergleich der Sensitivitäten unterschiedlicher immunchemischer Detektionsmethoden. Eine Cytoskelettpräparation wurde in einem 10%igen Polyacrylamidgel aufgetrennt und mit Coomassie Brilliantblau R-250 angefärbt (Spuren *1* und *8*). Parallele Gelspuren mit gleicher (Spur *3*) oder 1/10 der Proteinkonzentration (Spuren *4 – 7*) wurden auf NC-Membranen transferiert und entweder mit Ponceau S gefärbt (Spur *3*) oder für Immunreaktionen mit einem Antikörper gegen Cytokeratin 13 benutzt. Die Spuren *4* und *5* zeigen den colorimetrischen Nachweis mit einem AP-konjugierten Sekundärantikörper im Vergleich mit dem Nachweis durch Chemilumineszenz mit Hilfe eines HRP-konjugierten Sekundärantikörper (ECL-System, Spuren *6* und *7*). Gegenüber dem colorimetrischen Nachweis wurde der Primärantikörper bei der Chemilumineszenz 20fach (Spur *6*) bzw. 50fach (Spur *7*) verdünnt eingesetzt. Die Spuren *2* und *9* zeigen parallel aufgetrennte Markerproteine (Bio-Rad „high range") nach Färbung mit Coomassie Brilliantblau

Hinweis   Um eine Verstärkung eines zu blassen spezifischen Farbsignals zu erreichen, kann man die Membran auch direkt aus der Färbelösung in H_2O überführen und sie dort für mehrere Stunden belassen. Dies ist natürlich nur dann sinnvoll, wenn nicht gleichzeitig unspezifische Signale auftreten.

Literatur

Blake MS, Johnston KH, Russel-Jones GJ, Gotschlich EC (1984) A rapid, sensitive method for detection of alkaline phosphatase-conjugated anti-antibody on Western blots. Anal Biochem 136:175-179

Franci C, Vidal C (1988) Coupling redox and enzymic reactions improves the sensitivity of the ELISA-spot assay. J Immunol Methods 107:239-244

4.7.4
Nachweis von Peroxidase durch Chemilumineszenz (ECL-System)

Ein seit längerer Zeit bekanntes Luminophor zum Nachweis von Peroxidase ist Luminol (3-Aminophthalhydrazid; Roswell und White 1978). Dieses Molekül wird bei der Peroxidase-katalysierten Umsetzung von H_2O_2 unter alkalischen Bedingungen über mehrere Zwischenstufen und Abspaltung von N_2 (Thorpe und Kricka 1986; Durrant 1990, 1992) zu einem kurzlebigen, energiereichen cyclischen Peroxid (2) oxidiert. Dieses zerfällt (3) unter Aufspaltung der Peroxidbindung in ein 3-Aminophthalat-Dianion, und die dabei freiwerdende Energie ($\sim$70 kcal/mol) führt zur Anregung einer der beiden entstehenden Carbonylbindungen:

Das Spektrum des dadurch emittierten Lichts (max 428 nm; Abb. 44) liegt im Bereich der Sensitivität blauempfindlicher Standard-Röntgenfilme.

Die Lichtausbeute und Dauer der Chemilumineszenz ist bei dieser Basisreaktion aufgrund limitierender Schritte bei der Regeneration des Enzyms durch Luminol äußerst gering. Bestimmte Substanzen, besonders para-substituierte Phenole, können jedoch die Chemilumineszenz durch Reaktion mit den Enzymzwischenstufen bis über 1000fach verstärken und auf einige Stunden verlängern („enhanced chemiluminescence"; ECL; Whitehead et al. 1983; Thorpe und Kricka 1986; Hodgson und Jones 1989; Constantine et al. 1994; Übersichten bei Durrant 1990, 1992). Der zeitliche Verlauf der Chemilumineszenz von Luminol in einem ECL-System auf Blot-Membranen zeigt einen schnellen Anstieg bis zu einem Maximum der Intensität nach 10 bis 15 min und dann eine Abnahme mit einer Halbwertszeit von ungefähr 1 Std. Nach 4 – 5 Std. ist die Chemilumineszenz auf Röntgenfilmen nicht mehr nachweisbar (Abb. 45).

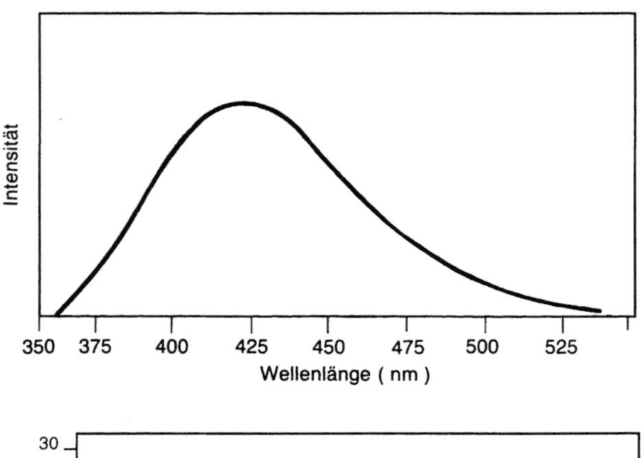

Abb. 44. Chemilumineszenzspektrum von Luminol

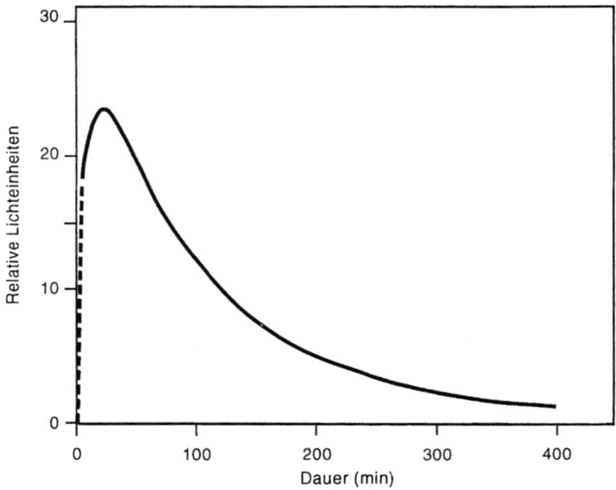

Abb. 45. Zeitlicher Verlauf der Chemilumineszenz im ECL-System (nach T. Stone und I. Durrant, Amersham Highlights, Sept. 1990).

Aufgrund der außerordentlich hohen Empfindlichkeit dieser Nachweisreaktion ist die optimale Blockierung von unspezifischen Bindungsstellen (s. Kap. 4.3) auf der Blot-Membran eine grundsätzliche Voraussetzung für die erfolgreiche Anwendung dieser Methode. In gleicher Weise störend wirken sich zu hohe Antigenkonzentrationen auf der Blot-Membran und zu gering verdünnte Primär- und Sekundär-Antikörperlösungen bzw. Antikörperlösungen ohne Blockierungssubstanzen (s. Kap. 4.4, 4.5) aus.

Materialien   Obwohl Luminol und verschiedene bekannte Verstärkersubstanzen der Reaktion („enhancer"; Leong et al. 1986; Leong und Fox 1990) als Einzelsubstanzen kommerziell erhältlich sind, empfiehlt sich der Einsatz der optimierten und speziell gereinigten ECL-Detektionsreagentien von

Amersham. (Verstärkte Luminol-Chemilumineszenz-System werden auch von den Firmen Boehringer Mannheim, Du Pont NEN und Pierce angeboten.)

- ECL Western Blotting Detektionsreagentien (Amersham)

- alternativ ECL Western Blotting Analyse-System (Detektionsreagentien inklusive Peroxidase-konjugierte Sekundärantikörper und Blockierungssubstanz)

- Haushaltsfolie

- Pinzette mit stumpfer Spitze für Filter (z. B. Millipore)

- Färbeschale

- Röntgenfilme, z. B.: Hyperfilm-ECL (Amersham), Reflection (Du-Pont) (s. auch Kap. 4.8.3)

- Röntgenkassette (s. Kap. 4.8.3)

- Immunoblots auf NC, alternativ auf PVDF-Membranen behandelt mit HRP-konjugierten Sekundärantikörpern oder biotinylierten Sekundärantikörpern und Streptavidin-HRP-Konjugat bzw. Streptavidin-biotinyliertem HRP-Komplex (s. 4.5 u. 4.6). Diese Immunoblots müssen für die Anwendung der ECL-Methode entsprechend vorbehandelt sein: d. h. mit geeigneten Blockierungspuffern (z. B. mit 5 % Magermilchpulver), ausreichend verdünnten Antikörperlösungen und sorgfältig ausgeführten Waschschritten. Für PVDF-Membranen empfiehlt sich außerdem der Zusatz von 1 – 3 % BSA (w/v) zu den Detektionsreagentien (Klapper et al. 1992).

Vorbereitungen

1. ECL-Detektionsreagentien 1 und 2 im Verhältnis 1 : 1 mischen. *Das Gesamtvolumen sollte dabei ausreichend für 0,1 – 0,15 ml pro cm² Membranfläche sein.*

Durchführung

2. Gewaschene Blot-Membran gut abtropfen lassen und mit der Proteinseite nach oben in die Färbeschale legen.

3. Die ECL-Detektionslösung darübergießen, gleichmäßig verteilen und 1 min ruhen lassen.

4. Membran herausnehmen, überschüssige Detektionslösung gut abtropfen lassen. Dazu Membran senkrecht halten und Flüssigkeit mit Filterpapier aufsaugen.

5. Feuchte Membran faltenfrei mit Haushaltsfolie umwickeln und mit der Proteinseite nach oben (!) in eine Röntgenkassette legen und leicht mit Klebestreifen befestigen.

6. Bei Rotlicht in der Dunkelkammer mit einem Röntgenfilm bedekken und nach 10 – 60 sec entwickeln. (Details zur Methodik der Detektion von Chemilumineszenz auf Röntgenfilmen s. Kap. 4.8.)

7. Je nach Intensität der Signale weitere Expositionen (innerhalb der nächsten Minuten) durchführen. (Beispiel in Abb. 43)
Die Blots können anschließend in Folie verpackt oder eingeschweißt im Kühlschrank oder Kühlraum für weitere Detektionen aufbewahrt werden. Dazu werden die Membranen 2 x 10 min in einem großen Volumen TBS-T oder PBS-T bei RT gewaschen und anschließend erneut mit Blockierungsreagens (z. B. 5 % Magermilchpulver) in TBS-T oder PBS-T mindestens 1 Std. oder ü. N. bei RT behandelt, bevor eine erneute Immundetektion („reprobing") mit frischer Detektionslösung erfolgen kann.

Literatur

Constantine NT, Bansal J, Zhang X, Hyams KC, Hayes C (1994) Enhanced chemiluminescence as a means of increasing the sensitivity of Western blot assays for HIV antibody. J Virol Methods 47.153-164

Durrant I (1990) Light-based detection of biomolecules. Nature 346:297-298

Durrant I (1992) Detection of horseradish peroxidase by enhanced chemiluminescence. In: Kricka LJ (ed) Nonisotopic DNA probe techniques. Academic Press, San Diego, pp 167-183

Hodgson M, Jones P (1989) Enhanced chemiluminescence in the peroxidase-luminol-H2O2 system: Anomalous reactivity of enhancer phenols with enzyme intermediates. J Biolumin Chemilumin 3:21-25

Klapper A, Mackay B, Resh MD (1992) Rapid high resolution Western blotting: From gel to image in a single day. BioTechniques 12:651-654

Leong MML, Fox GR (1990) Luminescent detection of immunodot and Western blots. Methods Enzymol 184:442-451

Leong MML, Milstein C, Pannell R (1986) Luminescent detection method for immunodot, Western, and Southern blots. J Histochem Cytochem 34:1645-1650

Roswell DF, White EH (1978) The chemiluminescence of luminol and related hydrazides. Methods Enzymol 57:409-423

Thorpe GHG, Kricka LJ (1986) Enhanced chemiluminescent reactions catalysed by horseradish peroxidase. Methods Enzymol 133:331-353

Whitehead TP, Thorpe GHG, Carter TJN, Groucutt C, Kricka LJ (1983) Enhanced luminescence procedure for sensitive determination of peroxidase-labeled conjugates in immunoassays. Nature 305:158-159

4.7.5
Nachweis von Alkalischer Phosphatase durch Chemilumineszenz mit 1,2-Dioxetansubstraten

Für den luminometrischen Nachweis von Alkalischer Phosphatase auf Blot-Membranen benutzt man stabile substituierte 1,2-Dioxetane. Diese Substanzen liefern bei enzymatischer Umsetzung im Unterschied zu Luminol (Kap. 4.7) eine bis zu mehreren Tagen andauernde Chemilumineszenz (Schaap et al. 1987; Bronstein et al. 1989; Übersicht bei Beck und Köster 1990). Ein Molekül der 1. Generation dieser Substanzen ist AMPPD (3-(2'-Spiroadamantyl)-4-methoxy-4-(3''-phosphoryloxy)-phenyl-1,2-dioxetan). Die Chemilumineszenz erzeugende Reaktion läuft folgendermaßen ab:

Durch enzymatische Abspaltung des Phosphatrestes von AMPPD *(1)* entsteht ein meta-stabiles Dioxetan-Phenolat-Anion *(2)* (oft als AMP-D abgekürzt), welches unter Aufspaltung des energiereichen Dioxetan-4er-Rings ($\Delta G \sim 100$ kCal/mol) in Adamantonon *(3)* und ein elektronisch angeregtes (*) Methyl-meta-oxibenzoat-Anion *(4)* zerfällt. Beim Übergang in den elektronischen Grundzustand *(5)* wird Licht einer Wellenlänge von $\lambda_{max} = 477$ nm abgestrahlt (Abb. 46).

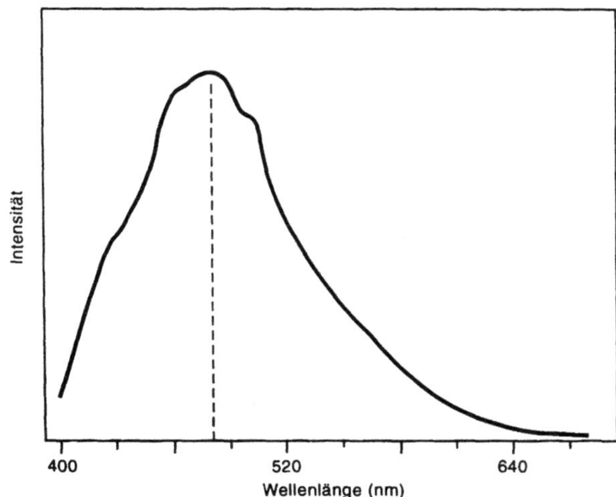

Abb. 46. Chemilumineszenzspektrum von AMPPD in Bicarbonat/Carbonat-Lösung pH 9,5. (Nach Tizard et al. 1990)

Die Gesamtkinetik und Effizienz dieser mehrstufigen Reaktion ist hauptsächlich abhängig von der

- Geschwindigkeit der Dephosphorylierung des AMPPD-Substrats,
- Stabilität bzw. Geschwindigkeit des Zerfalls des AMPD-D Zwischenprodukts und der
- Quantenausbeute an Photonen beim Übergang des angeregten Reaktionsproduktes in den elektronischen Grundzustand.

Generell wird Chemilumineszenz bei dieser Reaktion nur erzeugt, wenn die angeregten Moleküle in anionischer Form vorliegen (pH > 9). Im protonierten Zustand (pH < 9) läuft der Abbau des angeregten Zustands dagegen ohne Photonenemission ab. In wässriger Umgebung findet auch bei höherem pH (>9) ein ständiger Protonentransfer auf die Anionen statt, wodurch die Ausbeute an Chemilumineszenz (= Anteil der angeregten Moleküle, die ein Photon emittieren) stark reduziert wird („Quenching"). Hydrophobe Makromoleküle oder bestimmte Detergentien, die hydrophobe Mizellen unter Ausschluß von Wasser bilden, verhindern diesen Protonentransfer und verstärken dadurch die Chemilumineszenz dieser Reaktion (Übersicht bei Beck und Köster 1990). Als besonders effektiv hat sich dabei eine Mischung aus Cetyltrimethylammoniumbromid (CTAB: H_3C-$(CH_2)_{15}$-$N(CH_3)$-Br) und 5(N-hexadecanoyl)amino-fluorescein in Amino-2-methyl-1-propanol-Puffer, pH 9,6 erwiesen (Schaap et al. 1989). Durch das Fluoresceinderivat wird die Wellenlänge des emittierten Lichts von AMPPD nach 530 nm verschoben (daher der Handelsname dieser Mischung: „Lumiphos 530"; Lumigen, Inc., Detroit USA). Lumiphos 530 ist noch in einigen Detektionssystemen für Blot-Membranen enthalten (z. B. in „Radfree" von Schleicher und Schuell und in „Photo-Blot" von Life Technologies). Die Hauptanwendung liegt heute im AP-Nachweis in flüssigen Detektionssystemen.

Ähnliche Chemilumineszenz-verstärkende Eigenschaften haben durch Besitz hydrophober Domänen und entsprechender Interaktion mit dem AMPPD-Substrat und seinen Produkten auch Nylonmembranen. Dies zeigt sich an einer deutlichen Verstärkung der Chemilumineszenz und der hypochromatischen Verschiebung des Emissionsspektrums von λ_{max} = 477 auf 460 nm (Tizard et al. 1990).

Die für das Protein-Blotting hauptsächlich benutzten NC- oder PVDF-Membranen besitzen diese Eigenschaften in weit geringerem Maße. Durch Vorbehandlung mit speziellen synthetischen Polymeren (sog. Lumineszenz-amplifizierenden Materialien enthalten z. B. in *Nitro-Block* von Tropix) kann jedoch auch auf diesen Membranen ein hydrophobes Milieu hergestellt und dadurch eine hohe Chemilumineszenzausbeute erreicht werden. Im Falle von PVDF ist die Sensitivität des

Nachweises von Antigenen dann sogar höher als auf Nylonmembranen (Bronstein et al. 1992).

Die hydrophobe Interaktion von Blot-Membranen mit dem AMPPD-Substrat führt jedoch zu einer Verzögerung der Kinetik der enzymatischen Dephosphorylierung und des Zerfalls des AMP-D-Zwischenprodukts (letzteres ist der geschwindigkeitsbestimmende Schritt; $t_{1/2}$ beträgt auf Nylonmembranen mehrere Stunden im Vergleich zu wenigen Minuten in Lösung; Tizard et al. 1990). Dadurch bedingt ist eine kinetische Verzögerung von mehreren Stunden, bis die maximale Signalstärke der Chemilumineszenz (d. h. ein Gleichgewicht zwischen Bildungs- und Abbaurate von AMP-D) erreicht wird. Bei Nylonmembranen beträgt diese Verzögerung 8 – 10 Std. (s. Abb. 47), bei NC- und PVDF-Membranen nach Vorbehandlung mit Nitro-Block dagegen nur 2 bzw. 4 Std. (Angaben von Tropix). In Abb. 47 ist außerdem die Kinetik der Chemilumineszenz von CSPD (ein in 5'-Position chloriertes AMPPD), als Beispiel einer neuen Generation von halogen-substituierten Dioxetan-AP-Substraten (Bronstein et al. 1991, 1992), dargestellt. Gegenüber AMPPD zeigt CSPD eine deutliche Erhöhung der Reaktionskinetik und damit ein schnelleres Erreichen der maximalen Lichtemission (4 – 6 Std. auf Nylonmembranen; 1 bzw. 2 Std. bei NC- bzw. PVDF-Membranen) und insgesamt eine höhere Lichtintensität. Danach hält in beiden Fällen bei einem Überschuß an Substrat die Lichtemission über mindestens 24 Std. an und ist proportional zur Enzymkonzentration. Bei Benutzung von hypersensitivierten Röntgenfilmen (s. Kap. 4.8) sind deshalb quantitative Auswertungen der Ergebnisse möglich.

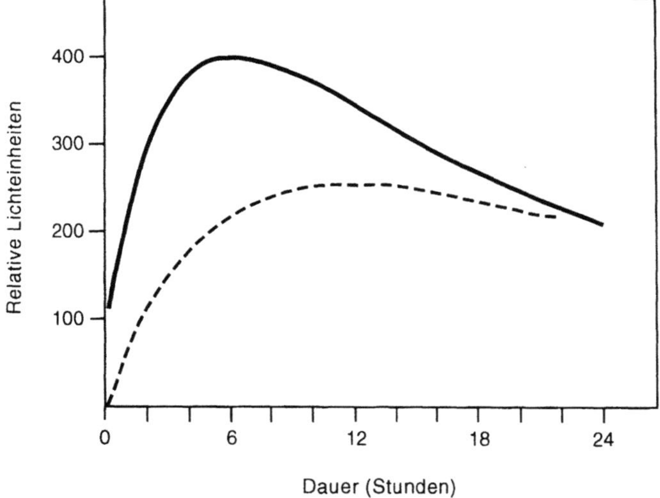

Abb. 47. Zeitlicher Verlauf und relative Intensität der Chemilumineszenz von CSPD (-) und AMPPD (---) auf Nylonmembranen. (Nach Martin et al. 1991)

Unter optimalen Bedingungen ist die Empfindlichkeit des Chemilumineszenz-Nachweises von Alkalischer Phosphatase auf Immunoblots über eine Größenordnung höher als der colorimetrische Nachweis mit BCIP/NBT sowie der Radioimmunnachweis von Antigenen auf Membranen mit ^{125}I-markierten Sekundärantikörpern oder Protein A (Gillespie und Hudspeth 1991; Sandhu et al. 1991; Bronstein et al. 1992).

Materialien

- Chemilumineszenz-Substratkonzentrat CSPD oder AMPPD (Tropix; zu beziehen über Boehringer Ingelheim Bioproducts Partnership)

- Lumineszenz-Verstärker: Nitro-Block (Tropix über Boehringer Ingelheim Bioproducts Partnership; nur für NC- und PVDF-Membranen)

- Diethanolamin (Tropix)

- I-Block (Tropix)

- Tween-20

- Röntgenfilm, z. B. X-OMAT AR oder Bio max MR (Kodak), A₃ (Konica), RX New (Fuji)

- Röntgenkassette (s. Kap. 4.8.3)

- *alternativ* empfehlenswert für gute bis optimale Ergebnisse ohne lange Erprobungsphase sind die standardisierten Systeme (Kits) von Tropix, die neben CSPD und den oben aufgeführten Reagentien auch die entsprechenden AP-konjugierten Sekundärantikörper („Western light") bzw. biotinylierte Sekundärantikörper und Streptavidin-AP-Konjugat („Western light Plus") enthalten.

Vorbereitungen

- Assay-Puffer

100 mM Diethanolamin	2,4 ml
1 mM MgCl₂	50 mg

Komponenten in 200 ml ddH₂O lösen, pH mit konz. HCl auf 10,0 einstellen und auf 250 ml ddH₂O auffüllen.

- Chemilumineszenz-Substratlösung

50 µl Substratkonzentrat (0,24 mM CSPD oder AMPPD) in 5 ml Assay-Puffer lösen. Erst kurz vor Gebrauch ansetzen. Nach Gebrauch lichtgeschützt (braune Flasche oder mit Alu-Folie umwickelt) bei 4° C aufbewahren (kann mehrmals wiederbenutzt werden!).

- Stripping-Puffer (fakultativ)

Endkonzentration	Ansatz
0,2 M Glycin, pH 2,2	4,5 g
0,1 % SDS	0,3 g
1 % Tween-20	3,0 ml (100 %)

Glycin in 250 ml ddH$_2$O lösen und pH mit 1N HCl auf 2,2 einstellen, SDS und Tween dazugeben und auf 300 ml ddH$_2$O auffüllen.

- Waschpuffer

10 x PBS	30 ml (Herstellung s. Anhang B)
0,1 % Tween-20	0,3 ml (100 %)

auf 300 ml mit ddH2O auffüllen.

- Blockierungspuffer (für NC- und PVDF-Membranen)
  0,2 % I-Block, 0,1 % Tween in PBS nach folgendem Rezept ansetzen:

  - 10 ml 10 x PBS mit 90 ml ddH$_2$O mischen.
  - 0,2 g I-Block dazugeben, in einem Mikrowellenherd erhitzen (ca. 45 sec, nicht kochen!) und dann 1 – 2 Std. auf einem Magnetheizrührer bei 60° C rühren.
  - Nach dem Abkühlen 0,1 ml Tween 20 dazugeben (Lösung bleibt leicht trüb).

Für positiv geladene Nylonmembranen muß eine konzentriertere Blockierungslösung mit 6 % I-Block und 1 % Polyvinylpyrrolidon in PBS verwendet werden. Diese Lösung muß in gleicher Weise, wie oben angegeben, angesetzt werden.

Durchführung

Für die Vorbehandlung der Blot-Membranen und Durchführung der Immunreaktionen der hier behandelten Chemilumineszenz-Detektion empfiehlt es sich, wie oben erwähnt, entweder eines der Western-light-Systeme von Tropix zu benutzen oder analog nach folgendem Protokoll vorzugehen:

1. Nach dem Transfer Blot-Membranen 5 min in 50 – 100 ml PBS waschen.

2. Membranen anschließend 30 – 60 min (evtl. auch ü. N. bei 4° C) in Blockierungspuffer inkubieren.

3. Primärantikörper in geeigneter Verdünnung in Blockierungspuffer 30 – 60 min mit der Membran inkubieren.

4. Nylon- oder NC-Membranen ca. 2 x 5 min mit Waschpuffer (PVDF-Membranen mit Blockierungspuffer) waschen.

5. Sekundärantikörper, biotinyliert 1 : 20.000 oder AP-konjugiert 1 : 10.000, in ca. 5 – 10 ml Blockierungspuffer verdünnen und 30 min mit der Membran inkubieren.

6. 2 x 5 min, wie oben beschrieben, mit Wasch- bzw. Blockierungspuffer waschen.

7. Bei Benutzung eines biotinylierten Sekundärantikörpers Membranen an dieser Stelle zusätzlich 20 min mit Streptavidin-AP-Konjugat (Avidx-AP; 1 : 20.000 in Blockierungspuffer) inkubieren und anschließend, wie beschrieben, 2 x 5 min waschen.

8. Membranen 2 x 5 min mit Assay-Puffer waschen.

9. NC- und PVDF-Membranen für 5 min in Nitro-Block-Reagens (1 : 20 verdünnt in Assay-Puffer; 5 ml pro 100 cm^2 Membranfläche) legen und nochmals 2 x 5 min in Assay-Puffer waschen.
Für diesen Schritt sollte ein separates Gefäß benutzt werden, da Nitro-Block-Material fest haftet und schwer zu entfernen ist.

10. Membranen 5 min in Chemilumineszenz-Substratlösung (ca. 5 ml pro 100 cm^2) in einer neuen Schale inkubieren.

11. Überschüssige Lösung vollständig abtropfen lassen und feuchte Membran in Haushaltsfolie faltenfrei einwickeln bzw. bei längeren Expositionen einschweißen.

12. Membran mit der Proteinseite nach oben in eine Röntgenkassette legen und mit Klebeband leicht befestigen.

13. Entweder sofort, oder nach einer Vorinkubation von 15 –30 min bei 37° C, mit einem Röntgenfilm bedecken und nach wenigen Minuten entwickeln (s. 4.8).

14. Anhand der Signalintensität endgültige Expositionszeit festlegen.
Weitere Expositionen können bis zu mehreren Tagen durchgeführt werden.

Zusatz

**Entfernung gebundener Antikörper
von der Blot-Membran („stripping") und Durchführung
eines neuen immunologischen Nachweises („reprobing")**

Da das AP-Konjugat relativ stabil ist, müssen vor einem weiteren immunologischen Nachweis mit neuem Antikörper in jedem Fall die gebundenen Antikörper mit dem AP-Konjugat entfernt werden.

1. **Membranen** bei RT 60 min mit Stripping-Puffer unter leichtem Schütteln waschen.

2. 3 x 5 min mit Waschpuffer abspülen.

3. Membran erneut mit Blockierungslösung behandeln.

4. Mit Primärantikörper und Sekundärantikörper-AP-Konjugat inkubieren und Chemilumineszenz Detektion, wie oben beschrieben, durchführen.

● Bei zu hohem Hintergrund sollte generell eine ü.N.-Inkubation in Blockierungspuffer bei 4° C vor der Detektion durchgeführt werden. Außerdem kann evtl. der Primärantikörper und/oder Sekundärantikörper stärker verdünnt werden und die Waschschritte bei erhöhter Tween-Konzentration (0,3 – 0,5 %) auf je 15 min verlängert werden.   **Hinweise**

● Die neueren Dioxetan-Chemilumineszenz-Substrate von Tropix (1994) CDP und CDP-Star erzeugen eine noch höhere Lichtintensität als CSPD und damit eine weitere Steigerung der Sensitivität des Nachweises von AP-markierten Immunkomplexen auf Blot-Membranen (Konrad et al. 1994). Speziell für NC-Membranen bringt die Kombination Nitro-Block II Lumineszenz-Verstärker und CDP-Star eine enorme Zunahme der Signalintensität und damit kürzere Expositionszeiten.

Literatur

Beck S, Köster H (1990) Applications of dioxetane chemiluminescent probes to molecular biology. Anal Chem 62:2258-2270

Bronstein I, Edwards B, Voyta JC (1989) 1,2 Dioxetanes; novel chemiluminescent enzyme substrates: applications to immunoassays. J Biolum Chemilum 4:99-111

Bronstein I, Voyta JC, Vant Erre Y, Kricka LJ (1991) Advances in ultrasensitive detection of proteins and nucleic acids with chemiluminescence: Novel derivatized 1,2-dioxetanes enzyme substrates. Clin Chem 35:1526-1527

Bronstein I, Voyta JC, Murphy OJ, Bresnick L, Kricka LJ (1992) Improved chemiluminescent Western blotting procedure. BioTechniques 5:748-753

Gillespie PG, Hudspeth AJ (1991) Chemiluminescence detection of protein from single cells. Proc Natl Acad Sci USA 88:2563-2567

Konrad L, Hegenbart C, Littauer D, Renneberg H, Rausch U, Aumüller G (1994) Transfer von Proteinen auf Pall-Fluorotrans-Membranen und Nachweis mit den Chemolumineszenzfarbstoffen AMPPD, CSPD, CDP und CDP-Star. PALL Biosupport Anwendungs-Informationen SD 1536 G (auf Anforderung bei Pall GmbH erhältlich)

Martin C, Bresnick L, Juo R-R, Voyta JC (1991) Improved chemiluminescent DNA sequencing. BioTechniques 11:110-113

Sandhu GS, Eckloff W, Kline BC (1991) Chemiluminescent substrates increase sensitivity of antigen detection in Western blots. BioTechniques 11:14-16

Schaap AP, Sandison MD, Handley RS (1987) Chemical and enzymtic triggering of 1,2 dioxetanes. 3. Alkaline phosphatase-catalyzed chemiluminescence from an aryl phosphate-substituted dioxetane. Tetrahedron Lett 28:1159-1162

Schaap AP, Akharan H, Romano LJ (1989) Chemiluminescent substrates for alkaline phosphatase: Application to ultrasensitive enzyme-linked immunoassays and DNA probes. Clin Chem 35:1863-1864

Tizard R, Cate RL, Ramachandran KL, Wysk M, Voyta JC, Murphy OJ, Bronstein I (1990) Imaging of DNA sequences with chemiluminescence. Proc Natl Acad Sci USA 87:4514-4518

4.8
Detektion von radioaktiver Strahlung und Chemilumineszenz auf Röntgenfilmen (Autoradiographie und Luminographie)

4.8.1
Allgemeine Einleitung und Überblick

Radioaktiv markierte Proteine in Gelen oder radioaktiv markierte Immunkomplexe auf Blot-Membranen und durch Enzym-gekoppelten Immunnachweis erzeugte Chemilumineszenz werden am einfachsten mit Hilfe von geeigneten Röntgenfilmen nachgewiesen. Je nach Art, Energie und Quantität der jeweiligen Strahlung werden unterschiedliche Methoden der Detektion eingesetzt:

Direkte Autoradiographie

Diese Methode kann angewendet werden, wenn Isotopen mit relativ energiereicher β-Strahlung (z. B. ^{32}P, $E_{max} = 1{,}71$ MeV; ^{35}S, $E_{max} = 0{,}167$ MeV) in hoher lokaler Konzentration in Gelen oder auf Blot-Membranen vorhanden sind. Die radioaktive Strahlung trifft dabei direkt auf einen darüber liegenden Röntgenfilm. Die β-Partikel (Negatronen) setzen in den Silberhalogenidkristallen der strahlenempfindlichen Emulsion durch Kollisionen eine Vielzahl von Elektronen frei, welche zur Reduktion einer größeren Anzahl von Ag^+-Ionen zu metallischem Silber (Silberkeime) führen. Diese Silberkeime oder „latenten Bilder" katalysieren im anschließenden Entwicklungsvorgang die Reduktion der gesamten Ag^+-Ionen des Kristalls und dadurch die Bildung kontrastreicher Silberkörner. Die nicht von der Strahlung getroffenen und aktivierten Silberhalogenid-Kristalle bleiben unverändert und werden nach der Entwicklung durch Bildung von Ag-thiosulfat-Komplexen aus der Emulsion herausgelöst. Die Auflösung ist aufgrund der relativ geringen Streuung (Abb. 48) und der meist einseitigen Beschichtung der entsprechenden Röntgenfilme optimal für das jeweilige Isotop.

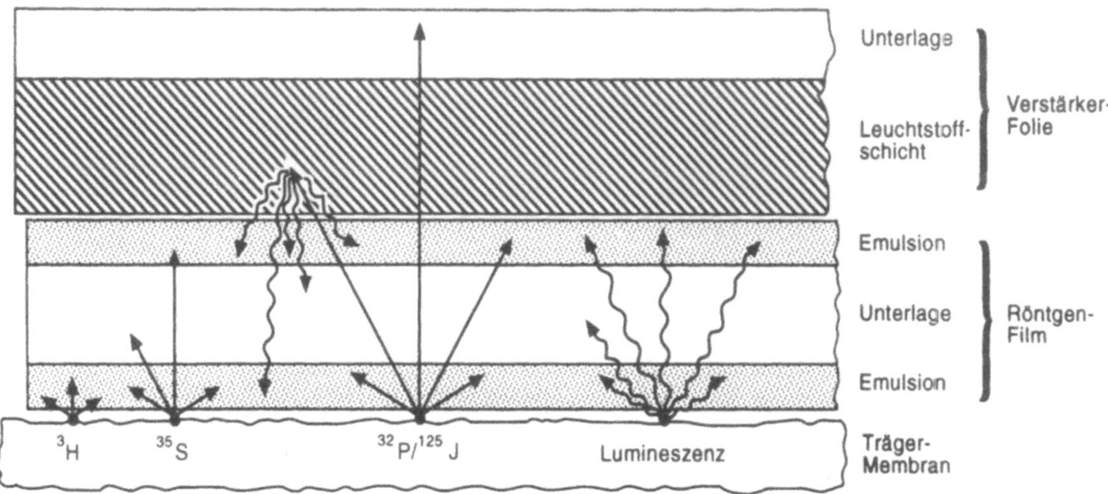

Abb. 48. Schematische Darstellung der Eindringtiefe, Streuung und Wirkung von radioaktiver Strahlung verschiedener Isotopen sowie Lumineszenz in Röntgenfilmen mit Verstärkerfolien. Weiche β-Strahlung (z. B. 3H) dringt maximal nur wenige mm in die äußere Emulsionsschicht ein (geringe Streuung, hohe Auflösung). β-Strahlung mittlerer Energie (z. B. 35S) und Lumineszenz (Photonen einer Chemilumineszenz oder Fluoreszenz) durchdringen zum Teil den Röntgenfilm und „belichten" auch die innere Emulsionsschicht (Crossover-Belichtung). Harte β-Strahlung (z. B. 32P) sowie γ-Strahlung (z. B. 125I) durchdringen zum Großteil den Röntgenfilm und erzeugen aufgrund ihrer Energie eine Fluoreszenzstrahlung in der Leuchtstoffschicht, die zusätzlich den Röntgenfilm „belichtet" (große Streuung und dadurch reduzierte Auflösung bei hoher Sensitivität)

Indirekte Autoradiographie unter Benutzung von Verstärkerfolien

Die Hauptmasse der Energie von sehr harten β-Strahlen (z. B. von ^{32}P) oder von γ-Strahlen (z. B. von ^{125}I) wird bei der direkten Autoradiographie nicht im Röntgenfilm zur Erzeugung von Signalen absorbiert, sondern durchdringt den Film und geht damit verloren. Diese Energie kann durch anliegende Verstärkerfolien („intensifyer screens"), die eine fluoreszierende Substanz (festes Fluorophor, meist bestehend aus Ca-Wolframat (CaWO$_4$) oder Oxysulfiden seltener Erden) enthalten, zur Erzeugung von Photonen im Blau- bis UV-Bereich genutzt werden. Diese Photonen „belichten" zusätzlich den Röntgenfilm (s. Schema in Abb. 48). Im Vergleich zur direkten radioaktiven Strahlung reicht jedoch die Energie der einzelnen emittierten Photonen aus der Verstärkerfolie nicht aus, um genügend Elektronen in den Silberhalogenid-Kristallen für die Bildung stabiler, entwicklungsfähiger Silberkeime freizusetzen. Es werden dabei jeweils nur einzelne Ag$^+$-Ionen zu Ag-Atomen reduziert, und dieser Prozeß ist bei Zimmertemperatur mit einer Halbwertszeit von etwa einer Sekunde reversibel. Diese labile Phase kann durch tiefe Temperaturen (z. B. –70° bis –80° C) erheblich verlängert werden, so daß durch „Treffer" weiterer Photonen auf die angeregten Halogenid-Kristalle mit größerer Wahrscheinlichkeit stabile, entwicklungsfähige Silberkeime gebildet werden (Laskey und Mills 1975; Übersicht bei Laskey 1980, 1990, 1992). Bei den üblichen Röntgenfilmen sollen ungefähr 5 Photonen notwendig sein, um mit 50 % Wahrscheinlichkeit ein entwickelbares latentes Bild zu erzeugen (Übersichten bei Dunbar 1987, Laskey 1992).

Dieser Temperatureffekt zur Erhöhung der Sensitivität kann durch Vorbelichtung des Filmes mit einem kurzen Lichtblitz („Vorblitzen") noch gesteigert werden (*Hypersensibilisierung*). Dabei wird ein Großteil der Silberhalogenid-Kristalle so weit „angeregt", daß das Auftreffen weiterer Photonen während der Exposition zu entwickelbaren Silberkeimen führt (Laskey und Mills 1977). Die Hypersensibilisierung hat außerdem den Effekt, daß eine lineare Beziehung zwischen Radioaktivitätsmenge und Signalstärke auch bei relativ niedrigen Aktivitäten besteht. Das standardisierte Vorblitzen des Röntgenfilms (s. unten) ist deshalb für eine quantitative densitometrische Auswertung der autoradiographischen Signale bei der Benutzung von Verstärkerfolien unbedingt notwendig. Insgesamt ist der Verstärkereffet mit einer Folie gegenüber der direkten Autoradiographie ca. 10fach für ^{32}P und ca. 15fach bei ^{125}I. Ein gewisser Nachteil ist u. U. der Verlust an Auflösungsschärfe durch die größere Streuung der indirekten Strahlung aus der Verstärkerfolie. Deshalb ist nur in Ausnahmefällen, z. B. bei extrem schwachen Signalen, die Benutzung einer zweiten Verstärkerfolie (VF) in der Anordnung Probe-VF1-Film-VF2 zu empfehlen.

Fluorographie

Die Fluorographie oder Szintillationsautoradiographie wird zum effektiven Nachweis von relativ weichen β-Strahlern (z. B. ^{3}H, E_{max} = 0,0186 MeV oder ^{35}S, E_{max} = 0,167 MeV) z. B. in Gelen (oder anderen Trennmedien) angewendet. Die relativ langsamen Negatronen dieser Isotopen werden sehr stark (^{35}S) oder fast vollkommen (^{3}H) innerhalb der Gelmatrix absorbiert (Selbstabsorption). Dieses Problem wird dadurch gelöst, daß das Gel vor dem Trocknen mit einer organischen Szintilator-Substanz (urspünglich meist 2,5 Diphenyloxazol; PPO; Laskey und Mills 1975) imprägniert wird, welche nach Anregung durch die radioaktive Strahlung Photonen von blauem bis ultraviolettem Licht emittieren. Dieses Fluoreszenzlicht durchdringt das durchsichtige Gel und wird durch einen aufgelegten Röntgenfilm nachgewiesen. In bezug auf die photochemischen Eigenschaften, d. h. die erhöhte Empfindlichkeit der Detektion durch Exposition bei $-70°$ bis $-80°$ C und die Notwendigkeit der Hypersensibilisierung des Röntgenfilms für eine quantitative Auswertung der Signale, gelten die gleichen Kriterien wie für das Fluoreszenzlicht aus Verstärkerfolien. Unter optimalen Bedingungen ist der Verstärkereffekt durch Fluorographie bei ^{35}S ca. 15fach und bei ^{3}H sogar etwa 1000fach gegenüber der direkten Autoradiographie.

Nachweis von Chemilumineszenz (Luminographie)

Da es sich bei der Chemilumineszenz ebenfalls um Photonen (im Grün- bis Blaubereich des Spektrums) handelt, gelten hier für den optimalen Nachweis prinzipiell die gleichen Bedingungen wie bei der indirekten Autoradiographie und der Fluorographie. Da der hier behandelten Chemilumineszenz jedoch eine enzymatische Reaktion zugrunde liegt, kann die Exposition nicht bei tiefen Temperaturen durchgeführt werden. Für eine maximale Empfindlichkeit sowie für quantitative Vergleiche von Signalen ist deshalb in jedem Fall ein Vorblitzen (Hypersensibilisierung) der Röntgenfilme notwendig.

- Röntgenfilme:

    - für die *direkte Autoradiographie* (direkte Röntgenfilme): z. B. Direct Exposure Film (DEF, Kodak), Hyperfilm-βmax (für ^{35}S) bzw. Hyperfilm ^{3}H (Amersham). Diese Filme sind einseitig mit Emulsion beschichtet und besitzen einen sehr hohen Ag-Gehalt zur optimalen Absorption der direkten β-Strahlen. Sie sind dagegen relativ unempfindlich für das durch Verstärkerfolien oder Szintillatoren emittierte Blau- oder UV-Licht.
    - für die *indirekte Autoradiographie, Fluorographie* und *Luminographie* (medizinische Röntgenfilme): z. B. X-Omat AR (Kodak), Hyperfilm-MP (Amersham), RX (Fuji), Bio-Max MS (Kodak), A13 (Konika). Speziell für die Luminol-Chemilumineszenz entweder Hyperfilm ECL (Amersham) oder Reflection (Du Pont). Diese Filme besitzen eine optimale Sensitivität für Photonen im Grün- bis Blaubereich.

- Verstärkerfolien: z. B. Cronex Lightning Plus oder Reflection (Du Pont NEN), Hyperscreen (Amersham), X-OMAT Regular Intensifying Screen (Kodak)

- Röntgenkassetten: Hier sind Metallkassetten zu empfehlen, z. B. Ampli-G-Kassetten (Philips), Hypercassettes (Amersham), X-OMAT der C2 Kassetten (Kodak)

Materialien

- Röntgenfilm-Entwickler für manuelle Entwicklung (für Entwicklungsautomaten siehe Hinweise der Hersteller): z. B. GBX (Kodak), G150 (Agfa Gevaert), MXD (Du Pont)

- Na-thiosulfat und Na-bisulfit für Fixierbad oder kommerziell erhältliche Fixierungslösungen (z. B. GBX Fixer und Replenisher (Kodak)

- Blitzlichtgerät einer Kameraausrüstung mit Netzanschluß oder die Pre-flash-Unit „Sensitize" (Amersham)

- Kodak Orangefilter (Wratten Nr. 21 oder 22)

- dunkles Rotlicht (in Dunkelkammer): Kodak 6B bzw. GBX-2 oder Agfa Gevaert R1 mit 15 W Birne

- Whatman Filter Nr. 1 (o. ä.)

- Plastikfolie (z. B. Saran-Film; Roth) oder Haushaltsfolie

4.8.2
Vorbehandlung von Gelen für die Autoradiographie und Fluorographie

Für die Autoradiographie werden die Gele in der Regel zur Kontrolle nach der Elektrophorese, wie in 2.4.2 beschrieben, mit Coomassie Brilliantblau gefärbt und dann direkt getrocknet (s. u.). Vor der Fluorographie wird üblicherweise keine Färbung durchgeführt, jedoch sollten die Gele vor der anschließenden Imprägnierung fixiert werden, um schärfere Banden zu erhalten.

Materialien

- Methanol

- Konz. Essigsäure (Eisessig)

- PPO (2,5 Diphenyloxazol)

- Geltrockner (Bezugsquellen s. Anhang L)

- Vakuumpumpe: Im Prinzip genügt für den Betrieb der gängigen Geltrockner eine Wasserstrahlpumpe (hoher Wasserverbrauch!). Besser sind jedoch für diesen Zweck Vakuumpumpen, die mit einer Kühlfalle kombiniert werden sollten.

Durchführung

Methode A: Imprägnierung mit PPO in Eisessig
(modifiziert nach Skinner und Griswald 1983)

1. Gele nach der Elektrophorese 30 min in 7 % Essigsäure/10 % Methanol fixieren.

2. In 50 % Essigsäure für 5 min, dann für 5 min in Eisessig dehydrieren.

3. Mit 4 Gelvol. 20 % PPO (w/v) in Eisessig für 1,5 Std. unter leichter Bewegung im Abzug imprägnieren.

4. 30 min in dH_2O waschen.
Dabei präzipitiert das PPO und das Gel wird opak („milchig").

5. Gel bei 60° C unter Vakuum trocknen (s. unten).

6. Getrocknete Gele mit geeignetem und eventuell vorbehandeltem Röntgenfilm bedecken und bei –70° C exponieren (s. 4.8.3).

Methode B: Imprägnierung mit fertigen Fluorophor-Cocktails

Anstelle der Vorbehandlung und Imprägnierung der Gele mit selbst angesetzter PPO-Lösung können auch einfacher und schneller zu handhabende kommerzielle Fluorophor-Mischungen benutzt werden:

1. Mit Amplify (Amersham; mit einem wasserlöslichen Szintillator) entfällt bei der oben beschriebenen Prozedur der Dehydrierungsschritt, und das Gel wird nach dem Fixieren direkt mit dem Cocktail für 30 min inkubiert und dann ohne Waschen getrocknet.

2. Mit EN³HANCE (Du Pont) entfällt ebenfalls der Dehydrierungsschritt, das Gel wird 1 Std. in der Fluorophor-Lösung inkubiert, dann wie oben beschrieben gewaschen, anschließend getrocknet (s. unten) und mit Röntgenfilm bedeckt (s. 4.8.3).

Trocknung der Gele in beheizten Geltrocknern unter Vakuum

Zur Detektion radioaktiver Strahlung durch Autoradiographie bzw. Lumineszenz bei der Fluorographie müssen die Gele zuvor in speziellen Geltrocknern sicher und schonend getrocknet werden.

1. Das gefärbte oder für die Fluorographie imprägnierte Gel mit zwei angefeuchteten Filterpapieren als Unterlage auf die poröse Metallplatte des Geltrockners legen (zum Aufbau und zur Arbeitsweise solcher Geltrockner siehe Abb. 49).

2. Klarsichtfolie darüberlegen, glattstreichen und möglichst Luftblasen entfernen.
Bei über 10%igen Gelen sollte eine meist mitgelieferte poröse Polyethylenfolie statt der Klarsichtfolie verwendet werden (Hinweise der Hersteller beachten!).

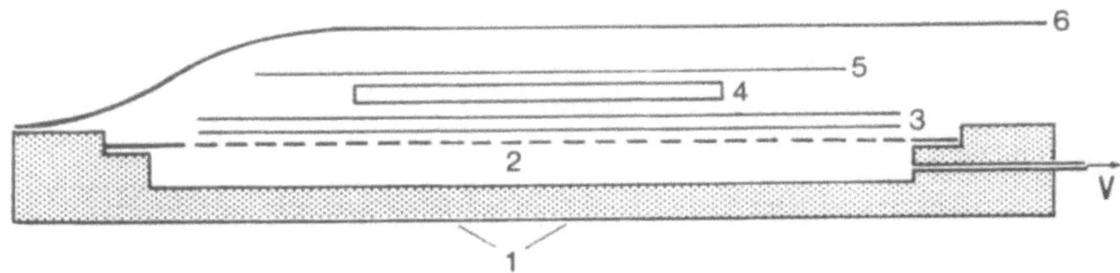

Abb. 49. Querschnittschema eines Geltrockners. Das Gerät besteht aus einem heizbaren Metallblock *(1)*, dessen Vakuumraum mit einer vielfach gelochten Metallplatte *(2)* abgedeckt wird. Das Gel *(4)* liegt auf 2 Lagen Filterpapier *(3)* und wird mit einer Klarsichtfolie *(5)* abgedeckt. Nach Anschalten der Vakuumpumpe *(V)* wird das Gerät mit einer stabilen gummiartigen Abdeckfolie *(6)* verschlossen

3. Vakuum anlegen.

4. Gummiabdeckung darüberspannen und eventuell seitlich andrükken, bis die Abdeckung fest angesaugt ist.

5. Heizung und Zeitschalter einschalten:
bei Gelen für die Fluorographie 60° C, 2 – 3 Std.,
bei anderen Gelen 80° C, 1 – 2 Std. (s. Angaben des Herstellers).
Ein nicht ausreichend getrocknetes Gel zerreißt beim Öffnen bzw. Abschalten des Vakuums.

6. Nach ausreichender Trocknungszeit Heizung und Vakuum abschalten
Ein Gel ist trocken, wenn das Gel und seitliche Bereiche der Abdekkung sich gleich warm bzw. heiß anfühlen.

7. Das Gel, welches fest auf das obere Filterpapier angetrocknet ist, entnehmen und, wie unten beschrieben, die Autoradiographie bzw. Fluorographie durchführen.

Hinweis   Falls Gele beim Trocknen brechen sollten, diese wie in Kap. 2.8 beschrieben vorher mit 1 – 3 % Glycerin behandeln.

4.8.3
Exposition und Entwicklung der Röntgenfilme

Die benötigten *Materialien* sind auf Seite 207 und 208 aufgelistet

Durchführung   ### Direkte Autoradiographie

1. Getrocknetes Gel oder Blot-Membran auf einem Filterpapier plazieren und evtl. mit einer Klarsichtfolie bedecken (nicht bei ^{35}S!).

2. In der Dunkelkammer bei dunklem Rotlicht einen geeigneten Röntgenfilm direkt darüberlegen und den „Sandwich" in einer Röntgenkassette bei RT exponieren.

3. Nach ausreichender Zeit (Vorversuche!) Film entwickeln (s. unten).

Indirekte Autoradiographie mit Verstärkerfolien

1. Getrocknetes Gel oder Blot-Membran auf Filterpapier plazieren und evtl. mit einer Klarsichtfolie bedecken.

2. In der Dunkelkammer bei Rotlicht mit einem geeigneten Röntgenfilm bedecken und die Verstärkerfolie mit der glatten Seite zum Film auflegen.

Fluorographie

1. Imprägnierte und getrocknete Gele auf Whatman-Filter legen und direkt mit einem geeigneten Röntgenfilm bedecken.
   Falls der Röntgenfilm vorgeblitzt wurde (s. unten), muß die belichtete Seite zur Geloberfläche liegen!

2. Sandwich in einer Röntgenkassette bei –70° C exponieren.

3. Nach ausreichender Zeit (Vorversuche) Film entwickeln (s. unten).

Luminographie (Nachweis von Chemilumineszenz)

1. Die in Folie eingeschweißte oder in Klarsichthülle befindliche und mit dem Lumineszenzreagens imprägnierte Blot-Membran in der Dunkelkammer mit einem geeigneten Röntgenfilm bedecken.
   Falls der Röntgenfilm zur Steigerung der Sensitivität und für eine quantitative Auswertung der Signale (Densitometrie, Kap. 2.6.3) vorgeblitzt wurde, muß die belichtete Seite zur Oberfläche der Blot-Membran liegen!

2. Sandwich in einer Röntgenkassette zunächst 1 – 15 min bei RT exponieren und dann entwickeln (s. unten). Je nach gewünschter Signalstärke weitere Expositionen bei RT durchführen.

Hypersensibilisierung von Röntgenfilmen durch Vorbelichtung (Vorblitzen)

Modifikation

1. Frontscheibe einer Blitzlichtapparatur mit einem Orangefilter (s.o.) und einem Whatman-Filter Nr. 1 bekleben.

2. Röntgenfilm im Dunkeln auf eine gelbe Papierunterlage legen und Blitzlichtapparatur ca. 50 cm darüber fixieren.

3. Testbelichtungen im Bereich $\leq$ 1 msec durchführen.

4. Filmstreifen entwickeln und die Absorption bei 540 nm gegen einen unbelichteten und entwickelten Röntgenfilm in einem Densitometer oder Photometer messen.

5. Für die Hypersensibilisierung eine Blitzdauer wählen, die einen Absorptionsanstieg von 0,15 gegenüber dem unbelichteten Film bewirkt. (Bei Benutzung von kommerziellen Vorbelichtungsapparaturen, z. B. Sensitize von Amersham, nach Vorschrift der Hersteller verfahren.). *Bei vorgeblitztem Film muß die belichtete Seite zur Oberfläche der Verstärkerfolie liegen! Vorgeblitzte Filme nicht aufbewahren, sondern umgehend benutzen, da die Hintergrundschwärzung bei Lagerung sehr viel schneller ansteigt als bei nicht vorbelichteten Filmen!*

6. Sandwich in einer Röntgenkassette bei −70° C (bei Chemilumineszenz bei RT!) exponieren.

7. Nach ausreichender Zeit (Vorversuche) Film entwickeln (s. unten).

Entwickeln der Röntgenfilme

Vorbereitungen

- Ansetzen bzw. Verdünnen der Entwicklerlösung nach Angaben der Hersteller

- Ansetzen des Stoppbads:
  3 % Essigsäure in ddH$_2$O

- Ansetzen des Fixierbads:

Na-thiosulfat	250 g
Na-bisulfat	15 g

auf 1 l mit ddH$_2$O auffüllen bzw. bei kommerziellen Lösungen nach Angaben der Hersteller verfahren

Durchführung

1. Falls die Exposition bei tiefen Temperaturen durchgeführt wurde, Röntgenkassetten einige Zeit auf RT anwärmen lassen.

2. Bei Rotlicht Film entnehmen und eventuell in einen Entwicklungs-Rahmen einspannen.

In Tanks oder Entwicklerschalen in folgender Weise bei RT entwikkeln:
Röntgenentwickler 1 – 5 min
Stoppbad 1 min
Fixierbad 5 – 10 min
Waschen in fließendem Wasser   10 – 15 min

3. Anschließend in einem Filmtrockenschrank o. ä. trocknen.
Die Entwicklung der meisten oben genannten Röntgenfilme ist auch in Entwickler-Automaten möglich (Bedienungsanweisungen der Hersteller beachten).

4. Zur Dokumentation und Auswertung der Röntgenfilme durch Photographie und Densitometrie siehe Kapitel 2.6.

Literatur

Dunbar BS (1987) Two-dimensional gel electrophoresis and immunological techniques. Plenum, New York
Laskey RA (1980) The use of intensifying screens or organic scintillators for visualizing radioactive molecules resolved by electrophoresis. Meth Enzymol 65:363-371
Laskey RA (1990) Radioisotope detection using X-ray film. In: Slater RJ (ed) Radioisotopes in biology. A practical approach. IRL, Oxford New York Tokyo, pp 87-107
Laskey RA (1992) Nachweis von Radioisotopen mit Fluorographie und Verstärkerfolien. Amersham Buchler, Braunschweig, Review 23
Laskey RA, Mills AD (1975) Quantitative film detection of ^{3}H and ^{14}C in polyacrylamide gels by fluorography. Eur J Biochem 56:335-341
Laskey RA, Mills AD (1977) Enhanced autoradiographic detection of ^{32}P and ^{125}I using intensifying screens and hypersensitized film. FEBS Lett 82:314-316
Skinner MK, Griswald MD (1983) Fluorographic detection of radioactivity in polyacrylamide gels with 2,5-diphenyloxazole in acetic acid and its comparison with existing methods. Biochem J 209:281-284

4.9
Silberverstärkung von kolloidaler Goldmarkierung

Die Verwendung von Gold-markierten immunologischen Reagentien (Immunogold-Methode) für das Immunoblotting hat besonders durch die Entwicklung von Methoden zur Verstärkung der Signale durch metallisches Silber (Brada und Roth 1984; Moeremans et al. 1984) an Bedeutung gewonnen. Das Prinzip besteht darin, daß die Goldpartikel an ihrer Oberfläche den Transfer von Elektronen eines Reduktionsmittels (z. B. Hydrochinon) auf Silberionen einer Ag-Lactatlösung katalysieren. Die gebildeten Silberatome lagern sich auf der Oberfläche der Goldpartikel ab. Im weiteren Verlauf katalysiert das metallische Silber dann selbst diese Reduktion, ein Vorgang, den man als Autometallographie bezeichnet (vgl. Moeremans et al. 1987). Durch diese Form der physikalischen Entwicklung und Ablagerung von metallischem Silber werden die ursprünglich winzigen Goldpartikel bedeutend vergrößert (s. Schema Abb. 50) und zunächst unsichtbare oder schwach rötliche Signale erscheinen als dunkelbraune bis schwarze Banden bzw. Flecken. Die Nachweisgrenze dieser empfindlichen IGSS-(„Immunogold Silver Staining")-Methode wird meist unter 50 pg angegeben. Die Methode ist leicht und schnell durchzuführen, und die erzeugten Signale sind kontrastreich und stabil (Abb. 51). Ein gewisser Nachteil bei der Durchführung ist die Lichtempfindlichkeit der Ag-Verstärker-Entwicklerlösung bei der Standardmethode. In der Zwischenzeit bieten jedoch einige Firmen Silberintensivierungs-Kits an, die auf lichtunempfindlichen Entwicklungsmethoden basieren.

Materialien

- Tri-Natriumcitrat-Dihydrat (Fluka, Merck)

- Citronensäure·H_2O (Monohydrat; Fluka, Merck)

- Hydrochinon (Fluka, Merck)

- Ag-Lactat (Fluka)

- Na-thiosulfat oder photographische Fixierlösung (z. B. von Agfa Gevaert)

- dunkle Entwicklerschale

- Alufolie

- Pinzette mit stumpfer Spitze (z. B. von Millipore)

Vorbereitungen

- Citrat-Puffer-Stammlösung (2 M)

Na_3Citrat · $2H_2O$	23,5 g
Citronensäure · H_2O	25,5 g
in 100 ml ddH_2O lösen	

- Citrat-Puffer (200 mM)

50 ml der Stammlösung 1 : 9 mit ddH_2O verdünnen

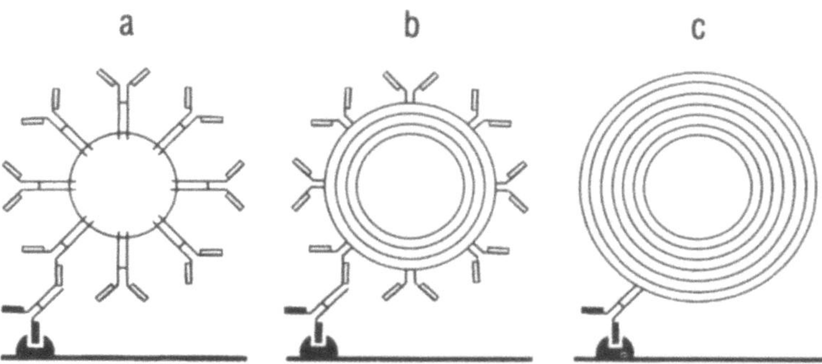

Abb. 50 a - c. Schematische Darstellung des Mechanismus der Silberverstärkung kolloidaler Goldmarkierung; *A* Ausgangssituation; Goldpartikel mit vielen Sekundärantikörpern *(hell)* an der Oberfläche. Einer dieser Antikörper ist gebunden an den Primärantikörper *(schwarz)*, der mit dem auf der Membranoberfläche sitzenden Antigen reagiert hat. *B* Entwicklungsphase; sukzessive Ablagerung von Silberpräzipitat auf der Oberfläche der Goldpartikel. *C* Endzustand; durch Versilberung vergrößertes Goldpartikel am Immunkomplex. (Nach Jones und Moeremans 1988)

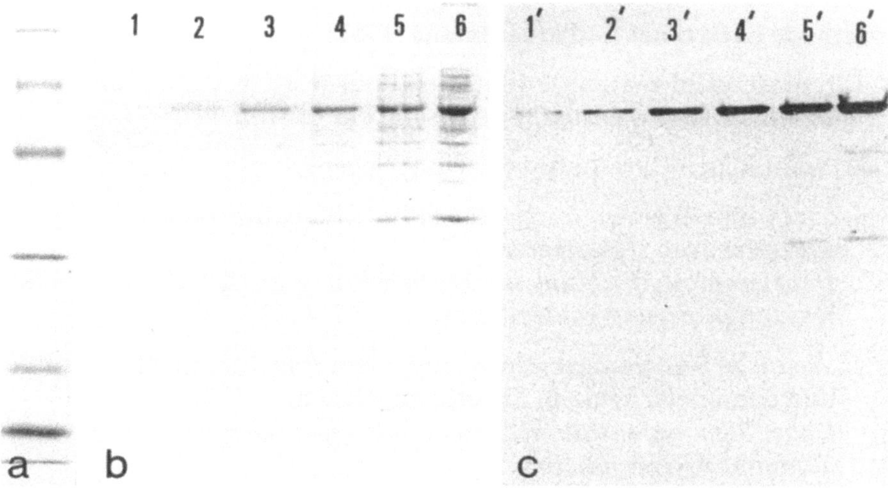

Abb. 51 a - c. Nachweis von Antigen mit Hilfe der Immunogold-Methode; **a** Auftrennung von Markerproteinen und **b** verschiedenen Proteinkonzentrationen einer Peroxisomen-Fraktion (*1*, 0,4 µg; *2*, 0,8 µg; *3*, 2,0 µg; *4*, 4,0 µg; *5*, 6,0 µg; *6*, 10,0 µg) nach Anfärbung mit Coomassie Blau R-250. In c *1'* bis *6'* sind die entsprechenden Signale nach Immunogold-„Färbung" auf einer Nitrocellulosemembran unter Benutzung eines Protein-A-Gold-Konjugats gezeigt. (Präparation und Abb. A. Völkl, Institut für Anatomie, Universität Heidelberg)

- Silber-Verstärker-Entwickler-Lösung
  (Endkonzentration: 77 mM Hydrochinon, 5,5 mM Ag-Lactat in 200 mM Citratpuffer pH 3,85)
  Die Lösung ist lichtempfindlich und sollte erst kurz vor Gebrauch in einem mit Alufolie umwickelten Gefäß aus folgenden Lösungen angesetzt werden!

  - 10 ml Citrat-Puffer-Stammlösung mit 60 ml ddH2O mischen (*Lösung A*)
  - 0,11 g Ag-Lactat in 15 ml ddH2O (*Lösung B*)
  - 0,85 g Hydrochinon in 15 ml ddH2O (*Lösung C*)
    Lösungen B und C sind lichtempfindlich und müssen ebenfalls in Alu-geschützten Gefäßen angesetzt werden.
  - Lösung B zu Lösung A geben, kurz mischen und Lösung C dazugeben. Gut mischen und innerhalb von 15 min benutzen!

- Fixierlösung

---

10 g Na-thiosulfat in 200 ml ddH$_2$O

(alternativ 50 ml käufliche Fixierlösung mit 150 ml ddH$_2$O verdünnen)

Durchführung

Methode nach Jones und Moeremans (1988)

1. Immunogold-markierte Blot-Membran (Kap. 4.5) 2 x 5 min mit je 200 ml ddH$_2$O waschen (Entfernung der Cl$^-$-Ionen!).

2. 2 min in den Citratpuffer (200 mM) legen.

3. 5 – 15 min in einem durch Alu-Folie lichtgeschützten Gefäß in Entwickler-Lösung inkubieren.
   Dabei unter Vermeidung starker Belichtung von Zeit zu Zeit den Entwicklungsfortgang kontrollieren.

4. Wenn die Signale stark genug sind, Membran kurz in ddH$_2$O spülen und dann max. 5 min in Fixierlösung legen.
   Dabei Signalintensität beachten; falls diese nach weniger als 5 min abnimmt, kürzer fixieren.

5. 3 x 5 min in ddH$_2$O waschen.

6. Auf einem Filterpapier lufttrocknen.

Alternative Methode mit einem lichtunempfindlichen Silberintensivierungskit (IntenSE BL, Amersham)

1. Immunogold-markierte Blot-Membranen 2 x 5 min in je 200 ml ddH$_2$O waschen.

2. In Entwickler-Lösung (frisch angesetzte Mischung aus 50 ml Verstärker-Lösung [„enhancement solution"] und 50 ml Initiator-Lösung [„initiator solution"]) legen und für 20 – 45 min inkubieren. *Der Entwicklungsvorgang kann visuell verfolgt und durch Waschen der Membranen rechtzeitig abgebrochen werden. Ein Fixierungsschritt ist bei dieser Methode nicht notwendig.*

3. 3 x 10 min in ddH$_2$O waschen und Membranen zwischen Filterpapier lufttrocknen.

● Wie bei der Silberfärbung (Kap. 2.4.3) immer beste Wasserqualität verwenden, um Präzipitationen aus der Entwicklerlösung zu vermeiden.   **Hinweise**

● Die benutzten Gefäße müssen gleichermaßen extrem sauber sein.

● Zum Einstieg bzw. für gelegentliche Immunogold-Markierungen kann auch ein Goldmarkierungskit inklusive Silberverstärkung (z. B. AuroProbe BL plus, Amersham) mit Gold-markierten Sekundärantikörpern und aufeinander abgestimmten Reagentien für optimale Ergebnisse empfohlen werden.

Literatur

Brada D, Roth J (1984) „Golden Blot"-detection of polyclonal and monoclonal antibodies bound to antigens on nitrocellulose by Protein A-gold complexes. Anal Biochem 142:79-82

Jones A, Moeremans M (1988) Colloidal gold for the detection of proteins on blots and immunoblots. In Walker JM (ed) Methods in Molecular Biology. Humana Press, Clifton New Jersey, Vol 3, pp 441-479

Moeremans M, Daneels G, Van Dijk A, Langanger G, De Mey J (1984) Sensitive visualization of antigen-antibody reactions in dot and blot immune overlay assays with immunogold and immunogold/silver staining. J Immunol Methods 74:353-360

Moeremans M, Daneels G, De Raeymaeker M, De Wever B, De Mey J (1987) The use of colloidal metal particles in protein blotting. Electrophoresis 8:403-409

4.10
Immundetektion von Antigenen auf Blot-Membranen: Zusammenfassendes Kurzprotokoll

Arbeitsgang	Übliche Dauer	Zwischenzeitliche Vorbereitungen
1. Blockieren		
Inkubation der Blot-Membran in Blockierungslösung (BL)	15 min – ü. N.	Verdünnen des Primärantikörpers (Ak) in BL
2. Binden des Primärantikörpers		
Inkubation der Blot-Membran mit dem verdünnten Primärantikörper	30 – 60 min.	
3. Waschen		
Auswaschen des nicht-gebundenen PrimärAk: 3 – 4 x 15 min mit Waschpuffer (WP)	ca. 1 Std.	Verdünnen des markierten SekundärAk bzw. Protein A oder G in BL
4. Binden des markierten SekundärAk bzw. Protein A oder G		
Inkubation der Blot-Membran mit dem verdünnten SekundärAk oder Protein A bzw. G	30 – 60 min	
5. Waschen		
Auswaschen der nicht-gebundenen sekundären immunologischen Reagentien: 3 – 4 x 15 min. mit WP (weiter bei Punkt 6, *außer* bei biotinylierten SekundärAk)	1 Std	Bei *biotinylierten SekundärAk* verdünnen des SA-Konjugats oder SA-Enzymkomplexes in BL. Bei *Enzym-gekoppelten SekundärAk*: Ansetzen der Substratlösungen
5a. Binden des SA-Konjugats oder des SA-Enzymkomplexes		
Inkubation der Blot-Membran mit dem verdünntem SA-Konjugat oder SA-Enzymkomplex	30 – 60 min.	
5b. Waschen		
3 – 4 x 15 min mit WP	ca. 1 Std.	Ansetzen der Substratlösungen

Arbeitsgang	Übliche Dauer
6. Detektion der markierten Immunkomplexe	
a. Enzym-markierte Immunkomplexe	
• *Colormetrischer Nachweis von HRP*	
– Blot-Membran 1 x kurz in PBS waschen	5 min
– Inkubation in DAB-Lösung	2 – 5 min
– 2 x kurz in PBS spülen	10 min
• *Colorimetrischer Nachweis von AP*	
– Blot-Membran 1 x kurz in TBS waschen	5 min
– Inkubation in Substrat-Lösung (BCIP/NTB)	1 – 10 min
– Waschen in TBS + 20 mM EDTA oder ddH$_2$O	10 min
• *Chemilumineszenz Nachweis von HRP*	
– ECL-Detektionsreagentien 1 : 1 mischen und gleichmäßig über Blot-Membran verteilen	1 min
– Membran herausnehmen, abtropfen lassen, in Haushaltsfolie einwickeln und in Röntgenkassette legen	
– Röntgenfilm auflegen und nach ausreichender Expositionszeit entwickeln	sec – max 1 Std.
• *Chemilumineszenz Nachweis von AP*	
– Blot-Membranen mit Assay-Puffer waschen	2 x 5 min
– NC- und PVDF-Membranen in Nitro-Block legen	5 min
– danach mit Assay-Puffer waschen	2 x 5 min
– Membranen in CSPD- oder AMPPD-Substratlösung inkubieren	5 min
– Membran herausnehmen, abtropfen lassen, in Folie einwickeln bzw. einschweißen,	
– in Röntgenkassette legen und evtl. 10 – 15 min liegen lassen	
– Röntgenfilm auflegen und nach ausreichender Expositionszeit entwickeln	Minuten – Stunden

Arbeitsgang	Übliche Dauer

b. Radioaktiv-markierte Immunkomplexe

● *Nachweis durch Autoradiographie*

– Blotmembran trocknen, mit Haushaltsfolie umwickeln und in einer Röntgenkassette mit Röntgenfilm bedecken	10 min.
– Röntgenfilm bei –70° C exponieren	ü. N. – mehrere Tage
– Röntgenkassette auf RT erwärmen lassen, Film entwickeln	60 min 30 min

c. Gold-markierte Immunkomplexe (Silberverstärkung)

● *Methode nach Jones und Moeremanns*

– Blot-Membranen in ddH$_2$O waschen	2 x 5 min
– in Citratpuffer legen	2 min
– in Entwicklerlösung inkubieren	5 – 15 min
– Membranen in ddH$_2$O spülen und in Fixierlösung legen	max 5 min
– in ddH2O waschen und zwischen Filterpapieren lufttrocknen	3 x 5 min

● *Methode mit IntenSE BL (Amersham)*

– Blot-Membranen in ddH$_2$O waschen	2 x 5 min
– in Entwicklerlösung inkubieren	20 – 45 min
– in ddH2O waschen und zwischen Filterpapieren lufttrocknen	3 x 10 min

Dokumentation und Auswertung der Ergebnisse (s. Kap. 2.6)

4.11
Fehlersuche

Problem	Mögliche Ursache(n)	Mögliche Gegenmaßnahme(n)
Kein oder zu schwaches Signal	• *PrimärAk bindet schlecht oder gar nicht*	
	– PrimärAk hat eine zu niedrige Affinität zum Antigen	– Konzentration des PrimärAk erhöhen – Inkubationszeit verlängern – Tween aus Bindungs- und Waschpuffer entfernen – besseren Antikörper verwenden
	– Monoklonaler PrimärAk (Mak) erkennt konformationsspez. Epitop, welches durch denaturierende Präparationsbedingungen zerstört wurde	– PAGE und Transfer unter nativen Bedingungen (ohne SDS und Methanol) durchführen – evtl. anderen Mak benutzen
	– PrimärAk hat durch lange Lagerung oder unsachgemäße Behandlung Bindungsfähigkeit verloren	– genaue Lager- und Umgangsbedingungen beachten – neuen Antikörper benutzen
	• *SekundärAk bzw. Protein A/G bindet schlecht oder gar nicht*	
	– SekundärAk bzw. Protein A/G hat keine oder zu niedrige Affinität zum PrimärAk (falsches Reagens!)	– Speziesspezifität, Klassen und Subklassenspezifität von sekundärem Ak bzw. Protein A/ G beachten und neues Reagens verwenden
	– Bindungsfähigkeit der sekundären Reagentien ist durch unsachgemäße Lagerung oder Behandlung verlorengegangen	– genaue Lager- und Umgangsbedingungen beachten und neues Reagens verwenden

Problem	Mögliche Ursache(n)	Mögliche Gegenmaßnahme(n)
Kein oder zu schwaches Signal	• *Bei Enzymkonjugaten:*	
	– Aktivität ist zu niedrig oder völlig verlorengegangen	– Lagerbedingungen und Verfallsdatum beachten – neues Enzym-Konjugat verwenden
	• *Bei Markierung mit radioaktiven Isotopen:*	
	– Isotop zerfallen	– Halbwertzeit beachten – neue Markierung durchführen oder neues Reagens besorgen
	• *Detektionssystem funktioniert nicht*	
	– Lösungen falsch angesetzt	– neue Lösungen ansetzen
	– Stammlösungen der Testlösungen waren zu alt	– Lagerungsbedingungen und Haltbarkeit beachten – neue Lösungen ansetzen
Zu starke (diffuse) Signale	• *zu hohe Konzentration des Antigens auf dem Blot*	– weniger Protein im Gel auftrennen
	• *PrimärAk-Konzentration zu hoch*	– PrimärAk stärker verdünnen
	• *Überentwicklung bei Farbreaktion*	– Farbentwicklung rechtzeitig stoppen
	• *Überexposition bei Chemilumineszenz oder Radioaktivität*	– kürzer exponieren
Gute spezifische Signale, aber zusätzlich unerwartete weitere Signale	• *häufiger bei Maks:* – Antikörper erkennt ähnliche Epitope auf anderen Proteinen	– akzeptieren oder anderen Mak verwenden
	• *häufiger bei polyklonalen Aks:*	
	– ein oder mehrere Aks des Gemisches reagieren mit fremden Antigenen (häufiger bei Proteingemischen aus Mikroorganismen), „Präinfektion" des immunisierten Tieres	– akzeptieren oder Reinigung des Serums von diesen Aks durch Präadsorption (s. Anhang H oder Spezialliteratur!)

Problem	Mögliche Ursache(n)	Mögliche Gegenmaßnahme(n)
Gute spezifische Signale, aber zusätzlich unerwartete weitere Signale	• *Sekundärantikörper* zeigt unspezifische Bindung an irrelevante Proteine auf der Blot-Membran	– falls unspezifische Signale relativ schwach: Titer des Sekundärantikörpers reduzieren – bei Mißerfolg anderen sekundären Antikörper benutzen
Spezifische Signale, aber zu hoher, relativ gleichmäßiger Hintergrund	• *unspezifische Bindung* des Primärantikörpers und/oder der sekundären Reagentien an die Membran	
	• *unzureichende Blockierung* der unspezifischen Bindungsstellen	– effektiveres Blockierungsgemisch mit Protein verwenden – Proteinkonzentration erhöhen – anderes Proteingemisch verwenden – Blockierungszeit verlängern – Temperatur auf 40 – 45° C erhöhen – spezielle Blockierungsbedingungen bei Nylon beachten
	• *Konzentration* von PrimärAK und/oder SekundärAk *zu hoch* (Test durch Vorversuche!)	– stärkere Verdünnung von PrimärAK und/ oder SekundärAk benutzen – eventuell Inkubationszeit reduzieren
	• *Waschprozedur ist nicht effektiv* genug	– Waschdauer und Volumen des Waschpuffers erhöhen – Tweenkonzentration auf 0,1 – 0,3 % erhöhen – Waschpuffer zusätzlich mit Triton X-100 (0,1 – 0,5 %) – Salzkonzentration auf 0,5 % NaCl erhöhen
	bei extrem hartnäckigem Hintergrund	RIPA-Puffer (1 % NP-40 oder Triton-X-100, 0,5 % DOC, 0,1 % SDS, 150 mM NaCl, Tris, pH 7) benutzen

Hinweise zur Wasserqualität
für zell- und molekularbiologischer Experimente

Eine adäquate Wasserqualität ist Voraussetzung für den Erfolg zell- und molekularbiologischer Methoden. Nicht in jedem Fall ist aber Wasser mit höchstem Reinheitsgrad notwendig. Deshalb einige Hinweise zu Labor- und Reinstwasserstandards als Anhaltspunkt für die jeweils notwendige bzw. ausreichende Wasserqualität (Übersichten bei Ganzi 1984, Träger 1995).

Nach internationalen Standards (z. B. vom College of American Pathologists; CAP) werden Typen von Wasser zunehmender Reinheit spezifiziert (Tabelle 13). Dem Reinheitsgrad Typ III (CAP) entspricht in etwa das normale „Laborwasser", welches durch einfache Destillation oder Deionisierung durch Ionenaustauscher- oder Umkehrosmose-Systeme erzeugt wird (Abk.: Aqua dest., VE-Wasser, RO-Wasser; die von uns verwendete, international übliche Kurzform ist dH_2O für destilliert bzw. deionisiert). Dabei werden als wichtigste Komponente 93 – 99 % der anorganischen Ionen (Restleitfähigkeit 2 – 10 µS/cm) entfernt. Dem Reinheitsgrad Typ II (CAP) entspricht in etwa das „Analysenwasser", wie es z. B. durch doppelte Destillation oder Deionisierung mit anschließender Destillation (Abk. Aqua bidest., Kurzform ddH_2O) in vielen Labors produziert wird (Restleitfähigkeit 0,5 – 1 µS/cm). „Reinstwasser" vom Typ I oder besser (Typ I plus) wird durch mehrstufige Wasseraufbereitungssysteme (z. B. Milli-Q Plus-Systeme, Millipore; s. Schema in Abb. 52) hergestellt (Restleitfähigkeit 0,06 – 0,1 µS/cm). Wasser dieser Qualität ist nicht nur praktisch ionenfrei, sondern auch frei von Mikroorganismen, Pyrogenen und organischen Substanzen (TOC $\leq$ 10 ppm) und ist geeignet für Anwendungen in der Zellkultur (Lindl und Bauer 1989), in der Biotechnologie, bei speziellen Färbemethoden und beim Proteinnachweis. Analysenwasser vom Typ II (ddH_2O) ist geeignet für die meisten analytischen Methoden in diesem Buch. „Laborwasser" (dH_2O, Aqua dest.) ist ausreichend für Wässerungen und Spülschritte bei vielen Methoden, Reinigung von Geräten und als letzter Spülgang in Labor-Spülmaschinen. In einigen Fällen (z. B. Entwicklung von Röntgenfilmen und Filmmaterial) ist üblicherweise auch Leitungswasser ausreichend.

Tabelle 13. Spezifikationen von Wasserstandards und durch verschiedene Verfahren hergestellte Wasserqualitäten

Typen von Wasser	Leitfähigkeit (µS/cm bei 25° C)	Elektrischer Widerstand (Megohm x cm bei 25° C)	Silikate (mg/l)	Schwermetalle (mg/l)	Natrium (mg/l)	Ammonium (mg/l)
Leitungswasser (Beispiel)	240	0,004	1	1	65	1
CAP Typ III	10	0,1	1	0,01	0,1	0,1
Einfach destilliertes Wasser	10 – 2	0,1 – 0,5	1 – 0,5	1 – 0,5	5 – 2	0,01
Milli-RO	25 – 10[a]	0,04 – 0,1[a]	0,1	<0,04	6,5	0,4
CAP Typ II	0,5	2	0,1	0,01	0,1	0,1
Bidest	2 – 1	0,5 – 1	0,7 – 0,1	0,8 – 0,1	1 – 0,5	0,01
Milli-RX	<1	>1	<0,01	<0,01	<0,1	0,01
Cap Typ I	0,1	10	0,05	0,01	0,1	0,1
Milli-Q Plus	0,056	18,2	<0,01	<0,01	<0,01	<0,01

[a] Dieser Wert ist abhängig von Druck, RO Modultyp und Speisewasserqualität.

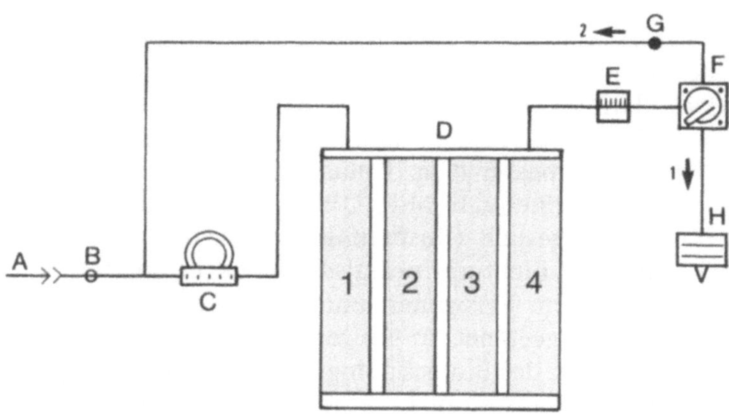

Abb. 52. Schematischer Aufbau eines Wasseraufbereitungssystems (Milli-Q-Plus-System, Millipore). *A*, Einlaß; *B*, Eingangsmagnetventil; *C*, Pumpe; *D*, Q-PAK Aufbereitungsmodul; *1*, Kohlefilter; *2, 3*, Ionenaustauscher; *4*, Organex); *E*, Widerstandmeßgerät; *F*, Ventil (Rezirkulation/Produktion); *Pfeilrichtung 1* Wasser zur Entnahmestelle; *Pfeilrichtung 2*, Wasser zur Rezirkulation; *G*, Druckhalteventil; *H*, Endfilter

Literatur

Ganzi GC (1984) Preparation of high-purity laboratory water. Meth Enzymol 104:391-403

Lindl T, Bauer J (1989) Zell- und Gewebekultur, 2. Auflage, Gustav Fischer, Stuttgart New York

Träger U (1995) Rein- und Reinstwasser im Labor. LABO, Fachzeitschrift f. Labortechnik. Verlag Hoppenstedt, 12/95, S. 8-13

Herstellung häufig benötigter Stammlösungen

- **Dithiothreitol (DTT), 1 M**

  3,1 g DTT in 20 ml dd H_2O lösen.
  Durch Filtration sterilisieren und in 1 ml Portionen bei –20° C aufbewahren.

- **EDTA 0,5 M (pH 8,0)**

  18,6 g Ethylendiamintetraessigsäure-Dinatriumsalz $\cdot$ $2H_2O$ in
  80 ml ddH_2O suspendieren und kräftig rühren (Magnetrührer).
  pH mit NaOH (~20 g NaOH Plätzchen) auf 8,0 einstellen.
  Autoklavieren und bei RT aufbewahren.

- **HCl 1N (zum Titrieren)**

  zu 91,4 ml ddH_2O langsam 8,6 ml konz. HCl geben

- **Na-Acetat, 3 M (pH 5,2)**

  146 g Na-Acetat in ca. 700 ml ddH_2O lösen, mit Eisessig auf pH 5,2
  einstellen und auf 1000 ml auffüllen.

- **Na-Citrat, 1 M**

  29,4 g tri-Natriumcitrat Dihydrat in 80 ml ddH_2O lösen, pH mit Citronensäure auf 7,0 einstellen und auf 100 ml auffüllen.

- **NaOH 5 N (zum Titrieren)**

  20 g NaOH in 100 ml ddH_2O

- **$MgCl_2$, 1 M**

  20,3 g $MgCl_2$ $\cdot$ $6H_2O$ auf 100 ml ddH_2O
  Autoklavieren.

- **Phenyl-methyl-sulfonyl-fluorid (PMSF), 100 mM**

  174 mg PMSF in 10 ml Methanol lösen.
  Portionieren und bei –20° C lagern.

- **PBS** (Phosphat-gepufferte Salzlösung)

Endkonzentration	Ansatz
137 mM NaCl	8,00 g
2,7 mM KCl	0,20 g
10 mM Na_2HPO_4	1,42 g
2 mM KH_2PO_4	0,27 g

in 800 ml ddH_2O lösen, pH mit HCl auf 7,4 einstellen und auf 1000 ml ddH_2O auffüllen. Autoklavieren.

- **10 x PBS**

Endkonzentration	Ansatz
1,37 M NaCl	80,0 g
27 mM KCl	2,0 g
100 mM Na_2HPO_4	14,2 g
20 mM KH_2PO_4	2,7 g

in 800 ml ddH_2O lösen, pH mit HCl auf 7,4 einstellen und auf 1000 ml ddH_2O auffüllen. Autoklavieren.

- **Pefabloc SC,** 4-(2-Aminoethyl)-benzenesulfonyl-fluorid Hydrochlorid, **200 mM**

  48 mg in 10 ml ddH_2O lösen. Aliquots bei –20° ca. 2 Monate haltbar.

- **SDS, 10 %**

  100 g SDS (Na-Dodecylsulfat, Na-Laurylsulfat) in 900 ml ddH_2O suspendieren, erwärmen und unter Rühren lösen. Auf 1000 ml auffüllen.

- **Tris-Puffer, 1 M, pH 7 – 7,5**

  121,1 g Tris (Tris-(hydroxymethyl)-aminomethan) in 800 ml ddH_2O lösen. pH mit konz. HCl grob einstellen. Feineinstellung des pH mit 1 N HCl vornehmen, auf 1 l auffüllen und autoklavieren.

- **Tris-gepufferte Salzlösung** (TBS)

  8 g NaCl
  0,2 g KCl
  2 g Tris in 800 ml ddH_2O lösen, pH auf 7,4 mit HCl einstellen. Auf 1 l auffüllen und autoklavieren.

Silikonisierung von Glas- und Plastikgeräten

Methode A

1. Geräte in einen Exsikkator aus Glas stellen.

2. 1 ml Dichlordimethylsilan[1] purum (Dimethyl-dichlorsilan) in einem kleinen Becherglas in den Exsikkator stellen.

3. Exsikkator unter einem Abzug an eine Vakuumpumpe (z. B. Wasserstrahlpumpe) anschließen und warten, bis die Flüssigkeit zu Sieden beginnt.

4. Vakuumpumpe abschalten und Exsikkator ca. 2 Std. mit Vakuum stehen lassen (bis die Flüssigkeit verdampft ist).

5. Exsikkator unter einem Abzug öffnen und Geräte entnehmen.

Methode B

1. Unter einem Abzug ein Gefäß, das groß genug zur Aufnahme der zu silikonisierenden Geräte ist, mit Dichlordimethylsilan[1] füllen und Geräte kurz eintauchen (bei größeren Geräten die zu behandelnden Flächen sorgfältig mit der Silanlösung benetzen).

2. Geräte herausnehmen, gut abtropfen lassen und unter dem Abzug trocknen lassen.

Methode C (nur für Glasgeräte)

1. Glasgeräte mit einer Lösung aus Silicon in Isopropanol benetzen und abtropfen lassen (s. Methode B).

2. Geräte anschließend 2 Std. bei 180° C in einem Trockenschrank backen.

---

[1] Dichlordimethylsilan ist toxisch, flüchtig und leicht entzündlich. Immer unter einem Abzug arbeiten.

Präparation von polyA$^+$-RNA (mRNA)
für die in vitro Translation

Der Hauptanteil der aus Zellen oder Geweben extrahierten RNA sind die ribosomalen RNAs (80 – 90 %) und tRNAs (5 – 10 %), während die in Proteine translatierbaren mRNAs nur einen relativ geringen (1 – 5 %) Anteil der Gesamtmasse ausmachen. Die überwiegende Menge der mRNAs bei Eukaryonten besitzt jedoch einen polyA-Schwanz von 50 – 200 Resten am 3'-Ende (polyA$^+$ RNA), der genutzt werden kann, um mRNAs z. B. über Oligo(dT)Cellulose-Chromatographie anzureichern (Aviv und Leder 1972). Die Matrix-gebundenen Oligo(dT)Reste bilden dabei in Puffern hoher Ionenstärke (0,4 – 0,5 M) stabile Basenpaarungen mit den polyA-Sequenzen der mRNAs aus, während der Überschuß an anderen RNAs (polyA$^-$ RNA) unter diesen Bedingungen nicht bindet und ausgewaschen werden kann. Die gebundene polyA$^+$ RNA wird dann durch einen Puffer niedriger Ionenstärke, wobei die dT-rA-Basenpaarungen destabilisiert werden, eluiert. Die Oligo-dT-Cellulose-Chromatographie wird üblicherweise über Säulen durchgeführt. Eine Säule kann regeneriert und mehrmals benutzt werden.

- Oligo-dT-Cellulose (z. B. Type 7 von Pharmacia)   **Materialien**

- Pasteurpipette oder eine kleine spezielle Chromatographiesäule aus Kunststoff (z. B. Econo-Pac-Säule, Pharmacia Biotech)

- Glaswolle (für Säulenherstellung in Pasteurpipette)

- Automatische Mikroliterpipetten und Spitzen

- LiCl

- pH-Papier

- Mikrolitergefäße (Eppendorf-Typ)

Materialen und Lösungen müssen absolut RNAse-frei sein und werden   **Vorbereitungen**
wie in Kap. 1.5 bei der RNA-Isolierung beschrieben vorbehandelt.

- 2 x Ladepuffer (2fach konzentriert)

Endkonzentration	Ansatz
1,0 M LiCl	20 ml (aus 5 M Stammlösung, SL, s. Anhang B)
20 mM Tris, pH 7,5	2 ml (aus 1 M SL)
2 mM EDTA	0,4 ml (aus 0,5 M SL)
0,2 % SDS	2 ml (aus 10 % SL)

mit DEPC-behandeltem ddH_2O auf 100 ml auffüllen.

- 1 x Ladepuffer

2 x Ladepuffer 1 : 1 mit (DEPC) ddH_2O mischen

- Waschpuffer

0,15 M LiCl	3 ml (aus 5 M SL)
10 mM Tris, pH 7,5	1 ml (aus 1 M SL)
1 mM EDTA	0,2 ml (aus 0,5 M SL)
0,1 % SDS	1 ml (aus 10 % SL)

mit DEPC-behandeltem ddH_2O auf 100 ml auffüllen.

- Regenerationslösung

0,1 M KOH	0,56 g
5 mM EDTA	1 ml (aus 0,5 M SL)

mit DEPC-behandeltem ddH_2O auf 100 ml auffüllen.

- Elutionspuffer

10 mM Tris, pH 7,5	1 ml (aus 1 M SL)
1 mM EDTA	0,2 ml (aus 0,5 M SL)
0,05 % SDS	0,5 ml (aus 10 % SL)

mit DEPC-behandeltem ddH_2O auf 100 ml auffüllen.

- Lagerungspuffer

Ladepuffer mit 0,05 % (w/v) Natriumazid

1. 250 mg Oligo(dT)Cellulose in ca. 2 ml Regenerationslösung suspendieren und in eine silikonisierte und unten mit Glaswolle abgedichtete Pasteurpipette (oder alternativ Econo-Pac-Säule, Pharmacia Biotech) einfüllen und durch Austropfen der Lösung absetzen lassen.

Das Volumen des gepackten Säulenmaterials beträgt ca. 0,5 ml (!) und ist ausreichend für die Chromatographie von 1 – 2 mg RNA.

2. Säule mit 3 Säulenvolumen Regenerationslösung waschen, gefolgt von 5 – 10 Vol. 1 x Ladepuffer, bis der pH der auslaufenden Lösung unter 8 beträgt (pH Papier).

3. RNA (max. 1 – 2 mg) in max. 0,5 ml (DEPC)ddH$_2$O bei 65° C 5 min erhitzen, schnell in Eiswasser abkühlen und 1 : 1 mit 2 x Ladepuffer mischen und auf die Säule auftragen.

4. Eluat auffangen, abkühlen und nochmals auf die Säule auftragen.

5. Säule mit 5 Vol. 1 x Ladepuffer, gefolgt von 5 Vol. Waschpuffer waschen.

6. Elution der gebundenen RNA mit 0,5 ml Elutionspuffer in ein 2 ml Eppendorfgefäß (o. ä.).

Für viele Zwecke (z. B. für die In-vitro-Translation Kap. 1.5) reicht eine Chromatographie-Runde aus. Die Ausbeute beträgt dabei 5 – 10 % der Ausgangsmenge bei einem Reinheitsgrad von ca. 50 % (polyA$^+$/polyA$^-$). Durch eine 2. Runde kann der Reinheitsgrad der mRNA auf 80 – 90 % gesteigert werden (z. B. für eine cDNA-Synthese) bei einer Gesamtausbeute von 2 – 3 %. Dazu wird das Eluat mit 1/10 Vol. 5 M LiCl auf 0,5 M eingestellt, erhitzt und wie beschrieben nochmals chromatographiert.

7. Eluat mit 0,1 Vol. 3 M NaAcetat, pH 5,2 und 2,5 Vol. Ethanol (auf -20° C vorgekühlt) versetzen und mindestens 2 Std. bei −20° C stehen lassen.

8. Bei 10.000 x g, 15 min (4° C) zentrifugieren.

9. Sediment mit 70 % Ethanol waschen und in Ethanol bei −70° C aufbewahren oder in DEPC-behandeltem ddH$_2$O in einer Konzentration von 0,1 – 0,5 µg/µl (photometrisch bestimmen) lösen.

- Die Oligo(dT)Cellulose-Säule kann durch Waschen mit 3 Vol. Regenerationslösung und anschließend mit ausreichender Menge 1 x Ladepuffer, bis der pH wieder unter 8 liegt, regeneriert werden.

Durchführung

Hinweise

- Die regenerierte Säule kann bei 4° C in 1 x Ladepuffer mit 0,05 % Natriumazid einige Zeit aufbewahrt werden.

- Für gelegentliche mRNA-Isolationen gibt es bei verschiedenen Firmen vorgepackte sog. „Spun" oder „Push columns" mit den verschiedenen RNase-freien Puffern als mRNA-Reinigungs-Kits.

- Einige Firmen (z. B. Qiagen, Pharmacia) bieten neuerdings auch mRNA-Schnell-Isolations-Systeme auf der Basis der OligodT-Bindungstechnik an, mit denen man polyA$^+$-RNA direkt aus Zell- oder Gewebe-Lysaten aufreinigen kann.

Literatur

Aviv H, Leder P (1972) Purification of biologically active globin messenger RNA by chromatography on oligo-thymidylic acid-cellulose. Proc Natl Acad Sci USA 69:1408-1412

In vitro Markierung von löslichen Proteinen mit ^{125}I (Radiojodierung mit Chloramin T)

Die am häufigsten angewendete Technik der *in vitro* Markierung von löslichen Proteinen mit radioaktivem Jod (wie z. B. Antikörper oder Protein A/G) ist die Chloramin T-Methode (Hunter und Greenwood 1962; Übersichten bei Bolton 1985; Parker 1990; Schumacher und Tsomides 1995). Chloramin T (N-Chlor-p-Toluen-4-sulfonamid, Na-Salz) setzt in wässriger Lösung nach folgendem Schema Hypochlorit frei:

$$\left[H_3C - \bigcirc - \overset{O}{\underset{O}{\overset{\|}{\underset{\|}{S}}}} - \bar{N} - Cl \right]^{-} Na^+ + H_2O \longrightarrow H_3C - \bigcirc - SO_2 - NH_2 + OCl^- Na^+ \quad (1)$$

Die Hypochloritionen verwandeln als starkes Oxidationsmittel das zur Markierung eingesetzte ^{125}Iodid z. T. in ein kurzlebiges ^{125}I$^+$-Zwischenprodukt um,

$$I^- + [O^{2-}Cl^+]^- Na^+ \xrightarrow{\ OH^-\ } Cl^- - [O^{2-}I^+]^- Na^+ \quad (2)$$

welches als stark elektrophiles Agens hauptsächlich den Benzolring von Tyrosin angreift und mit 1 oder 2 Jodresten substituiert:

$$(3)$$

Die Reaktion muß zur Schonung der Proteine vor oxidativer Schädigung nach kurzer Inkubationszeit mit einem Überschuß an Bisulfit abgestoppt werden, wobei sowohl das restliche Chloramin T als auch die reaktiven ^{125}I$^+$ Spezies reduziert und damit inaktiviert werden. Im letzten Schritt wird das radiojodierte Protein von dem nicht eingebauten ^{125}I$^-$ durch Gelchromatographie abgetrennt.

Materialien

- Chloramin T (z. B. von Fluka oder Sigma)

- Na ^{125}I, Carrier-frei (100 mCi/ml bzw. 3,7 GBq/ml; z. B. von Amersham oder DuPont NEN)

- Na-(meta)-bisulfit ($Na_2S_2O_5$)

- Carrierprotein (BSA, Ovalbumin oder Kälberserum)

- Kaliumjodid (KI) p.a.

- Hämoglobin (aus Rinderblut, optional)

- Sephadex G-25 (z. B. als Fertigsäule pD-10 von Pharmacia)

- Vortex-Mixer

- Reaktionsgefäße (Eppendorf-Typ, 1,5 ml)

Vorbereitungen

- PBS (s. Anhang B)

- 0,5 M Na-Phosphatpuffer, pH 7,4:
  6,56 g $NaH_2PO_4 \cdot H_2O$
  54,3 g $Na_2HPO_4 \cdot 7H_2O$
  auf 500 ml ddH_2O auffüllen und bei RT aufbewahren.

- 10 mg/ml Carrierprotein in PBS (optional)

- Gelfiltrationssäule
  pD-10 Fertigsäule nach Vorschrift des Herstellers vorbereiten und kurz vor dem Versuch mit 1 ml (10mg) Carrierprotein-Lösung gefolgt von 20 – 30 ml PBS eluieren.
  Dies reduziert die unspezifische Bindung des markierten Proteins an die Säule.

- 10 mg/ml KI in PBS

- 2 mg/ml Chloramin T in PBS (unmittelbar vor dem Markierungs-Experiment ansetzen)

- 1 mg/ml Natriumdisulfit in PBS (unmittelbar vor dem Markierungs-Experiment ansetzen)

Durchführung

1. Das zu markierende Protein in PBS (1 – 2 µg/µl) lösen.

2. Pro Ansatz 25 µl Proteinlösung (= 25 – 50 µg Protein) mit 25 µl Phosphatpuffer mischen und nacheinander 10 µl Na^{125}I (1 mCi) und 10 µl Chloramin T-Lösung zugeben (s. Sicherheitsvorschriften, Anhang F) und gut mischen (Vortex-Mixer).

3. Nach 1 min Inkubationsdauer Reaktion durch Zugabe von 15 µl Bisulfit-Lösung abstoppen (gut mischen!) und 1 min stehenlassen.

4. 50 µl KI-Lösung zugeben, mischen.

5. Markierte Probe (ca. 135 µl) auf die vorbereitete Sephadex-Säule auftragen und sukzessiv mit 20 ml PBS (evtl. mit Hämoglobin) eluieren und in Reaktionsgefäßen in ca. 1 ml Fraktionen (durch Verschieben der Röhrchen auf einem Ständer) auffangen.

6. Radioaktivitätsverteilung in den Fraktionen mit einem geeigneten Strahlenmonitor durch die Röhrchenwandung messen.

7. Fraktionen des 1. Radioaktivitätspeaks (Proteinfraktionen, rot in Gegenwart von Hämoglobin) sammeln und Protein nach einer der in Teil 1 beschriebenen Methoden fällen und/oder konzentrieren und innerhalb von 6 Wochen verwenden.

Falls eine Bestimmung der Ausbeute und spezifischen Radioaktivität vorgesehen ist, 1 µl Proben aus jeder Fraktion entnehmen und in einem Szintillationsgefäß in geeigneter Lösung in einem Gammazähler messen. Die Einbaurate beträgt je nach Protein 50 – 90 % des eingesetzten ^{125}J. Die spezifische Radioaktivität des markierten Proteins kann aus der Summe der Zählraten (cpm) im Proteinpeak abgeschätzt werden.

• ^{125}I ist ein niederenergetischer Gammastrahler (und Röntgenstrahler) mit einer Halbwertszeit von 60 Tagen. Das freie ^{125}I, welches u. a. bei der Oxidationsreaktion entsteht, ist flüchtig und wird bei unsachgemäßem Arbeiten durch Einatmen in der Schilddrüse (Thyroxin!) angereichert. Notwendig für sachgemäßes und sicheres Arbeiten mit ^{125}I ist ein guter Abzug möglichst in einem separaten Isotopenlabor und vorherige Einweisung durch einen Strahlenschutzbeauftragten (s. auch nächstes Kapitel).

    Hinweise

• Eine effektive und nicht verdünnende Trennmethode des Radiojodid-markierten Proteins vom freien ^{125}I über Ultrafiltration ist bei Lipford et al. (1990) beschrieben (s. auch Kap. 1.9).

• Eine Modifikation der Chloramin T-Methode benutzt Chloramin T kovalent gebunden an Polystyrolkügelchen (Jodobeads, von Pierce oder Fluka) und ist dadurch schonender bezüglich der oxidierenden Nebenwirkungen auf das Protein (Markwell 1982).

    Modifikationen

- Eine noch schonendere Methode benutzt Jodogen (1,3,4,6-tetrachlor-3α,6α-diphenylglycoluril), ein in wässriger Lösung unlösliches Chloramin (Fraker und Speck 1978; Markwell und Fox 1978). Dazu wird Jodogen (Pierce) in Chloroform gelöst (500 μg/ml) und je 100 μl in Eppendorfgefäße gefüllt und unter einem Abzug ü. N. eingedampft, wodurch ein feiner Überzug des Oxidationsmittels an der Wandung zurückbleibt. (Die beschichteten Röhrchen können einige Wochen im Dunkeln gelagert werden!) Die Reaktion in diesen Röhrchen wird wie bei der oben beschriebenen Chloramin T-Methode durchgeführt, jedoch muß länger (5 – 10 min) inkubiert werden. Nach dieser Zeit wird die Lösung ohne Zugabe von Stoppreagenzien aus dem Gefäß entnommen und über Gelchromatographie aufgetrennt.

Literatur

Bolton AE (1985) Radioiodination techniques. Amersham International, Amersham, Bucks, England

Fraker PJ, Speck JC (1978) Protein and cell membrane iodinations with a sparingly soluble 1,3,4,6-tetrachloro-3α,6α-diphenylglycoluril. Biochem Biophys Res Commun 80:849-857

Hunter WM, Greenwood FC (1962) Preparation of iodine-131 labeled human growth hormone of high specific activity. Nature 194:495-496

Lipford GB, Feng Q, Wright, Jr. GL (1990) A method for separating bound versus unbound label during radioiodination. Anal Biochem 187:133-135

Markwell MAK (1982) A new solid-state method to iodinate proteins. I. Conditions for the efficient labeling of antiserum. Anal Biochem 125:427-432

Markwell MAK, Fox CF (1978) Surface-specific iodination of membrane proteins using 1,3,4,6-tetrachloro-3α,6α-diphenylglycoluril. Biochemistry 17:4807-4817

Parker CW (1990) Radiolabeling of proteins. Meth Enzymol 182:721-737

Schumacher TNM, Tsomides TJ (1995) In vitro radiolabeling of peptides and proteins. In: Coligan JE, Dunn BM, Ploegh HL, Speicher DW, Wingfield PT (eds) Current protocols in protein science. pp 3.3.1-3.3.19. John Wiley and Sons, Inc., New York

Sicherheitsvorschriften für den Umgang mit radioaktiven Substanzen

Für einige in diesem Buch beschriebene Methoden ist der Einsatz von radioaktiven Substanzen von Vorteil oder unentbehrlich. Für solche Arbeiten benötigt man eine *Umgangsgenehmigung* von der Strahlenschutzbehörde. Diese gilt nur für die dafür vorgesehenen speziellen Labor- oder Strahlenschutzbereiche. Der Einsatz und die Anwendung von radioaktiven Stoffen ist in der *Strahlenschutzverordnung* (StrlSchV) im einzelnen geregelt (Bundesanzeiger 1991). Darin ist auch ein *Strahlenschutzbeauftragter* zwingend vorgeschrieben, der für den gesamten Umgang mit radioaktiven Substanzen einer Institution oder Abteilung verantwortlich ist. Für diese Aufgaben muß der benannte qualifizierte Mitarbeiter vorher mindestens an einem *Strahlenschutzkurs* teilgenommen haben. Zu den Hauptaufgaben des Strahlenschutzbeauftragten gehört eine Belehrung der Mitarbeiter (§ 39 der StrlSchV) vor dem erstmaligen Beginn des Arbeitens mit radioaktiven Substanzen und die Wiederholung dieser Belehrung in halbjährlichen Abständen. Außerdem muß er vor der Aufnahme der Arbeiten eine *ärztliche Eingangsuntersuchung* veranlassen. Er ist außerdem verantwortlich für die sachgerechte Einrichtung der entsprechenden Arbeitsplätze oder Laboratorien (Abb. 53), die Protokollierung der Lagerhaltung und des Umsatzes der radioaktiven Substanzen sowie die Lagerung und Entsorgung des radioaktiven Abfalls. Für diese Aufgaben muß der Strahlenschutzbeauftragte bzw. ein fachkundiger Vertreter jederzeit zur Verfügung stehen.

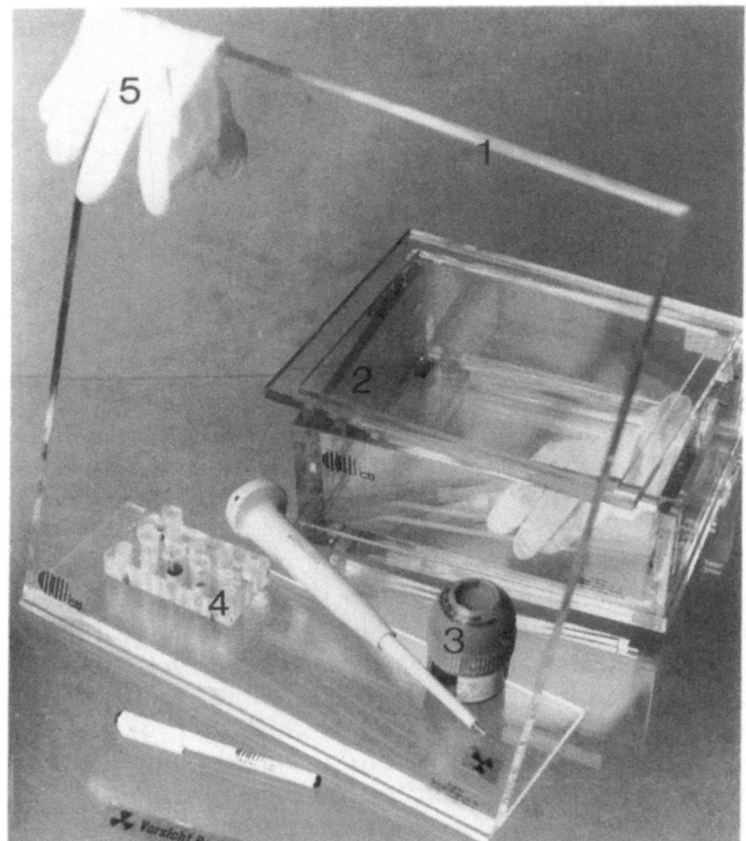

Abb. 53. Notwendige Geräte beim Umgang mit harten β- und γ-Strahlern; *1*, dickwandiger (20 mm) Schutzschirm aus Acryl; *2*, strahlungsundurchlässige Schutzbox; *3*, Bleibehälter; *4*, dickwandige Reaktionsgefäßständer; *5*, Handschuhe. Die Geräte *1*, *2*, *4* sind aus Plexiglas hergestellt

Für regelmäßige Arbeiten mit radioaktiven Substanzen sollten spezielle Isotopenlabors (*Radionuklidlaboratorien*) mit besonderen Sicherheitseinrichtungen vorhanden sein. Wenn solche Laboratorien als *Überwachungsbereiche* deklariert sind, dann darf jeweils mit Radioaktivitäsmengen bis zum 10fachen der Freigrenze (s. Tabelle 14) gearbeitet werden. In Isotopenlabors, die als *Kontrollbereiche* gekennzeichnet sind, darf pro Arbeitsplatz mit Radioaktivitätsmengen bis zum 100fachen der Freigrenze (s. Tabelle 14) gearbeitet werden. Für diese beiden Bereiche gelten besondere Sicherheitsmaßnahmen. So dürfen z. B. schwangere und stillende Frauen den Kontrollbereich nicht betreten und Mitarbeiter unter 18 Jahren benötigen für Arbeiten in diesen Bereichen eine Sondergenehmigung der Behörde. Mitarbeiter, die u. a.

mit ^{125}I oder ^{32}P arbeiten, müssen beim Experimentieren ein *amtliches Dosimeter* tragen. Auf die besonderen Vorsichtsmaßnahmen beim Umgang mit evtl. flüchtigen ^{35}S- oder ^{125}I-Verbindungen wurde bei den entsprechenden Methoden schon hingewiesen. Die weiteren Sicherheitsmaßnahmen und Verhaltensregeln werden von den jeweiligen Strahlenschutzbeauftragen oder Leitern dieser Bereiche festgelegt und überwacht (weiterführende Literatur: Feinendegen et al. 1992; Kiefer und Koelzer 1992).

Tabelle 14. Eigenschaften und Freigrenzen ausgewählter Radionuklide

Radionuklid	Symbol	HWZ	Strahlenart	Mittlere Beta-Energie, bzw. Photonenenergie	Freigrenze[a]	
Tritium	H1	12 a	Beta	6 keV	5,0	MBq
Kohlenstoff-14	C14	5740 a	Beta	50 keV	0,5	MBq
Schwefel-35	S35	88 d	Beta	49 KeV	0,5	MBq
Phosphor-32	P32	14 d	Beta	695 keV	0,5	MBq
Phosphor-33	P33	25 d	Beta	77keV	0,5	MBq
Jod-125	I125	60 d	Strahlenspektrum[b]		0,05	MBq

[a] 1 MBq = 1 Million Zerfälle pro Sekunde
Umrechnung alte Einheit: 1 µCi = 37 kBq;
1 mCi = 37 MBq 5 MBq = 0,125 mCi = 125 µCi

[b] charakteristische Röntgenstrahlung (~30 keV) und zusätzlich Gamma-Strahlung und Auger-Elektronen.

Literatur

Bundesanzeiger (1991). Strahlenschutzverordnung. ISBN 3-88784-193-X, 3. Auflage 1991
Feinendegen LE, Feldmann A, Münch E, Paschke M (1992) Strahlenschutz, Radioaktivität und Gesundheit. Hrsg.: Bayerisches Staatsministerium für Landesentwicklung und Umweltfragen, Rosenkavalierplatz 2, 81925 München
Kiefer H, Koelzer W (1992) Strahlen und Strahlenschutz, 3. Auflage. Springer, Berlin, Heidelberg, New York

Markerproteine für SDS-PAGE und Isoelektrische Fokussierung

Polypeptid	MG	IEP
Myosin (schwere Kette; Kaninchen)	212 000	
RNA-Polymerase β UE (E. coli)	165 000	
β-Galactosidase (E. coli)	116 000	
Phosphorylase b (Kaninchen)	97 000	
Glycerinaldehyd-3-P-Dehydrogenase	72 000	8,5
Rinderserumalbumin	66 000	6,4 – 6,6
Catalase (Kaninchen)	58 000	5,8
Fumarase (Schwein)	48 000	
Ovalbumin (Huhn)	43 000	4,8
Phosphoglycerokinase (PGK)	43 000	7,4
Aktin	42 000	5,4
Aldolase (Kaninchen)	40 000	6,1
Kaninchenmuskel GAPDH	36 000	8,3 – 8,5
Carboanhydrase B (Rind)	29 000	5,9
Trypsin-Inhibitor (soy bean)	20 000	4,5
Myoglobin (Pferd)	17 000	7,0
Lysozym (Huhn, Eiklar)	14 400	
Cytochrom C	11 700	9,6 – 10,2
Aprotinin (Rinderpankreas)	6 500	

Affinitätsreinigung von Primärantikörpern durch spezifische Adsorption an Antigene auf NC-Membranen

Häufig treten beim Einsatz von polyklonalen Antiseren als Primärantikörper beim Immunoblotting unerwünschte Kreuzreaktionen mit zusätzlichen Proteinen neben dem spezifischen Protein (Immunogen) auf. In diesen Fällen empfiehlt es sich, die kreuzreagierenden Antikörper aus dem Gemisch herauszufangen (Präabsorptionsmethoden), bzw. die spezifischen Antikörper durch Affinitätsreinigung zu isolieren. Eine Methode, die letzteres Prinzip relativ einfach, schnell und effektiv realisiert, ist die Adsorption an das isolierte spezifische Protein auf NC-Blot-Membranen.

- wie in Teil 2 und 3 für die Durchführung der PAGE (1D bzw. 2D) und des Proteintransfers beschrieben. **Materialien**

- Ansetzen der Blockierungslösung (TBS mit 5 % BSA, 0,2 % NaN$_3$). **Vorbereitungen**

1. Proteinpräparation durch PAGE auftrennen und auf eine NC-Membran transferieren (s. Teil 2 und 3). **Durchführung**

2. Blot-Membran mit 0,2 % Ponceau S bzw. mit Coomassie Brilliantblau R-250 anfärben (s. Kap. 3.4) und spezifische Proteinbanden bzw. Flecken (2D) ausschneiden.

3. Farbstoff aus den ausgeschnittenen NC-Stückchen auswaschen und die Membran 1 Std. durch TBS mit 5 % BSA blockieren (s. Kap. 4.3).

4. Antiserum 1 : 25 mit TBS (plus 5 % BSA, 0,2 % NaN$_3$) verdünnen und ausgeschnittene Membranstückchen darin bei RT für 1 Std. inkubieren.

5. Antikörperlösung abnehmen und bis zum nächsten Inkubationszyklus kühlen (4° C).

6. NC-Stückchen mit PBS bei RT waschen und gebundene Antikörper durch Inkubation in einer möglichst kleinen Menge TBS (0,2 % NaN_3) bei 52° C für 20 min eluieren.

7. Die so gewonnene Antikörperlösung sammeln (4° C).

8. NC-Stückchen erneut in der Ausgangs-Antikörperlösung 1 Std. inkubieren und, wie vorher, eluieren.

9. Diese Prozedur ca. 10mal wiederholen.

10. Gesammelte Eluate durch Ultrafiltration (z. B. mit Konzentratorsystem Centricon (Kap. 1.9.3) mit einer Ausschlußgrenze von 30 000 kDa) konzentrieren.

Renaturierung von Proteinen im Polyacrylamidgel nach SDS-Elektrophorese

Gelegentlich zeigen monoklonale Antikörper, die in der Immunfluoreszenz deutliche Signale geben, keine Reaktion bei der Anwendung des Immunoblot-Verfahrens. Da zur Durchführung der SDS-PAGE eine Denaturierung der Proteine notwendig ist, kommt es größtenteils zu einer Zerstörung konformationsabhängiger Epitope. Antikörper, die spezifisch solche Epitope erkennen, können deshalb nicht mehr binden. Bei solchen Problemen kann eine Renaturierung der Polypeptide nach erfolgter PAGE (oder auch nach erfolgtem Transfer auf eine NC- oder PVDF-Membran) versucht werden. Bei der im folgenden vorgestellten Methode (nach Lee et al. 1982) erfolgt die Renaturierung der Proteine im Trenngel (bzw. auf Blot-Membranen) mit Hilfe von Harnstoff, der durch Aufhebung hydrophober Wechselwirkungen eine (partielle) Entfernung des SDS bewirkt.

Materialien

- Harnstoff
- NaCl
- EDTA
- Dithiothreitol (DTT)
- Glas- oder Plastikschale
- Schüttler mit sanften Kippbewegungen

Vorbereitungen

- Tris-HCl (pH 7,5, s. Anhang B)

● Renaturierungspuffer

Endkonzentration	Ansatz
4 M Harnstoff	240,2 g
50 mM NaCl	2,9 g
2 mM EDTA	4,0 ml (aus 0,5 M Stammlösung, SL, s. Anhang B)
0,2 mM DTT	0,2 ml (aus 1 M SL)
10 mM Tris-HCL (pH 7,5)	10,0 ml (aus 1 M SL)

auf 1000 ml mit ddH$_2$O auffüllen.

Duchführung

1. Nach Beendigung der Elektrophorese das Trenngel in ca. 250 ml Renaturierungspuffer unter leichten Schüttelbewegungen 30 bis 60 min bei RT inkubieren.

2. Inkubationsvorgang 3 bis 4 mal mit jeweils frischem Renaturierungspuffer wiederholen.

3. Renaturierungspuffer abgießen und Gel für 30 min bei RT in Transferpuffer (bzw. Kathodenpuffer beim Semi-Dry-Transfer) äquilibrieren.

4. Mit dem Gel den elektrophoretischen Transfer dann wie üblich durchführen (s. Teil 3).

Literatur

Lee C-YG, Huang Y-S, Hu P-C, Gomel V, Menge AC (1982) Analysis of sperm antigens by sodium-dodecyl sulfate gel/protein blot radioimmunoblotting method. Anal Biochem 123:14-22

Strukturformeln häufig benutzer Reagentien

Bromphenolblau

Coomassie Brilliantblau R 250 (G250)

Dithiothreitol

β-Mercapthoethanol

EDTA (Ethylendiamintetraessigsäure)

Guanidin Thiocyanat

Ponceau S

PMSF (Phenylmethylsulfonylfluorid)

SDS (Natrium-dodecylsulfat)

Tris-(hydroxymethyl)-amino-methan (Tris)

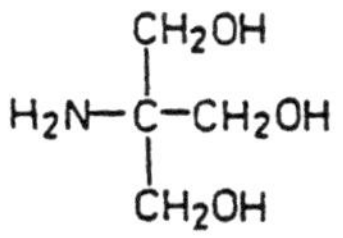

$$H_2N-\underset{\underset{CH_2OH}{|}}{\overset{\overset{CH_2OH}{|}}{C}}-CH_2OH$$

Tween 20 (Polyethylenglykol-sorbitolester)

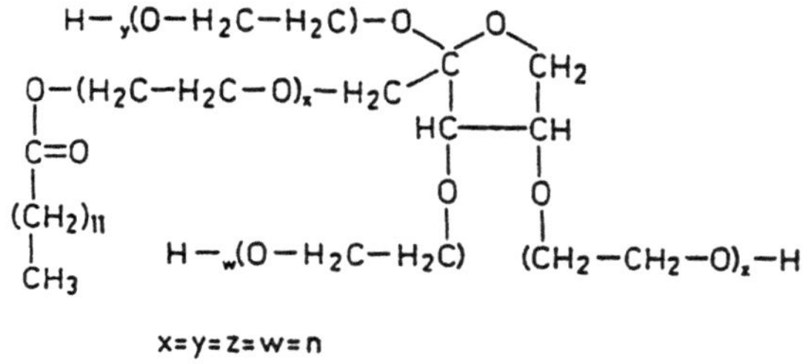

$$x = y = z = w = n$$

Triton X-100 (n = 9 – 10)   Nonidet P40 (n=9)

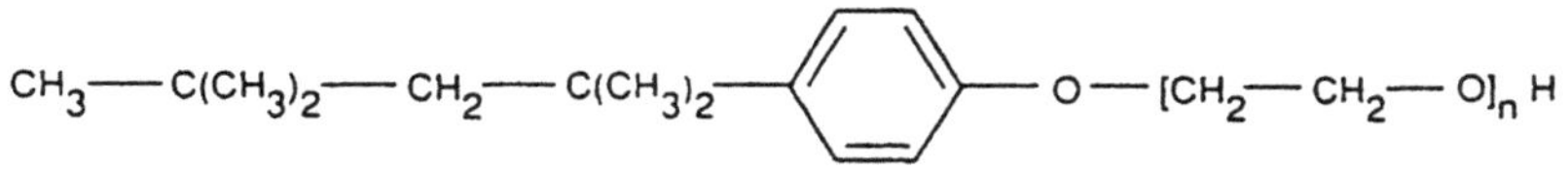

$$CH_3-C(CH_3)_2-CH_2-C(CH_3)_2-\bigcirc-O-[CH_2-CH_2-O]_n\,H$$

(Polyethylenglycol-tetramethylbutyl-phenyl-ether)

Auswahl von Büchern zu ähnlichen und ergänzenden Methoden

Allen RC, Savaris CA, Maurer HR (1984) Gel electrophoresis and isoelectric focussing of proteins: Selected techniques. Walter de Gryuter, Berlin, New York

Allen RC, Budwole B (eds) (1994) Gel electrophoresis of proteins and nucleic acids. Walter de Gruyter, Berlin New York

Asai DJ (ed) (1993) Antibodies in cell biology. Methods in Cell Biology, Vol. 37, Academic Press, San Diego

Ausubel MF, Brent R, Kingston RE, Moore DD, Seidman JG, Smith JA, Struhl K (eds) (1994) Current protocols in molecular biology. John Wiley & Sons, New York

Baldo BA, Torey ER (eds) (1989) Protein blotting. Karger, Basel

Bertram S, Gassen HG (Hrsg) (1991) Gentechnische Methoden: Eine Sammlung von Arbeitsanleitungen für das molekularbiologische Labor. Gustav Fischer, Stuttgart

Bjerrum OJ, Heegaard NHH (eds) (1988) CRC handbook of immunoblotting of proteins. Vol. I Technical descriptions. CRC Press, Inc., Boca Raton, Florida

Bollag DM, Edelstein SJ (1991) Protein methods. Wiley-Liss, New York

Carraway KL, Carothers Carraway CA (eds) (1992) The cytoskeleton: a practical approach. IRL, Oxford New York Tokyo

Catty D (ed) (1989) Antibodies: a practical approach, Vol. I und II. IRL, Oxford Washington DC

Celis JE (ed) (1994) Cell biology: a laboratory handbook. Vol. 1-3. Academic Press, San Diego

Coligan JE, Dunn BM, Ploegh HL, Speicher DW, Wingfield PT (1995) Current protocols in protein science. John Wiley & Sons, New York

Coligan JE, Kruisbeek AM, Margulis, DH, Sherach EM, Strober W (eds) (1992) Current protocols in immunology. John Wiley & Sons, New York

Creighton TE (ed) (1989) Protein structure: a practical approach. IRL, Oxford New York Tokyo

Deutscher MP (ed) (1990) Guide to protein purification. Methods in Enzymology, Vol. 182. Academic Press, San Diego New York

Dunbar BS (1987) Two-dimensional gel electrophoresis and immunological techniques. Plenum, New York

Dunn MJ (1993) Gel electrophoresis: proteins. BIOS Scientific Publishers Ltd., Oxford

Findlay JBC, Evans WH (eds) (1987) Biological membranes: a practical approach. IRL, Oxford New York Tokyo

Häder D-P, Häder M (1993) Moderne Labortechniken: Geräte und Methoden. G. Thieme, Stuttgart New York

Hames BD, Rickwood D (eds) (1990) Gel electrophoresis of proteins, a practical approach, 2nd edn. IRL, Oxford

Harlow E, Lane (1988) Antibodies: A laboratory manual. Cold Spring Harbor Laboratory, New York

Harris ELV, Angal S (eds) (1989) Protein purification applications: a practical approach. IRL, Oxford New York Tokyo

Harris ELV, Angal S (eds) (1990) Protein purification methods: a practical approach. IRL, Oxford New York Tokyo

Hudson L, Hay FC (1989) Practical immunology. Blackwell Scientific Publications, Oxford

Michov B (1996) Elektrophorese: Theorie und Praxis. Walter de Gruyter, Berlin New York

Peters JH, Baumgarten H (Hrsg) (1990) Monoklonale Antikörper: Herstellung und Charakterisierung, 2. Aufl. Springer, Berlin Heidelberg New York

Sambrook J, Fritsch EF, Maniatis T (1989) Molecular cloning, a laboratory manual, 2nd edn. Cold Spring Harbor Laboratory, New York

Scopes RK (1994) Protein purification: principles and practice, 3rd edn. Springer, Berlin Heidelberg New York

Sierra F (1990) A laboratory guide to in vitro transcription. Birkhäuser Verlag, Basel Boston Berlin

Slater RJ (ed) (1990) Radioisotopes in biology: a practical approach. IRL, Oxford New York Tokyo

Spedding G (ed) (1990) Ribosomes and protein synthesis: a practical approach. IRL, Oxford New York Tokyo

von Jagow G, Schagger H (eds) (1994) A practical guide to membrane protein purification. Academic Press, San Diego

Wagner H, Blasius E (Hrsg) (1989) Praxis der elektrophoretischen Trennmethoden. Springer, Berlin Heidelberg New York

Walker JM (ed) (1994) Basic protein and peptide protocols (Methods in molecular biology, Vol 32). Humana, Totowa NJ

Westermeier R (1990) Elektrophorese-Praktikum. VCH, Weinheim

Wilson K, Goulding KH (1990) Methoden der Biochemie, 3. Auflage. Thieme, Stuttgart

Bezugsquellenverzeichnis
für häufig erwähnte Materialien

Biochemikalien, Feinchemikalien

Aldrich

BDH

Biomol

Boehringer Mannheim

Calbiochem-Novabiochem

Fluka

ICN

Life Technologies

Merck

Roth

Serva

Sigma Chemie

USB

Blotting-Membranen

Amersham

BDH

Bio-Rad

DuPont

Pall

ICN

Macherey-Nagel

Millipore

Sartorius

Scheicher & Schuell

Chemikalien und Reagenzien für die Proteingelelektrophorese

BDH

Biometra

Biomol

Bio-Rad

Fiscus

Fluka

Hölzel

Kodak Laboratory Chemicals

Merck

Pharmacia

Promega

Roth

Serva

Sigma Chemie

Densitometrie, optische

Biotec-Fischer

Desaga

Hoefer

Dialyse/Ultrafiltration

Amicon	Roth
Integra Biosciences	Sartorius

Elektroblot-Apparaturen

(Tank (T)- und Semi-Dry (SD)-Blotter)

Biometra (SD)	Millipore (SD)
Bio-Rad (SD, T)	Pharmacia (SD)
Biotrend (SD)	Sartorius (SD)
Cti (SD, T)	Schleicher & Schuell (SD)
Fisons (T)	Sigma (SD, T)
Hoefer (SD, T)	Uniequip

Elektronische Auswerte- und Dokumentations-Systeme für 1D- und 2D-PAGE

(Videokamera- und Scanner-Systeme)

Biometra (S)	Herolab (V)
Bio-Rad (S)	Intas (V)
Biotec-Fischer (V)	Millipore (S, V)
Desaga (V)	Pharmacia (S)
Fröbel (V)	

Geltrockner

AGS	Fisons
Bachofer	Fröbel
Biometra	Hoefer
Bio-Rad	Hölzel
Biotec-Fischer	Life Sciences International
Cti	Uniequip

Gradientenmischer

Cti	Pharmacia
Hoefer	Sigma-Aldrich-Techware
Bio-Rad	Bender & Hobein

Homogenisatoren

Braun	IKA-Werke
GLW	Kinematica AG

Immunologische Reagenzien und Detektionssysteme

Amersham	DuPont
Bio-Rad	ICN
Biotrend	Life Technologies
Boehringer Mannheim	Serva
Calbiochem	
Dako	Sigma
dianova	USB

Mikrolitergefäße und -Pipetten und Spitzen

Abimed	GLW
AGS	Greiner
Bio-Rad	Hamilton
Biozym	Integra Biosciences
Brand	Labsystems
Cti	Roth
Eppendorf-Netheler-Hinz	Süd-Laborbedarf

Radiochemikalien, Produkte für Fluorographie, Autoradiographie und Szintillationszählung

Agfa Gevaert	ICN
Amersham	Kodak Scientific Imaging Systems
Beckman	Philips
DuPont	Zinsser

Schüttler und Reagenzglasmixer (Vortex-Mixer), Magnetrührer etc.

Bachofer	GLW
Braun	Hoefer
Bühler	IKA-Werke
Cti	New Brunswick Scientific
Fröbel	Roth
Gesellschaft für Labortechnik	

Sofortbild-Systeme (Polaroid) für die Gel-Dokumentation

AGS	Hoefer
Bender & Hobein	Intas
Desaga	Polaroid

Stromversorgungsgeräte (Power supplies)

Biometra	Cti
Bio-Rad	Pharmacia
Consort	

Vakuum-Konzentrations-Zentrifugen (Speed Vac®-Systeme)

ABL	Heraeus
Bachofer	Life Sciences International
Biometra	Uniequip
Fröbel	

Vertikal-Gel-Elektrophoresegeräte und Zubehör

Bio-Rad	Hölzel
Biometra	KEM EN TEC (Biotrend)
Cti	Life Sciences International
Fisons	Life Technologies
Fröbel	Pharmacia
Hoefer	Sigma-Aldrich-Techware

Zentrifugen

(Mikroliter-, Labor-, Ultra-Zentrifugen)

Bachofer	Hermle
Beckman	Herolab
Biometra	Hettich
DuPont (Sorvall)	Kontron
Eppendorf-Netheler-Hinz	Sigma Laborzentrifugen
Heraeus	Uniequip

Adressen der im Buch erwähnten Firmen

ABL GmbH
Strahlenbergerstr. 129
63067 Offenbach
Tel.: 0 69/81 26 30
Fax: 0 69/88 94 20

Abimed Analysen-Technik GmbH
Raiffeisenstr. 3
40764 Langenfeld
Tel.: 0 21 73/8 90 50
Fax: 0 21 73/89 05 77

Agfa Gevaert AG
51301 Leverkusen

AGS Angewandte Gentechnologie
Systeme GmbH
Rischerstr. 12
69123 Heidelberg
Tel.: 0 62 21/83 10 23
Fax: 0 62 21/84 05 10

Aldrich-Chemie GmbH & Co. KG
Postfach 11 20
89552 Steinheim
Tel.: 0 73 29/97 02
Fax: 0 73 29/21 60

Amersham Life Science
Gieselweg 1
38110 Braunschweig
Tel.: 0 53 07/9 30-0
Fax: 0 53 07/9 30-2 37

Amicon GmbH
Neuer Weg 2
58453 Witten
Tel.: 0 23 02/96 06 00
Fax: 0 23 02/80 09 05

Bachofer GmbH
Postfach 70 58
72734 Reutlingen
Tel.: 0 71 21/5 40 08
Fax: 0 71 21/5 40 00

BDH Laboratory Supplies,
Poole, Dorset, England
Vertrieb in D durch
Promochem GmbH
Postfach 10 13 40
46469 Wesel
Tel.: 02 81/53 00 81
Fax: 02 81/8 99 91

Beckman Instruments GmbH
Frankfurter Ring 115
80807 München
Tel.: 0 89/3 88 71
Fax: 0 89/3 88 74 90

Bender & Hobein
John-Deere-Str. 5
76646 Bruchsal
Tel.: 0 72 51/7 17-1 45
Fax: 0 72 51/7 17-1 94

Biometra – biomedizinische
Analytik GmbH
Rudolf-Wissell-Str. 30
37079 Göttingen
Tel.: 05 51/5 06 86-0
Fax: 05 51/5 06 86-66

Biomol Feinchemikalien GmbH
Waidmannstr. 35
22769 Hamburg
Tel.: 0 40/85 32 60-0
Fax: 0 40/8 51 19 29

Biotec-Fischer GmbH, Elektro-
phorese für Forschung und Klinik
Daimlerstr. 6
35447 Reiskirchen
Tel.: 0 64 08/60 72
Fax: 0 64 08/6 41 65

Bio-Rad Laboratories GmbH,
Abt. Bioanalytik
Heidemannstr. 164
80939 München
Tel.: 0 89/3 18 84-0
Fax: 0 89/3 18 84-1 00

Biotrend Chemikalien GmbH
Eupener Str. 159
50933 Köln
Tel.: 02 21/9 49 83 20
Fax: 02 21/9 49 83 25

Biozym Diagnostik GmbH
Postfach
31833 Hess. Oldendorf
Tel.: 0 51 52/20 75
Fax: 0 51 52/20 70

Boehringer Mannheim GmbH
68298 Mannheim
Tel.: 06 21/7 59-0
Fax: 06 21/7 59-28 90

Boehringer Ingelheim
Bioproducts Partnership
Carl-Benz-Str. 7
69115 Heidelberg
Tel.: 0 62 21/50 20
Fax: 0 62 21/50 21 13

Brand GmbH & Co.
Postfach 11 55
79861 Wertheim
Tel.: 0 93 42/8 08-2 00
Fax: 0 93 42/8 08-2 36

Branson Ultrasonics
Energieweg 2
NL-3760 AA Soest
Tel.: 0 21 55/1 55 51

B. **Braun,**
Biotech International GmbH
Schwarzenberger Weg 73 – 79
Postfach 1 20
34209 Melsungen
Tel.: 0 56 61/71-39 07
Fax: 0 56 61/71-27 02

Bühler, Edmund GmbH & Co.
Postfach 12 42
72408 Bodelshausen
Tel.: 0 74 71/7 07-0
Fax: 0 74 71/7 07-88

Calbiochem-Novabiochem GmbH
Lisztweg 1
65812 Bad Soden
Tel.: 0 61 96/6 39 55
Fax: 0 61 96/6 23 61

Christ Martin GmbH
Gefriertrocknungsanlagen
An der unteren Söse 50
37520 Osterode
Tel.: 0 55 22/50 07-0
Fax: 0 55 22/50 07-12

Clontech Laboratories,
Palo Alto, USA
Vertrieb in D durch
ITC Biotechnology GmbH
Postfach 10 30 26
69020 Heidelberg
Tel.: 0 62 21/30 39 07
Fax: 0 62 21/30 35 11

Colora Messtechnik GmbH
Barbarossastr. 3
73547 Lorch
Tel.: 0 71 72/1 83-0
Fax: 0 71 72/1 82-2 51

Consort, Belgien
Vertrieb in D durch Cti GmbH und
Fröbel Labortechnik

cti GmbH
Richard-Klinger-Str. 35
65510 Idstein/Taunus
Tel.: 0 61 26/5 66 46 u. 60 06
Fax: 0 61 26/5 48 65

Dako Diagnostika GmbH
Postfach 70 04 07
22004 Hamburg
Tel.: 0 40/69 69 47-0
Fax: 0 40/6 95 27 41

DESAGA GmbH
Postfach
69009 Heidelberg
Tel.: 0 62 21/83 59-0
Fax: 0 62 21/84 08 87

dianova GmbH
Postfach 10 17 05
20011 Hamburg
Tel.: 0 40/ 32 30 74
Fax: 0 40/32 21 90

DuPont de Nemours
(Deutschland) GmbH
Diagnostika und
Biotechnologische Systeme
DuPont-Str. 1
61343 Bad Homburg
Tel.: 0 61 72/87 26 00
Fax: 0 61 72/87 25 47

Eppendorf-Netheler-Hinz GmbH
Barkhausenweg 1
22331 Hamburg
Tel.: 0 40/5 38 01-0
Fax: 0 40/5 38 01-5 56

Fisons Scientific
Peter-Sander-Str. 43
55252 Mainz-Kastel
Tel.: 0 61 34/40 65
Fax: 0 61 34/2 64 38

Fluka Feinchemikalien GmbH
Messerschmidtstr. 17
89231 Neu-Ulm
Tel.: 07 31/7 29 67-0
Fax: 07 31/7 29 67-44

Fröbel Labortechnik
Schlätterstr. 2
88142 Wasserburg
Tel.: 0 82 82/9 85 20
Fax: 0 82 82/98 52 32

Fuji Photo Film (Europa) GmbH
Heesenstr. 31
40549 Düsseldorf
Tel.: 02 11/5 08 91 74
Fax: 02 11/5 08 93 44

Gesellschaft für Labortechnik mbH
Schulze-Pelitzsch-Str. 4
30938 Burgwedel
Tel.: 0 51 39/30 76
Fax: 0 51 39/30 70

GLW, Gesellschaft für
Laborbedarf mbH Würzburg
Estenfelder Str. 74
97078 Würzburg
Tel.: 09 31/2 13 26
Fax: 09 31/ 28 41 77

Greiner Labortechnik GmbH
Postfach 11 62
7443 Frickenhausen
Tel.: 0 70 22/5 01-0
Fax: 0 70 22/5 01-5 14

Hamilton Deutschland GmbH
Daimlerweg 5a
64293 Darmstadt
Tel.: 0 61 51/98 02-0
Fax: 0 61 51/89 17 33

Heraeus Instruments GmbH
Labortechnik
Heraeusstr. 12 – 14
63450 Hanau
Tel.: 0 61 81/35-1
Fax: 0 61 81/35-7 39

Hermle-Labortechnik GmbH
Gosheimer Str. 56
78564 Wehingen
Tel.: 0 74 26/96 22-0
Fax: 0 74 26/96 22-49

Herolab GmbH
Ludwig-Wagner-Str. 12
69168 Wiesloch
Tel.: 0 62 22/5 40 46
Fax: 0 62 22/5 00 46

Heto-Holten GmbH
Sandusweg 11
35435 Weltenberg
Tel.: 06 41/98 21 20
Fax: 06 41/9 82 12 21

Hettich Zentrifugen
Andreas Hettich
Gartenstr. 100
78532 Tuttlingen
Tel.: 0 74 61/7 05-0
Fax: 0 74 61/7 05-1 25

Hoefer Scientific Instruments
San Francisco, USA
Vertrieb in D durch Pharmacia Biotech

Hölzel, H. GmbH
Bernöderweg 7
84405 Dorfen
Tel.: 0 80 81/20 69
Fax: 0 80 81/27 57

ICN Biomedicals GmbH
Mühlgrabenstr. 12
53340 Meckenheim
Tel.: 0 22 25/88 05-0
Fax: 01 30/86 83 66

IKA-Werke
Janke & Kunkelstr. 10
79219 Staufen
Tel.: 0 76 33/8 31-0
Fax: 0 76 33/8 31-98

INTAS
Florenz-Satorius-Str. 14
37079 Göttingen
Tel.: 05 51/6 60 11
Fax: 05 51/6 67 11

Integra Biosciences GmbH
Ruhberg 4
35463 Fernwald
Tel.: 0 64 04/8 09-0
Fax: 0 64 04/58 65

Kinematica AG
Dispergier- und Mischtechnik
Luzernerstr. 147a
CH-6014 Littau/Luzern
Tel.: ++41-41-57 12 57
Fax: ++41-41-57 14 60

KMF,
Laborchemie-Handels-GmbH
Postfach 14 51
53732 St. Augustin
Tel.: 0 22 41/9 68 50
Fax: 0 22 41/96 85 35

Kodak Laboratory Chemicals
Eastman Kodak Company,
Rochester, USA
Vertrieb in D durch SERVA

Kodak Scientific Imaging Systems
Eastman Kodak Company
New Haven, USA
Vertrieb in D durch Integra und Sigma

Kontron Instruments GmbH
Werner-von-Siemens-Str. 1
85375 Neufarn
Tel.: 0 81 65/9 22-0
Fax: 0 81 65/9 22-2 03

Labsystems GmbH
Berner Str. 91 – 95
60437 Frankfurt am Main
Tel.: 0 69/50 91 90 70
Fax: 0 69/50 91 90 75

Life Sciences International GmbH
Division Forma/Savant
Berner Str. 91 – 95
60437 Frankfurt
Tel. 0 69/50 91 90 60
Fax: 0 69/5 07 71 72

Life Technologies GmbH
(Gibco BRL Produkte)
Dieselstr. 5
76344 Eggenstein
Tel.: 07 21/78 04 44
Fax: 07 21/78 04 99

Macherey-Nagel GmbH & Co KG
Postfach 10 13 52
52313 Düren
Tel.: 0 24 21/6 98-0
Fax: 0 24 21/6 20 54

Merck, E.
Frankfurter Str. 250
64271 Darmstadt
Tel. 0 61 51/72-0
Fax: 0 61 51/72-20 00

Millipore GmbH
Hauptstr. 87
65760 Eschborn
Te.: 0 61 96/4 94-0
Fax: 0 61 96/43-9 01

neoLab
Rischerstr. 7
69123 Heidelberg
Tel.: 0 62 21/84 42 19-22
Fax: 0 62 21/84 42 33

New Brunswick Scientific GmbH
In der Au 14
72622 Nürtingen
Tel.: 0 70 22/93 24 90
Fax: 0 70 22/3 24 86

Pall GmbH Filtrationstechnik
Philipp-Reis-Str. 6
63303 Dreieich
Tel.: 0 61 03/30 70
Fax: 0 61 03/3 40 37

Pharmacia Biotech Europe GmbH
Munzinger Str. 9
79111 Freiburg
Tel.: 07 01/49 03-3 01
Fax: 07 01/49 03-3 09

Philips Medizin Systeme GmbH
Röntgenstr. 24
22335 Hamburg
Tel.: 0 40/50 78-0
Fax: 0 40/50 78-20 02

Pierce, Chemical Company,
Rockford, USA
Vertrieb in D durch KMF

Polaroid GmbH
Sprendlinger Landstr. 109
63069 Offenbach
Tel.: 0 69/84 04-1
Fax: 0 69/84 04-3 21

Promega Corporation,
Madison, USA
Vertrieb in D durch Boehringer Ingel-
heim Bioproducts Partnership

Qiagen GmbH
Max-Volmer-Str. 4
40724 Hilden
Tel.: 0 21 03/89 22 40
Fax: 0 21 03/89 22 22

Roth, Carl, GmbH u. Co.
Schoemperlenstr. 3
76185 Karlsruhe
Tel.: 07 21/56 06-0
Fax: 07 21/56 06-49

Sartorius AG
37070 Göttingen
Tel.: 05 51/3 08-0
Fax: 05 51/3 08-2 89

Sarstedt
Postfach 12 20
51582 Nümbrecht
Tel.: 01 30/83 30 50
Fax: 01 30/83 33 55

Schleicher & Schuell GmbH
Hahnstr. 3
37586 Dassel
Tel.: 0 55 61/7 91-0
Fax: 0 55 64/23 09

SERVA Feinbiochemica GmbH & Co. KG
jetzt: Vertrieb über
Boehringer Ingelheim Bioproducts
Partnership

Sigma-Aldrich Techware
Vertrieb in D durch Sigma
Chemie und Aldrich-Chemie

Sigma Chemie GmbH
Grünwalder Weg 30
82039 Deisenhofen
Tel.: 0 89/6 13 01-0
Fax: 0 89/6 13 51 35

Sigma Laborzentrifugen GmbH
An der unteren Söse 50
37520 Osterode
Tel.: 0 55 22/50 07-0
Fax: 0 55 22/50 07-12

Süd-Laborbedarf GmbH
Starnberger Str. 24
82131 Gauting
Tel.: 0 89/8 50 65 27
Fax: 0 89/ 8 50 76 46

UniEquip Laborgerätebau-
und Vertriebs-GmbH
Fraunhoferstr. 11
82152 Martinsried/München
Tel.: 0 89/8 57 52 00
Fax: 0 89/8 56 13 04

USB United States Biochemical
Vertrieb in D über Amersham
Life Science

Whatman Scientific Limited
Produkte in Deutschland u. a. zu
beziehen über Herolab oder
Bender & Hobein

Zinsser Analytic GmbH
Eschborner Landstr. 135
60489 Frankfurt
Tel.: 0 69/78 91 06-0
Fax: 0 69/78 91 06-80

Verzeichnis der Abkürzungen

A	Ampere
Ag	Antigen
Ak	Antikörper
AP	Alkalische Phosphatase
APS	Ammoniumper(oxidi)sulfat
BCIP	5-Brom-4-Chlor-3-Indolyl-Phosphat
Bis	Methylen-Bisacrylamid
BSA	Rinderserumalbumin
Bq	Bequerel (1 Zerfall/sec)
C	Vernetzungsgrad von Polyacrylamidgelen (% „crosslinking")
°C	Grad Celsius
Ci	Curie ($3,7 \times 10^{10}$ Bq)
cm	Zentimeter
Da	Dalton
DAB	Diaminobenzidin
DEPC	Diethylpyrocarbonat
dH2O	destilliertes bzw. deionisiertes Wasser
ddH2O	doppelt destilliertes Wasser (entspricht AnalysenwasserTyp II)
DNA	Desoxyribonucleinsäure
DTT	Dithiothreitol
ECL	Verstärkte Chemilumineszenz (enhanced chemiluminescence)
EDTA	Ethylendiamintetraessigsäure
EGTA	Ethylenglykol-bis-(2-aminoethyl)-tetraessigsäure
g	Gramm
x g	Vielfaches der Erdbeschleunigung
G	Giga (10^9)
GTC	Guanidinthiocyanat
HRP	Meerrettich-Peroxidase (horse radish peroxidase)
HWZ	Halbwertszeit

I	Elektrische Stromstärke
I	Atomsymbol für Jod
IEF	isoelektrische Fokussierung
IF	Intermediärfilament(e)
Ig, IgG	Immunglobulin, Immunglobulin der Klasse G
k	kilo (10^3)
l	Liter
m	milli (10^{-3})
μ	mikro (10^{-6})
M	molar (Mol/l)
ME	Mercaptoethanol
Mak	monoklonaler Antikörper
MWCO	Molekulargewichtstrenngrenze (molecular weight cut off)
min	Minute(n)
MOPS	Morpholinopropansulfonsäure
Mr	relative Molekülmasse (Molekulargewicht)
mRNA	messenger Ribonucleinsäure
n	nano (10^{-9})
NBT	Nitroblau-Tetrazolium
NC	Nitrocellulose
NEPHGE	Nichtgleichgewichts-pH-Gradienten-Elektrophorese
p	piko (10^{-12})
PAGE	Polyacrylamid-Gelelektrophorese
PBS	Phosphat-gepufferte Salzlösung (phosphate buffered saline)
pI	isoelektrischer Punkt
PMSF	Phenylmethylsulfonylfluorid
ppm	parts per million (Anzahl der jeweiligen Stoffanteile auf 1 Million Lösungsmittelanteile)
PVDF	Polyvinylidendifluorid
R	elektrischer Widerstand
rpm	Umdrehungen pro Minute (revolutions per minute)
RT	Raumtemperatur
S	Siemens (Einheit der elektrischen Leitfähigkeit)
S	Atomsymbol von Schwefel
SDS	Natriumdodecylsulfat (sodium dodecyl sulfate)
sec	Sekunde
SL	Stammlösung
Std.	Stunde
T	Gesamtkonzentration („total") der Monomere in Polyacrylamidgelen (= Gelkonzentration in %)
TBS	Tris-gepufferte Salzlösung (Tris-buffered saline)

TEMED	Tetramethylethylendiamin
TOC	Gesamtgehalt an organischem Kohlenstoff
Tris	Tris(hydroxymethyl)-aminomethan
U	elektrische Potentialdifferenz (Spannung)
ü.N.	über Nacht
UZ	Ultrazentrifuge
V	Volt (Einheit der elektischen Spannung)
VE-Wasser	Wasser durch Ionenaustausch „voll entsalzt"
v/v	Volumen pro Volumen
w/v	Gewicht pro Volumen (weight per volume)

Sachverzeichnis